国防电子信息基地作品

国防科技战略先导计划支持

首批国家级一流本科课程

“精确制导器术道”MOOC教材

精确制导
器術道

付强 傅瑞罡 蒋彦雯 何峻 范红旗 宋志勇 朱永锋 著

清華大学出版社
北 京

内 容 简 介

《精确制导器术道》是“国防科普融媒书 · 精确制导三部曲”的代表作。编者在“学堂在线”同名MOOC的基础上创作“慕课篇”，新增科普意味更浓的“精彩篇”以及精确制导科研教学“研讨篇”。全书主要介绍精确制导武器、精确制导技术的基本知识，着力向广大读者普及传播前沿科技；也讨论相关的国防科技发展规律、教书育人精心引导的课题，此即所谓“器术道”并重。

本书预期受众为在校的大学生、高中生群体，也希望对提升部队官兵的科学素质、增强社会大众的国防观念有所贡献。

图书在版编目(CIP)数据

精确制导器术道 / 付强等著 . —北京：清华大学出版社，2023.7
ISBN 978-7-302-62553-7

Ⅰ . ①精… Ⅱ . ①付… Ⅲ . ①制导武器 Ⅳ . ① TJ765.3

中国国家版本馆 CIP 数据核字 (2023) 第 022738 号

责任编辑：文 怡
封面设计：王昭红
版式设计：方加青
责任校对：韩天竹
责任印制：沈 露

出版发行：清华大学出版社
网 址：http：//www.tup.com.cn，http：//www.wqbook.com
地 址：北京清华大学学研大厦 A 座 **邮 编：**100084
社 总 机：010-83470000 **邮 购：**010-62786544
投稿与读者服务：010-62776969，c-service@tup.tsinghua.edu.cn
质 量 反 馈：010-62772015，zhiliang@tup.tsinghua.edu.cn
印 装 者：三河市人民印务有限公司
经 销：全国新华书店
开 本：170mm × 240mm **印 张：**23 **字 数：**377 千字
版 次：2023 年 7 月第 1 版 **印 次：**2023 年 7 月第 1 次印刷
印 数：1~5000
定 价：99.00 元

产品编号：093735-01

前 言

MOOC（Massive Open Online Course，慕课）是大规模开放在线课程。MOOC“精确制导器术道”于2017年在“学堂在线”开课，2021年选课人数逾10万，并被教育部评为“首批国家级一流本科课程”，这是本书作者的科研教学团队在精确制导专业领域取得的标志性成果之一。

近年来，国防科技大学还致力于科技创新与科学普及协同发展，与中国科协共建国防电子信息“科普中国”基地，特别奉献精确制导三部曲：《由表及里看导弹》《精导大矩阵9×9》《精确制导器术道》。这套国防科普融媒书，表现形式有漫画、短视频、微课、慕课、图文等，期望广受大中小学生、部队官兵和社会大众的欢迎。

《精确制导器术道》共分三篇：精彩篇、慕课篇、研讨篇。其中，慕课篇为主体内容，与学堂在线 MOOC“精确制导器术道”的教学内容设计对应；研讨篇体现作者长期从事的“科研 + 科普”“教学 + 教育”工作；开篇是精彩篇，图文并茂、简明扼要，总结提炼精确制导器术道的精华，努力出彩！在篇章设计时，由于专题完整性的考虑，书中少量图文略有重现，特此说明。

需要强调，精确制导三部曲得到了“国防科技战略先导计划”支持！本书引用了国防科技大学自动目标识别（ATR）重点实验室的科研教学资源、清华大学学堂在线 MOOC“精确制导器术道”教学视频等资源。在此也向所有的支持部门和相关人员表达诚挚谢意。本系列读本的参考文献包括许多公开出版物和互联网资料，不能全部标明出处，特此一并致谢！

付强

2023 年 5 月

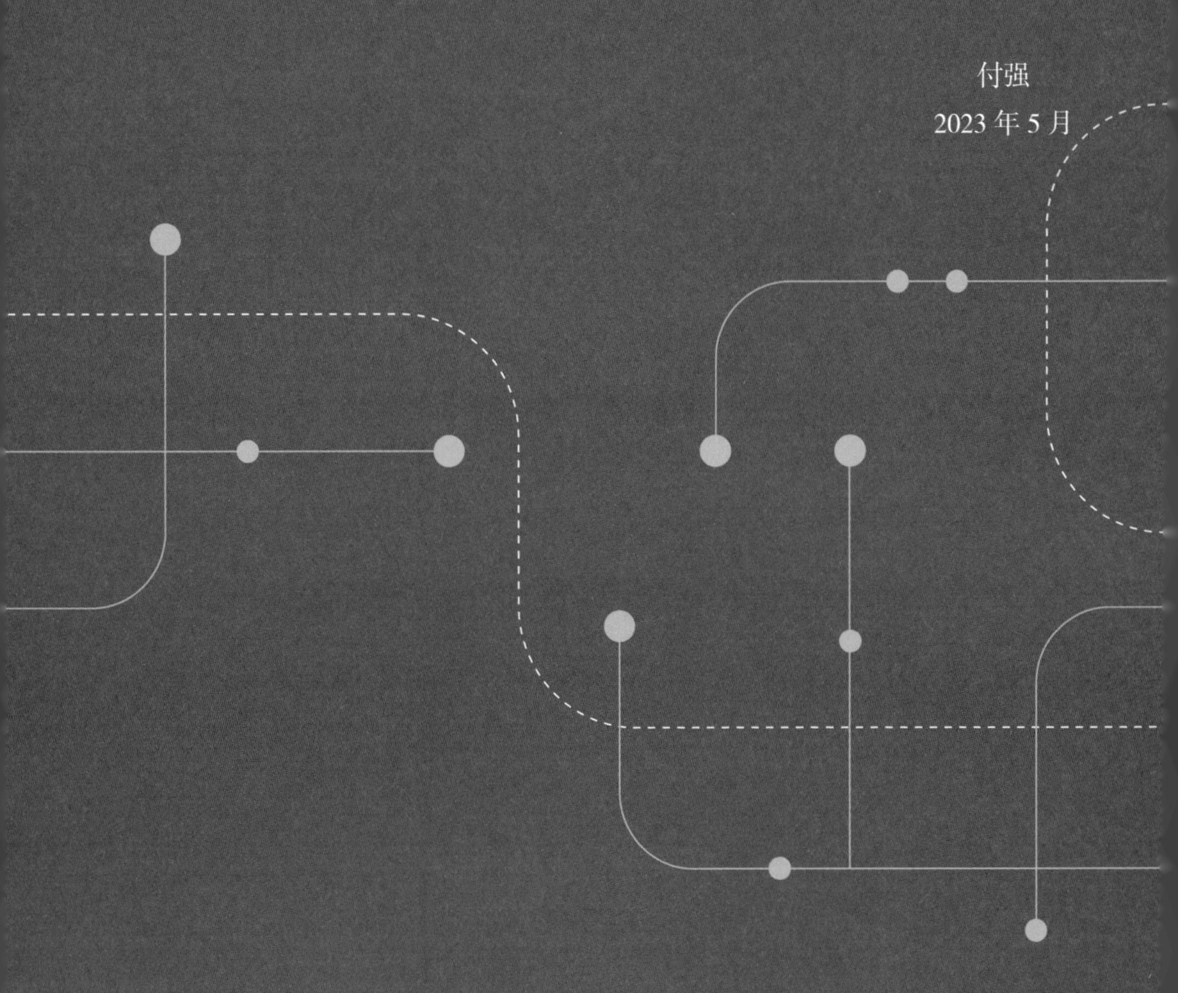

目录

CONTENTS

精彩篇 1

《精确制导器术道》之精彩篇，以三章展开：
识“器”、学“术”、问“道”

精确制导武器是典型的信息化主战装备，是集成创新的产物；精确制导技术是现代科学技术发展的结晶，是技术科学的子集。

“道”是中国词汇，内涵丰富，本书取事物本质及其运动规律之意，这正是科学的致力探索和追求。道可道，非常道，科学坦承不知道。

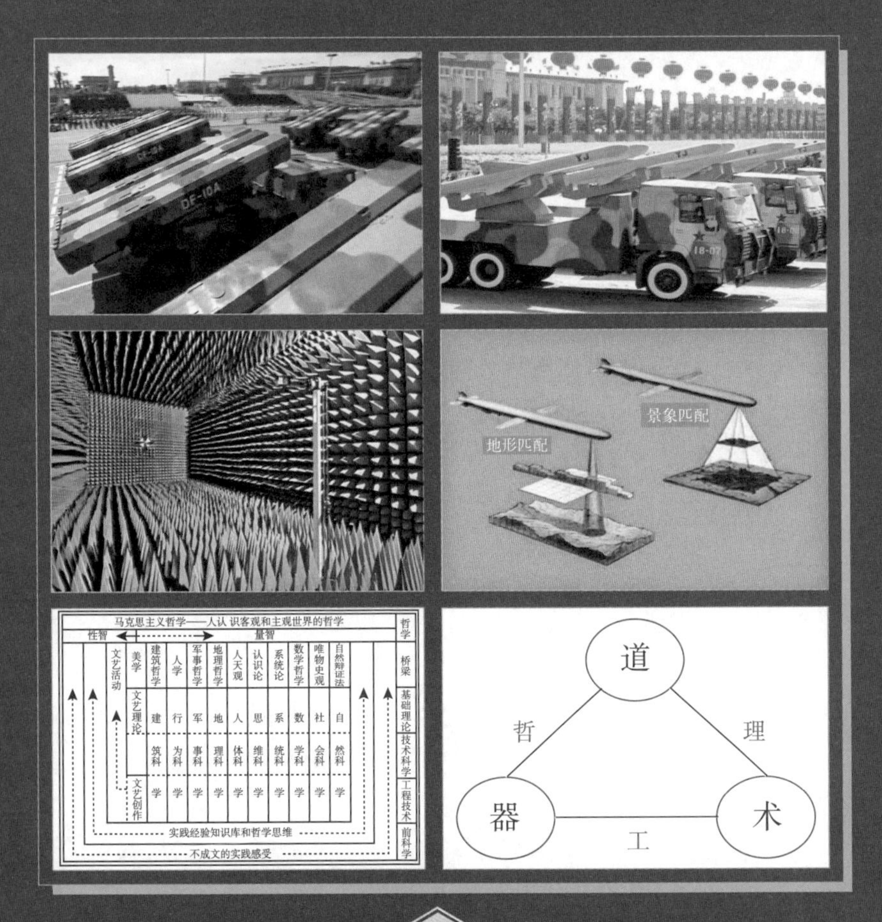

第一章
识“器”：武器＋仪器

一、初识精确制导武器

二、巡视导弹家族门类

三、科研实验／试验仪器

一、初识精确制导武器

精确制导武器主要包括精确制导导弹、精确制导弹药和水下制导武器三大类。

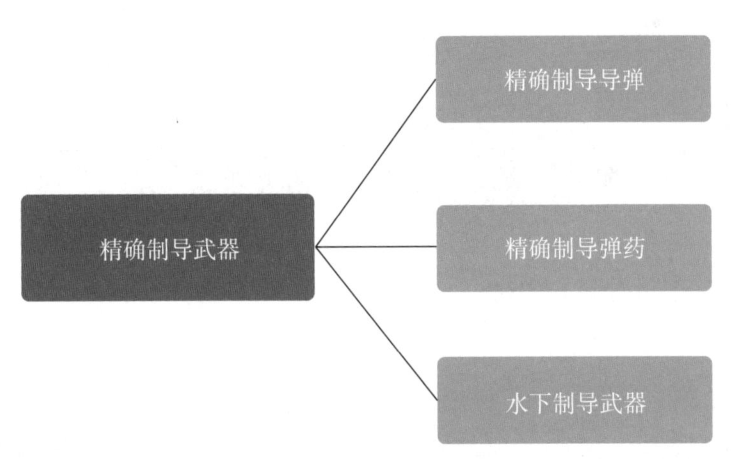

1 精确制导导弹

精确制导导弹（简称导弹）是最具代表性的精确制导武器。按照作战使命，可把导弹分为战术导弹和战略导弹。战术导弹用于攻击战术性目标，其战斗部大多数是常规弹药；战略导弹通常指打击战略目标的导弹，一般携带核战斗部，射程较远。

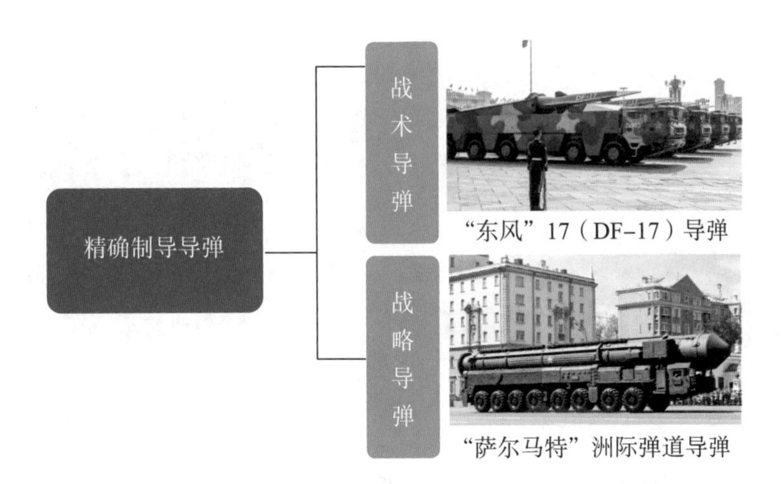

“东风”17（DF-17）导弹

“萨尔马特”洲际弹道导弹

“东风快递，使命必达”

“东风”-15 乙（DF-15B）

“东风”-17（DF-17）

“东风”-21 丁（DF-21D）

“东风”-26（DF-26）

“东风”-31 甲（DF-31A）

“东风”-41（DF-41）

美国、俄罗斯的战术导弹

美国 MGM-140 型
陆军战术导弹系统

俄罗斯“伊斯坎德尔”
战术导弹系统

美国、俄罗斯的战略导弹

美国“大力神”
洲际弹道导弹

俄罗斯 SS-18“撒旦”
洲际弹道导弹

② 精确制导弹药

精确制导弹药（简称弹药）与导弹的区别一般是前者无动力装置，主要靠炮射或抛撒，如制导炮弹、制导炸弹、末敏弹药等。通常，我国军工行业将巡飞弹、反坦克导弹等与制导弹药归为制导兵器类。

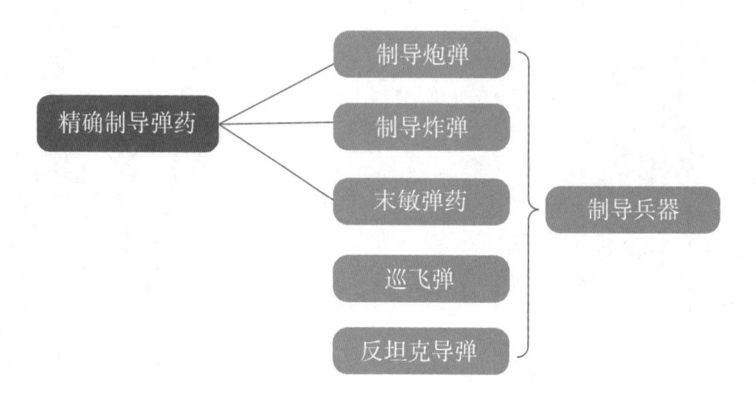

制导炮弹

美国 M982“神剑”GPS 制导炮弹

制导炸弹

“宝石路”Ⅱ
激光制导炸弹

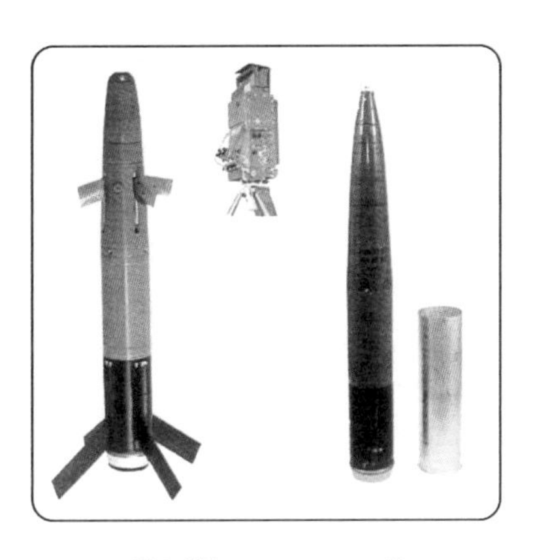

俄罗斯 KAB-500L 型
激光制导炸弹

巡飞弹

G-CLAW 巡飞弹

美国“网火”系统巡飞弹

模仿鸟类的侦察巡飞弹

模仿蝙蝠的巡飞弹

③ 水下制导武器

水下制导武器有反潜导弹、制导鱼雷、制导水雷、制导深水炸弹等。

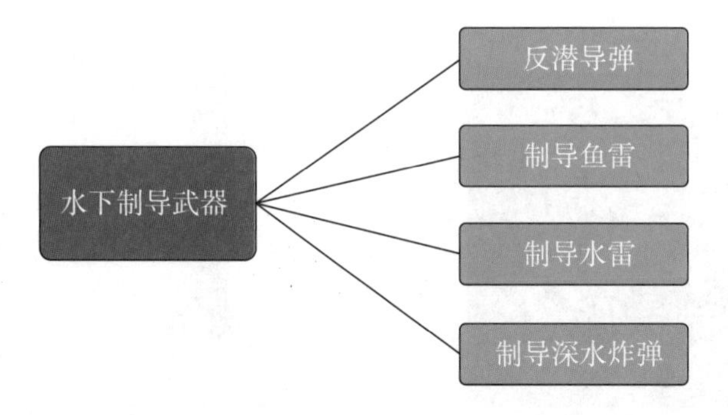

意大利“黑色闪电”鱼雷

意大利“黑色闪电”鱼雷发射出管

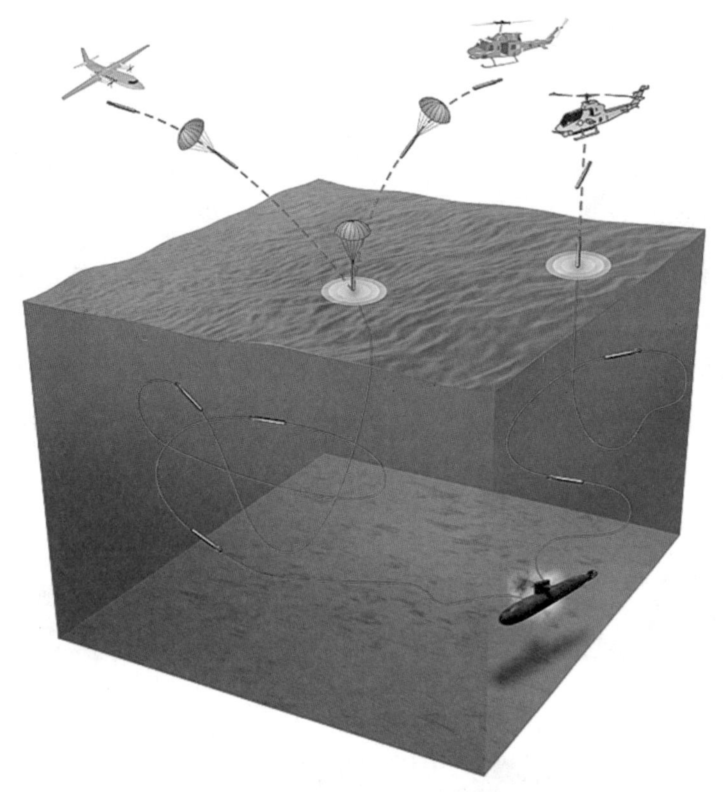

航空反潜鱼雷多次攻击潜艇弹道示意图

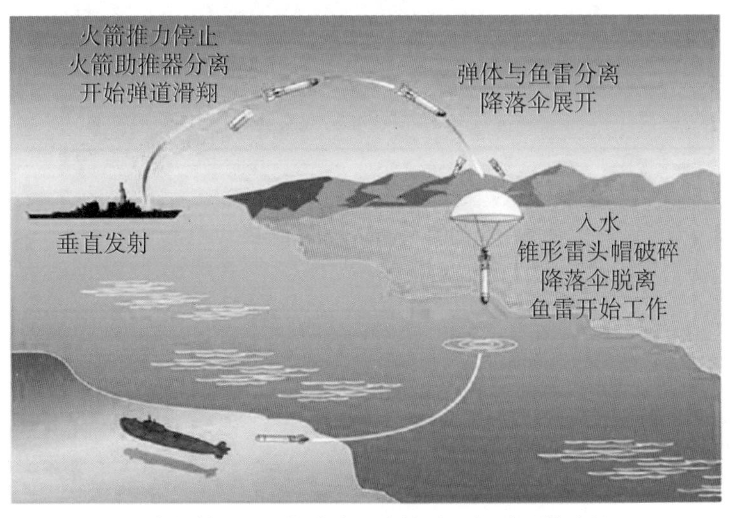

垂直发射型“阿斯洛克”火箭助飞鱼雷反潜过程

制导鱼雷

MK48 鱼雷转场

MK48 鱼雷装艇

MK48 鱼雷

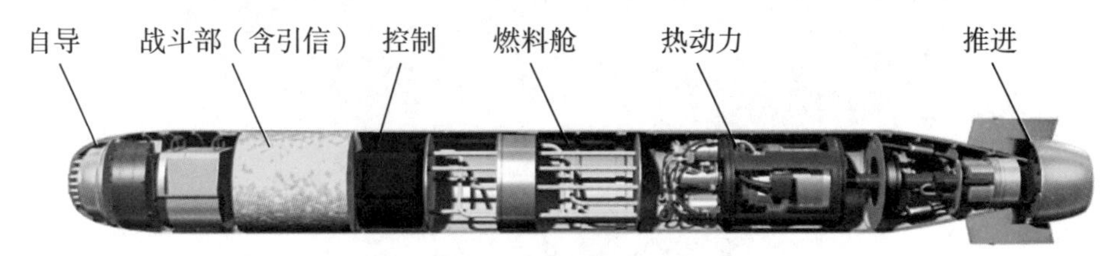

热动力鱼雷结构示意图

俄罗斯研制的 650mm 口径的超重型鱼雷

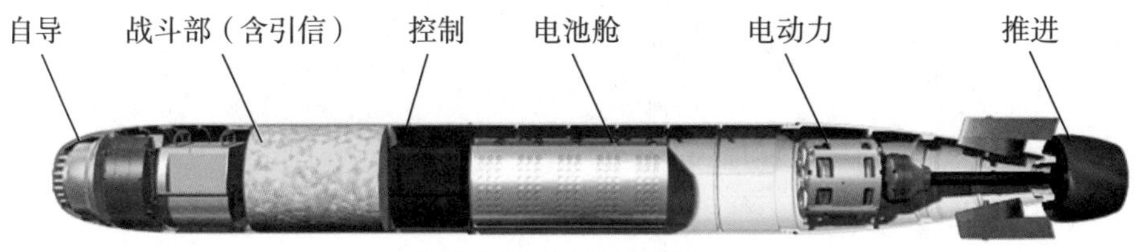

电动力鱼雷结构示意图

二、巡视导弹家族门类

精确制导导弹是精确制导武器的最大家族，按飞行弹道可以进一步细分为弹道导弹、飞航导弹、防空防天导弹等种类。

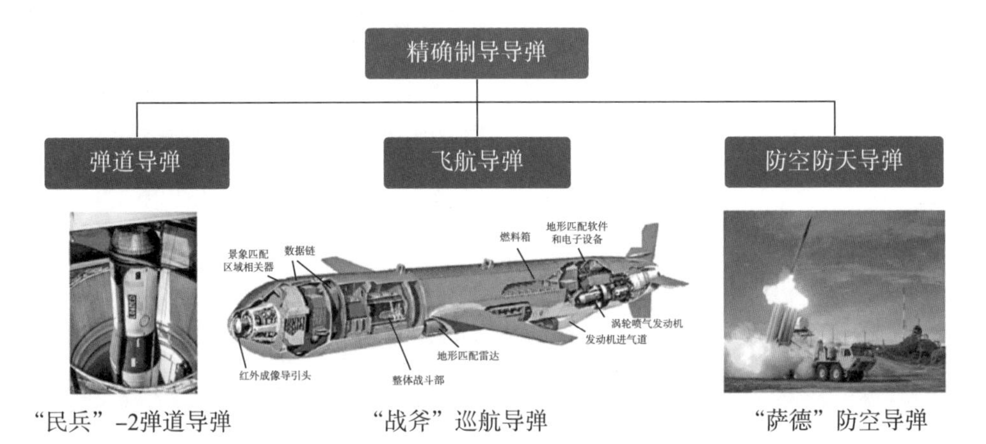

“民兵”-2弹道导弹　“战斧”巡航导弹　“萨德”防空导弹

导弹起源于德国，最早的飞航导弹是德国V1导弹，最早的弹道导弹是冯·布劳恩在第二次世界大战期间设计的V2火箭。

最早的飞航导弹：德国V1导弹在第二次世界大战中使用

最早的弹道导弹：冯·布劳恩在第二次世界大战期间设计的V2火箭

① 弹道导弹

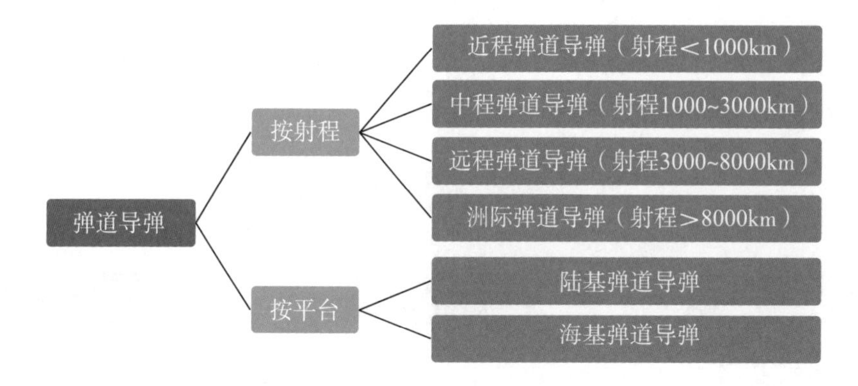

近程弹道导弹

俄罗斯“伊斯坎德尔”近程弹道导弹

印度“大地”导弹

中程弹道导弹

美国“潘兴”–2 战术导弹

美国“丘比特”导弹

远程弹道导弹

美国“三叉戟”–2 导弹

印度“烈火”–5 导弹

洲际弹道导弹

俄罗斯“萨尔马特”洲际弹道导弹

美国“和平卫士”
洲际弹道导弹

美国“民兵”–3
洲际弹道导弹

② 飞航导弹

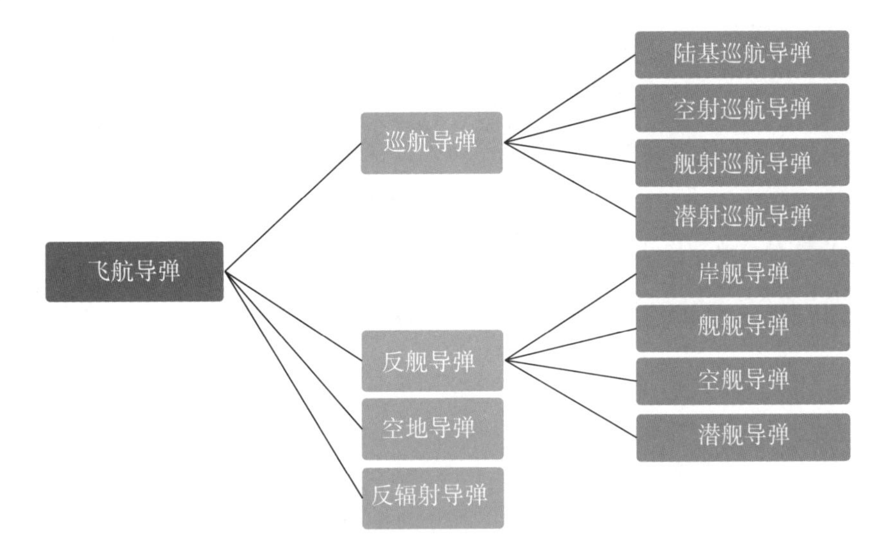

中国“东风”–10 甲巡航导弹

“东风”–10 甲（DF–10A）巡航导弹（又称“长剑”–10 甲）

美国、俄罗斯反舰导弹

“捕鲸叉”反舰导弹

“马斯基特”反舰导弹

中国“鹰击”系列反舰导弹

国庆阅兵中的“鹰击”系列反舰导弹

“鹰击”出自毛泽东诗词《沁园春 · 长沙》

（付强书，获 2014 年解放军首届“先行杯”书法一等奖）

空地导弹

F-16D 战斗机携带“幼畜”（AGM-65）空地导弹

反辐射导弹

美国“标准”反辐射导弹

发射瞬间的“哈姆”高速反辐射导弹

③ 防空防天导弹

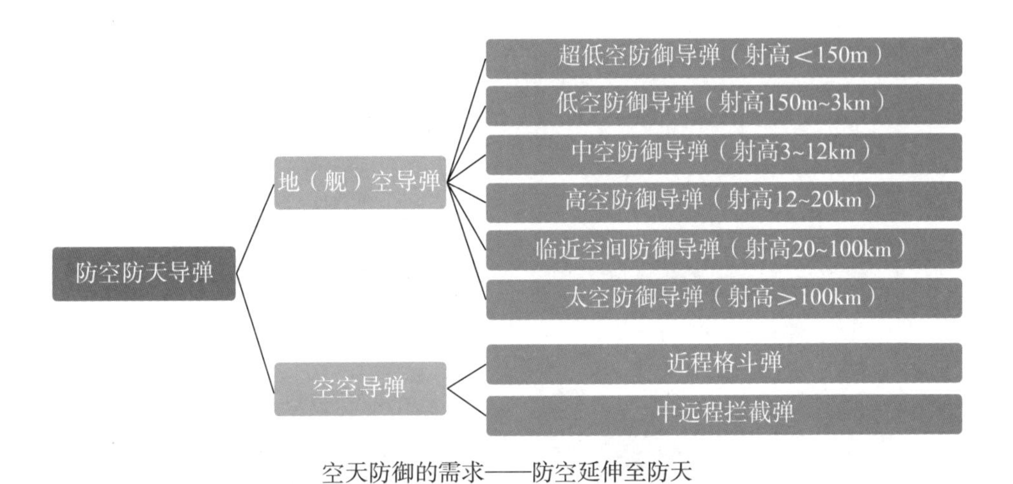

空天防御的需求——防空延伸至防天

中国“红旗”系列防空导弹

“红旗”–2 防空导弹

“红旗”–6 防空导弹

“红旗”–7 防空导弹

“红旗”–9 防空导弹

“红旗”–12 防空导弹

“红旗”–22 防空导弹

俄罗斯防空导弹

“德维纳”（SA–2）防空导弹

“牛虻”(SA–11) 防空导弹

“金花鼠”(SA–13) 防空导弹

“道尔”–M1 防空导弹

S–300 防空导弹

S–350 防空导弹

S–400 防空导弹

S–500 防空防天导弹

美国防空导弹

“奈基”远程防空导弹

“小槲树”防空导弹

“毒刺”肩扛式防空导弹

“复仇者”高机动防空导弹

“爱国者”–2 防空导弹

“海麻雀”舰空导弹

“标准”–1 舰空导弹

“标准”–2 舰空导弹

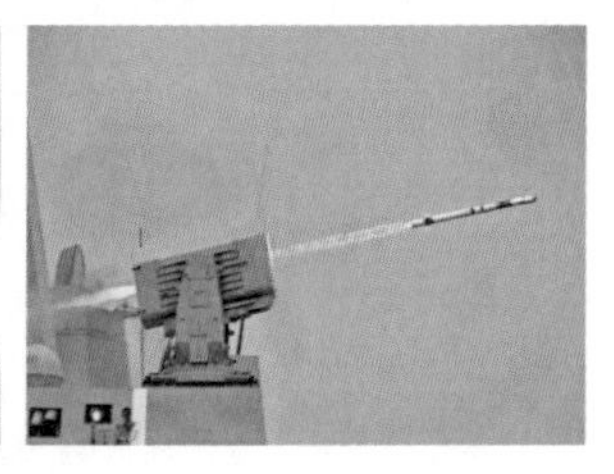

“拉姆”舰空导弹

“萨德”导弹系统的地基雷达

“萨德”导弹发射车

“萨德”导弹发射

欧洲防空导弹

“麦卡”地空导弹

IRIS–TSL 防空导弹

“长剑”–2000 防空导弹

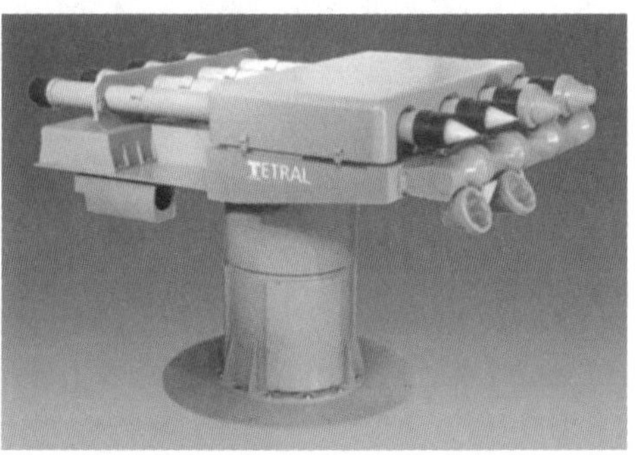

TETRAL 舰空导弹

空空导弹

F–16 战斗机携带多种空空导弹

欧洲“流星”空空导弹

三、科研实验 / 试验仪器

① 仪器设备的地位作用

导弹武器研制要有科学理论指导和技术手段支持，离不开科研实验 / 试验仪器。

科学仪器好比是人类感官的延长：帮助人们克服感官的局限；帮助人们改善认识的质量。

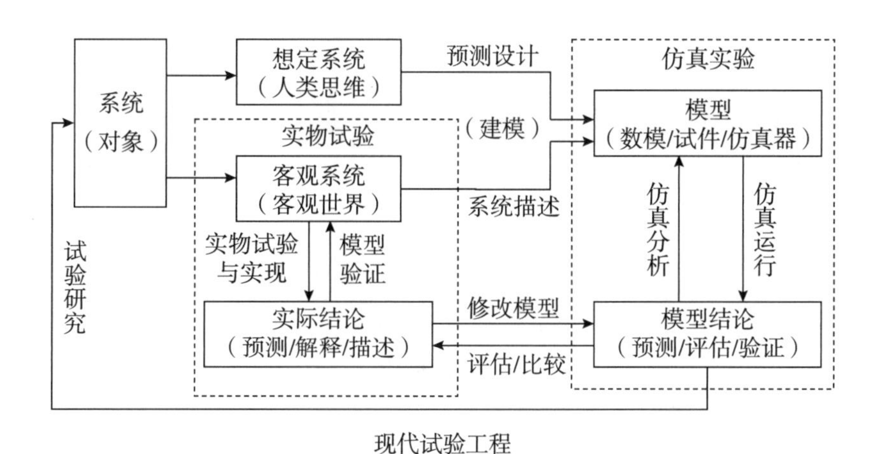

现代试验工程

上图表现了系统、仿真实验及实物试验的相互关系，展示了完成工程试验与科学研究的全过程。

② 导弹研制中的实物试验

实物试验是在实际环境下利用真实系统(或部件)进行的试验，这是最基本，也是最可靠的试验方法，但不经济，且往往难以实现。

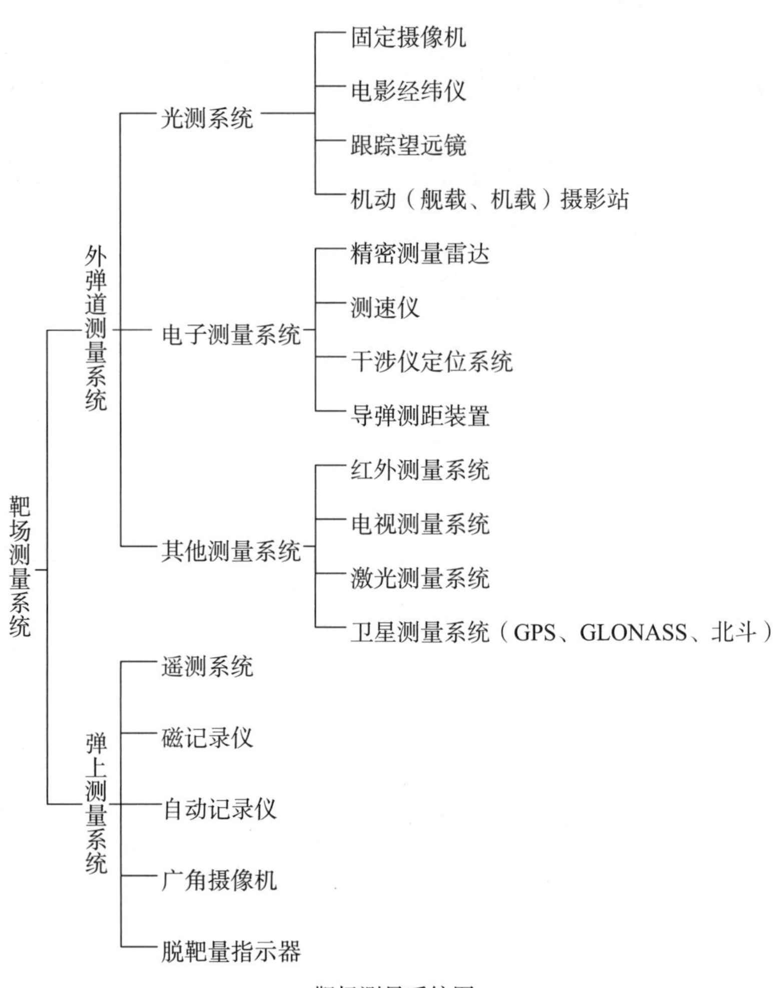

靶场测量系统图

美国“地狱火”反坦克导弹外场试验

英国“硫磺石”反坦克导弹地面发射试验

③ 导弹研制中的仿真实验

仿真实验是一种在实验室条件下进行的既经济又方便的先进实验方法，往往可以解决实物试验难以解决的棘手技术问题，但逼真度、可信度及可靠性始终是一个较大的现实问题。

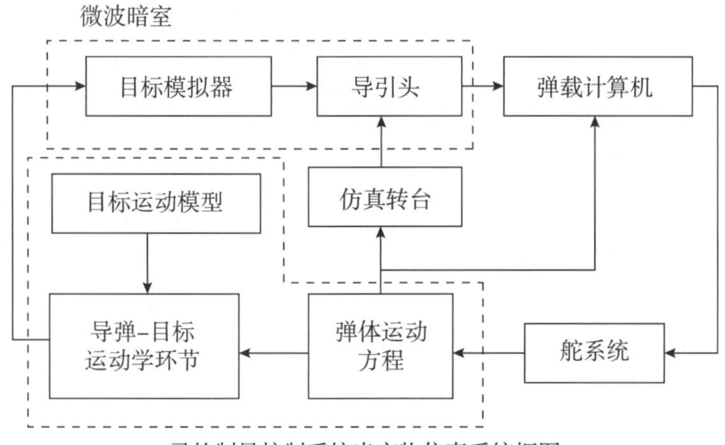

寻的制导控制系统半实物仿真系统框图

微波暗室是吸波材料和金属屏蔽体组建的特殊房间，它提供人为空旷的“自由空间”条件，可以用于测量导弹目标的电磁特性

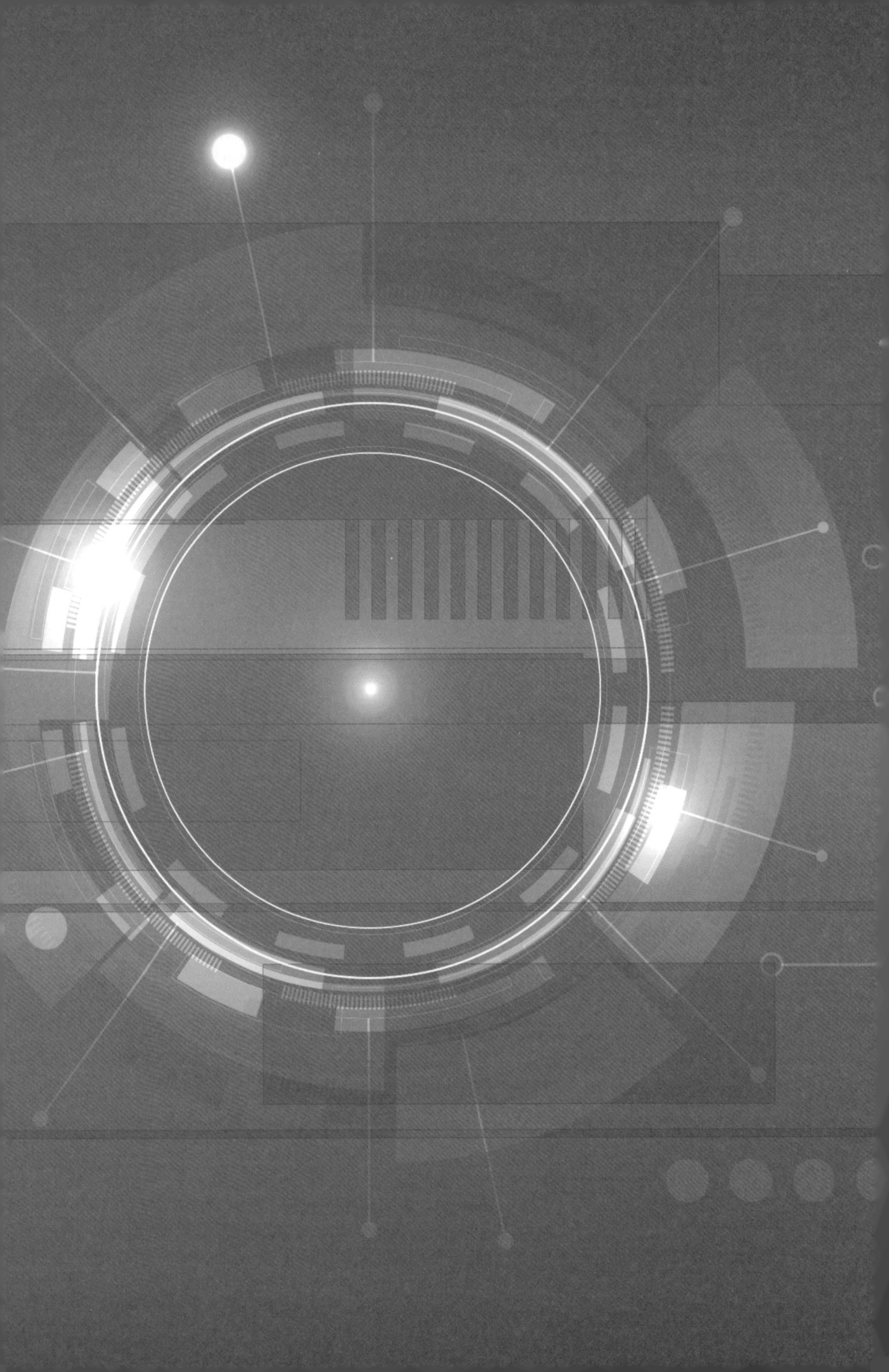

第二章
学“术”：技术 + 战术

一、精确制导技术要义

二、常用制导方式举例

三、新技术催生新战术

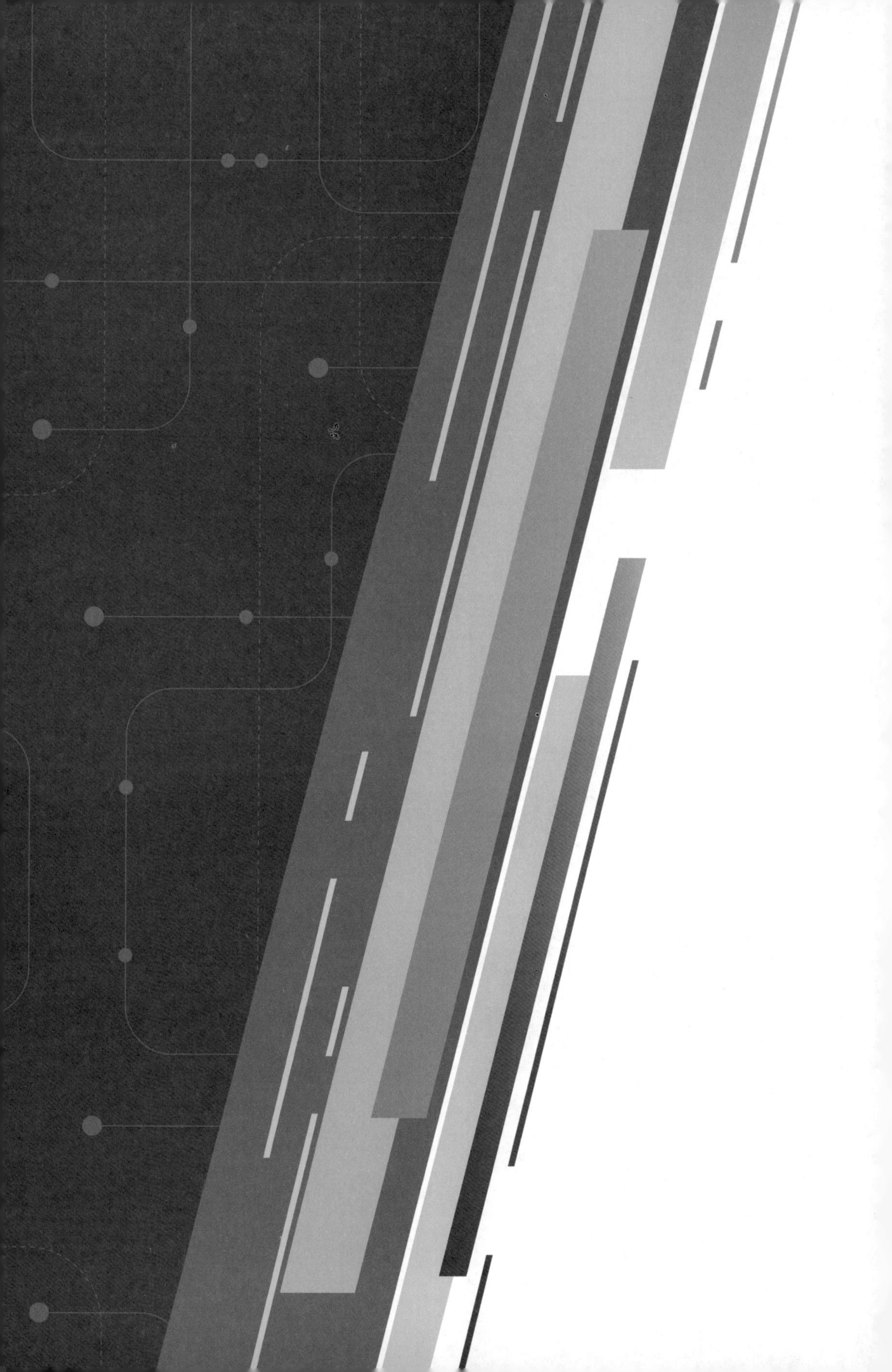

一、精确制导技术要义

① 精确制导技术的定义

以高性能的光电探测器为基础，利用目标特征信息发现、识别、跟踪目标，控制和引导武器精确命中目标的技术。直接命中概率通常在50%以上。它是以微电子技术、计算机技术和光电子技术为核心，以自动控制技术为基础发展起来的高新技术，是精确制导武器的核心技术，是确保精确制导武器在复杂战场环境中既能够准确命中选定的目标乃至目标的要害部位，又尽可能减少附带破坏的关键技术。

——《中国军事百科全书》（第二版）

精确制导技术简图

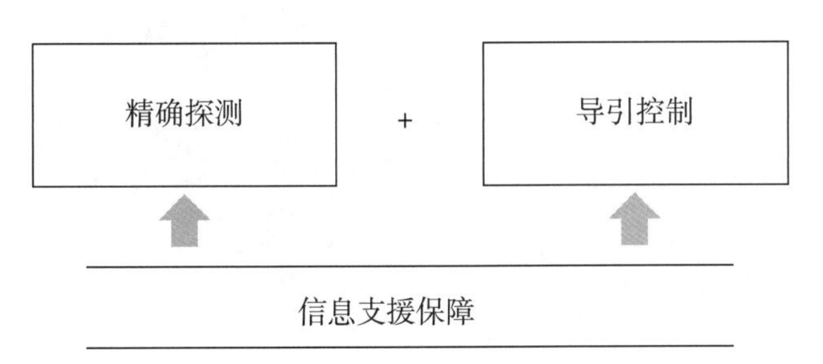

精确制导技术主要包括精确探测、导引控制和信息支援保障技术三部分。

精确制导技术作用示意图

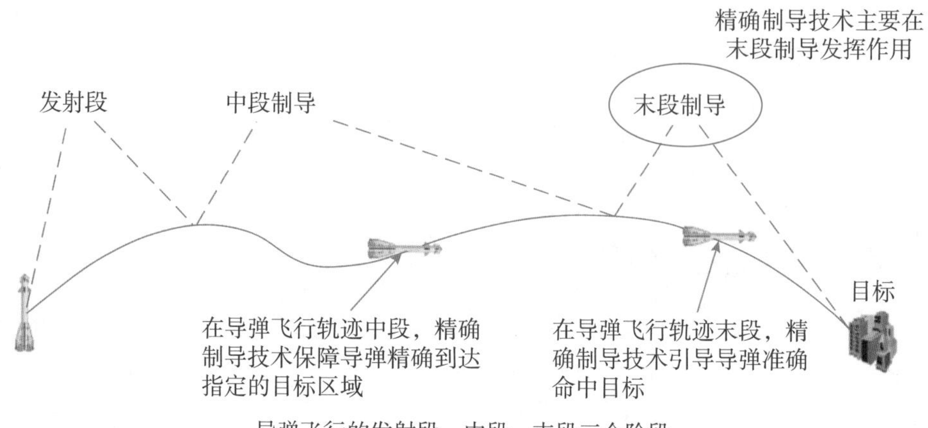

导弹飞行的发射段、中段、末段三个阶段

② 导引头——末段制导的关键部件

精确制导武器与其他武器的最大区别在于它具有导引系统。导引系统通常安装在导弹的头部，导弹头部通常称为“导引头”。

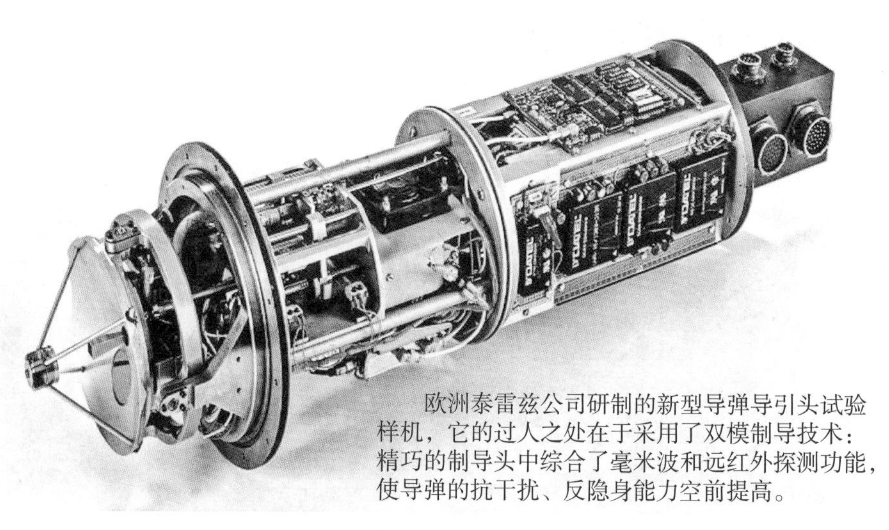

导弹导引头特写

部分导引头图片

俄罗斯 R-77 空空导弹

主动雷达导引头

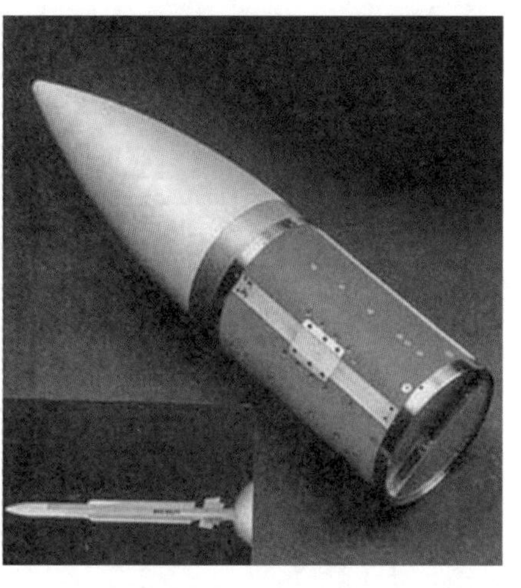

法国 MICA 空空导弹

主动雷达导引头

（a）电视导引头

（b）红外成像导引头

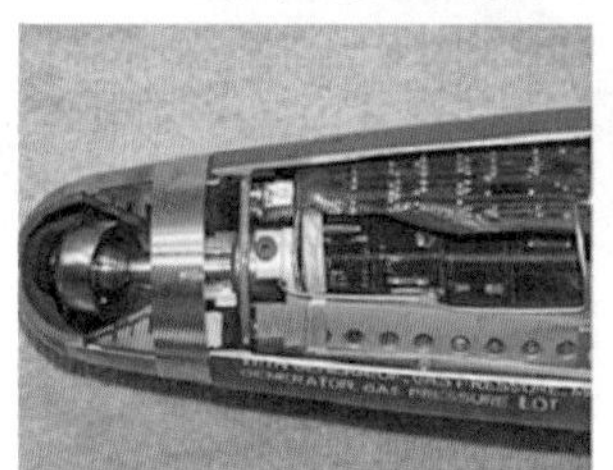

（c）激光半主动导引头

（d）毫米波雷达导引头

智能化弹药采用的各类导引头

③ 精确探测

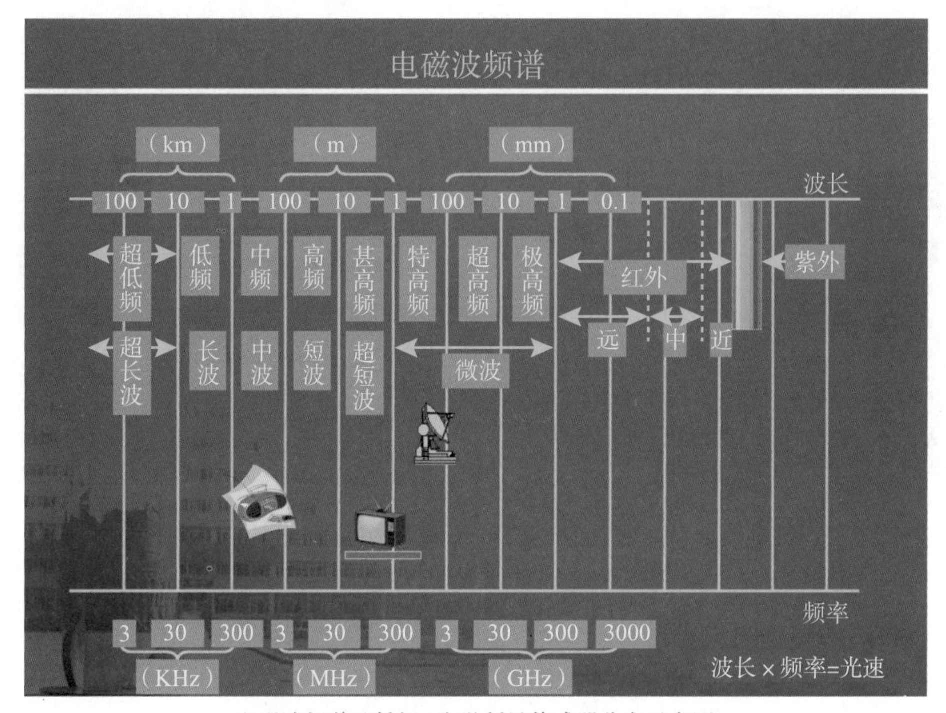

电磁波频谱及射频/光学制导传感器分布示意图

雷达传感器

雷达传感器以无线电波探测物体。由于无线电波的传播与昼夜无关，受气象影响很小，因此雷达探测具有距离远、全天时、全天候特性。

主动雷达导引头

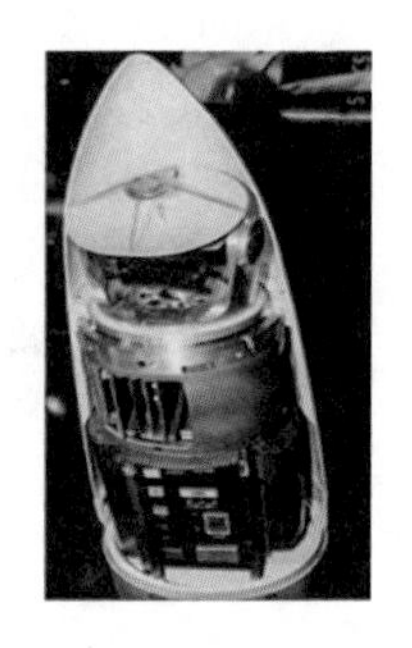

主/被动雷达复合导引头

红外传感器

红外传感器的探测机理是基于热体辐射，它能够将目标辐射的红外能量，如飞机发动机喷出的高温气体，转换成信号处理机能够处理的电信号。

红外点源制导的“响尾蛇”空空导弹

电视传感器

电视传感器采用高分辨率 CCD 摄像头，其附加长焦镜头之后，能看清几十千米远的目标，所以很多导弹系统将电视作为辅助观测设备。电视传感器能得到直观的图像，因此能够显示出目标特征，有利于目标识别。

电视导引头侧面特写

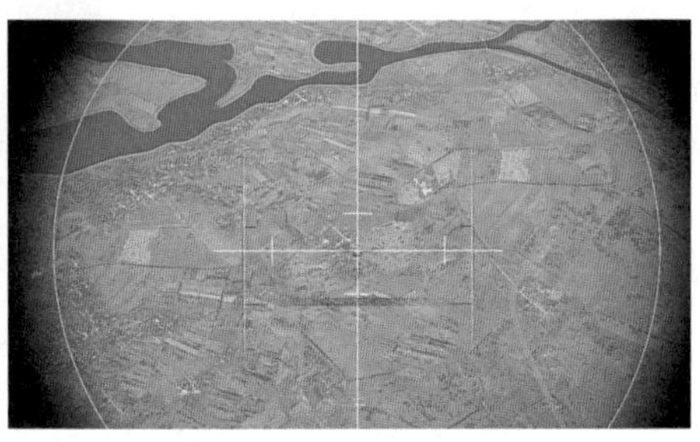

电视制导武器瞄准目标

激光传感器

激光导引头通常由激光照射器、接收装置、信息处理机和伺服系统等组成。其制导精度高，抗干扰能力强，但受天候的影响较大。

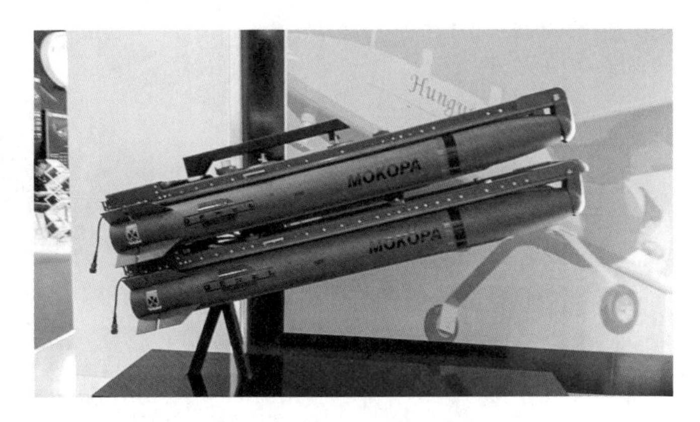

南非半主动激光制导 MOKOPA 反坦克导弹

弹外探测制导装置

除了弹上的“耳目”外，精确制导武器通常还配备了弹外探测制导装置，如地面制导站、机载制导站和舰载制导站，用来探测目标和环境并引导控制导弹飞行。

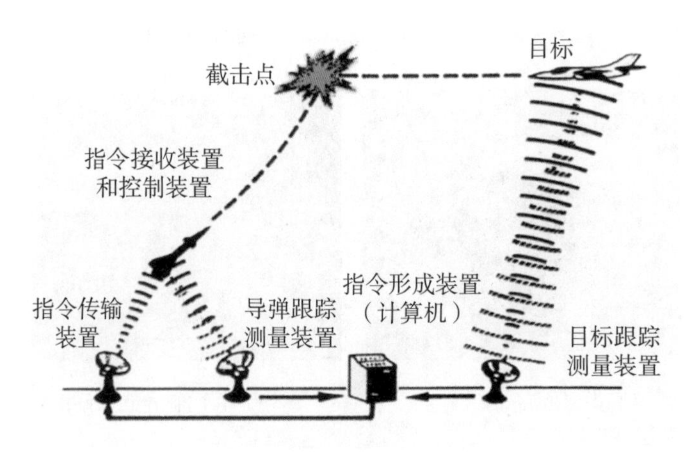

弹外探测制导装置

④ 信息支援保障与综合利用

天、空、海、陆基信息平台为精确制导武器充分提供多域的信息保障，支持精确打击的实施。

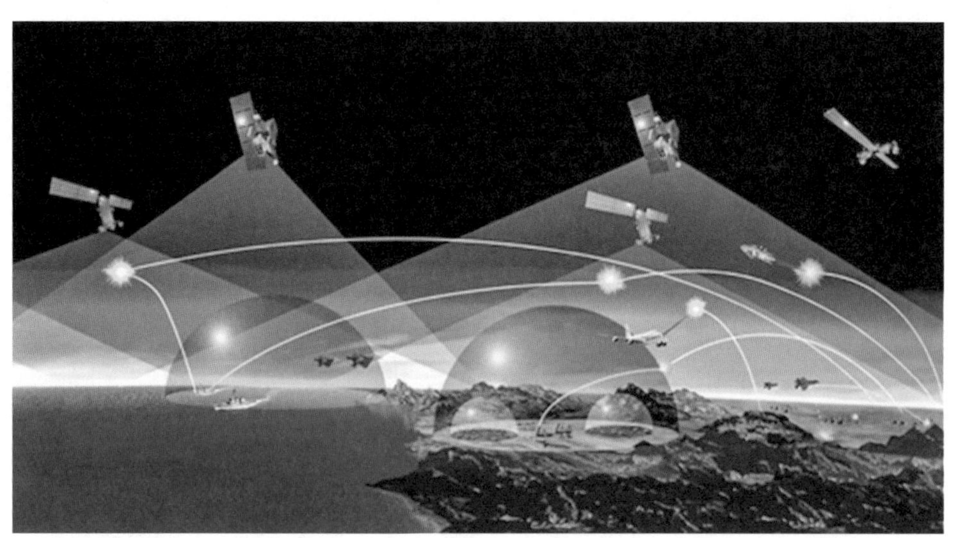

信息支援保障系统示意图

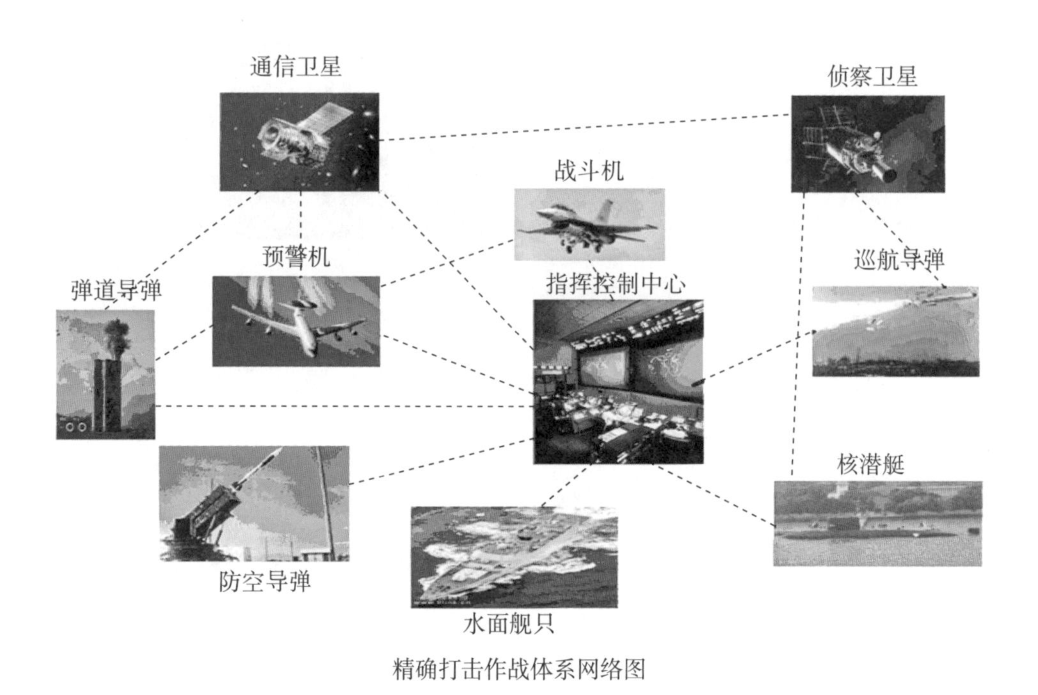

精确打击作战体系网络图

二、常用制导方式举例

常见的制导方式有遥控制导、寻的制导、匹配制导、惯性制导、卫星制导和复合制导。

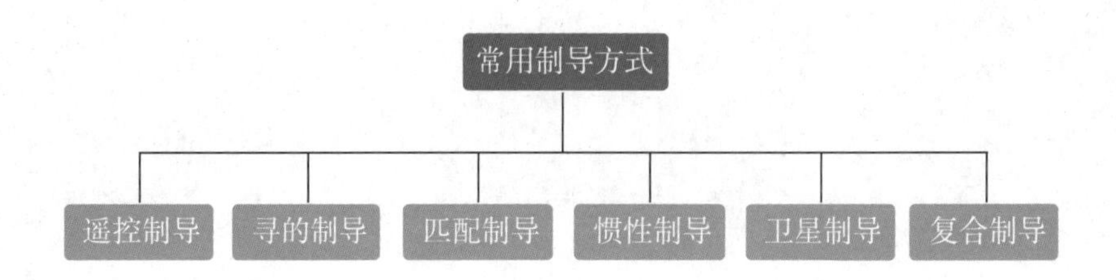

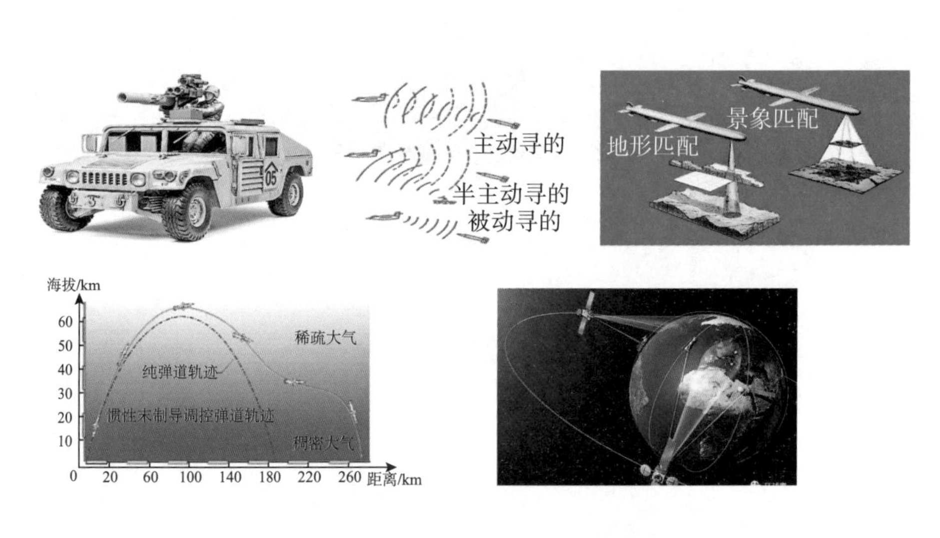

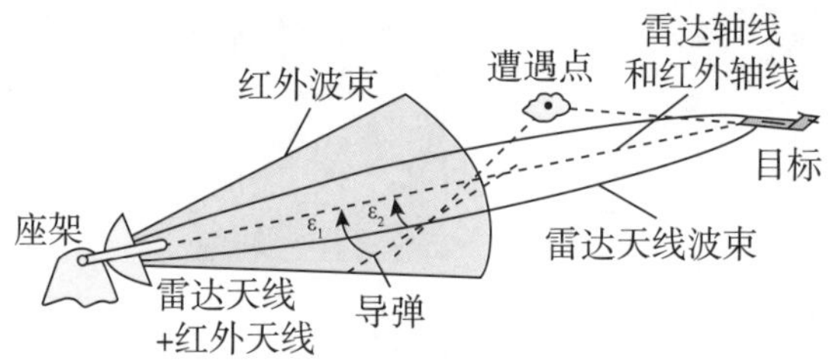

常用制导方式示意图

① 遥控制导

遥控制导是由弹外的制导站测量并向导弹发出制导指令，由弹上执行装置操纵导弹飞向目标的制导方式。其主要用于反坦克导弹、地空导弹、空地导弹和空空导弹等。

采用遥控制导方式的美军“陶”式反坦克导弹

“陶”式反坦克导弹发射

② 寻的制导

寻的制导是由弹上的导引头探测接收目标的辐射或反射能量，自动形成制导指令，控制导弹飞向目标的制导方式。

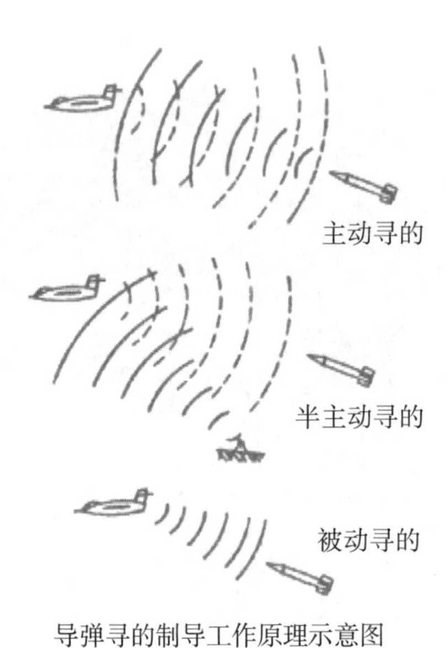

导弹寻的制导工作原理示意图

法国“飞鱼”反舰导弹

飞行中的寻的制导“飞鱼”导弹

③ 匹配制导

匹配制导是通过将导弹飞行路线下的典型地貌 / 地形特征图像与弹上存储的基准图像作比较，按误差信号修正弹道，把导弹自动引向目标的制导方式。实际运用中，一般按图像信息特征将匹配制导分为地形匹配制导和景象匹配制导两种。

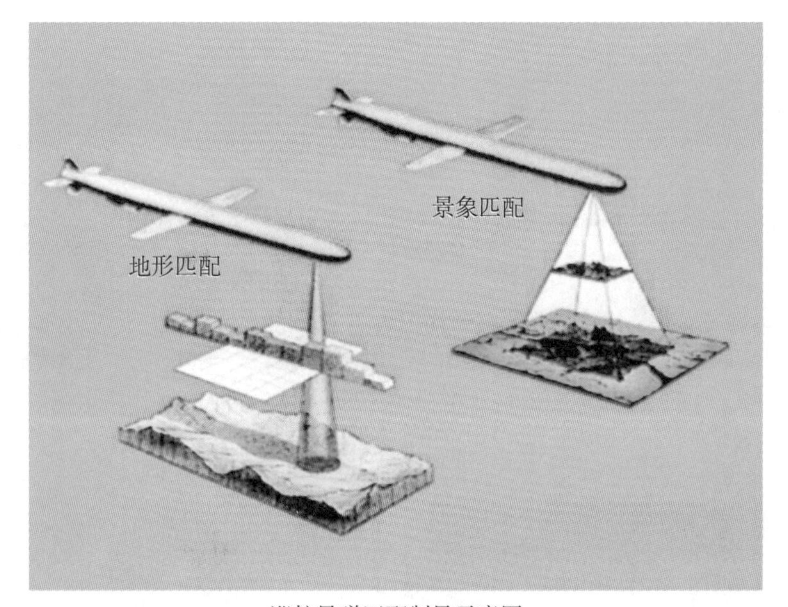

巡航导弹匹配制导示意图

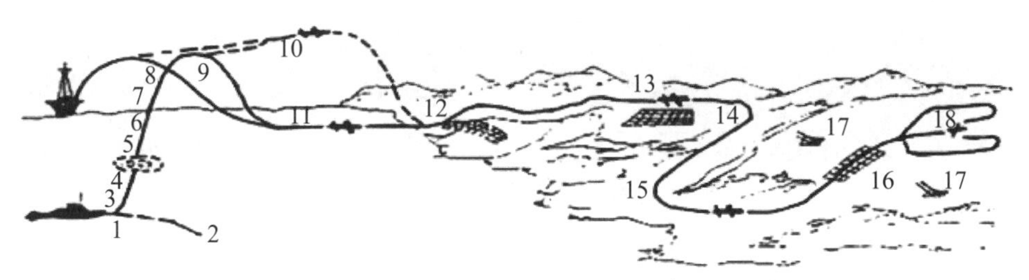

匹配制导主要用于导弹飞行中段和末段（详见 P78 说明）

④ 惯性制导

惯性制导的基本理论依据是牛顿力学定律和运动学方程，是一种自主式的制导方式。其特点是不需要任何外部信息就能根据导弹初始状态、飞行时间和引力场变化确定导弹的瞬时运动参数，因而不受外界干扰。

惯性制导部件

（a）高伯龙院士手持激光陀螺膜片

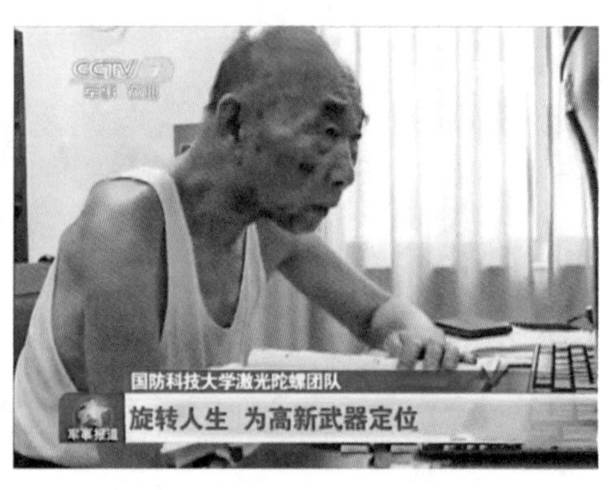

（b）科研领域的“扫地僧”

“中国激光陀螺之父”高伯龙院士

5 卫星制导

卫星制导是当代许多先进精确制导武器的主要制导方式之一。在制导武器发射前将侦察系统获得的目标位置信息装定在武器中，武器飞行中接收和处理分布于空间轨道上的多颗导航卫星所发送的信息，可以实时准确地确定自身的位置和速度，进而形成武器的制导指令。

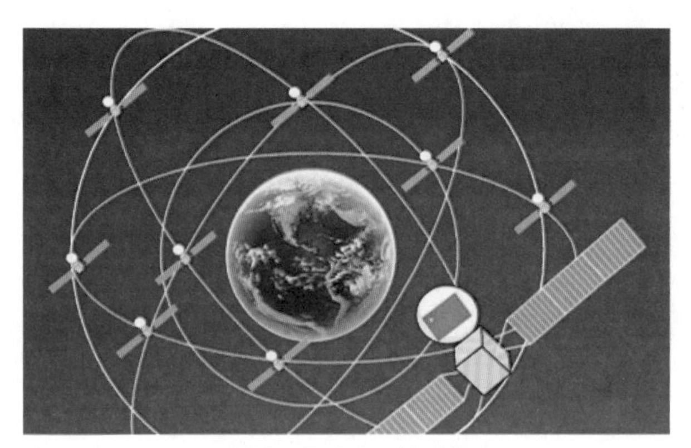

中国“北斗”3号系统

俄罗斯GLONASS系统

美国GPS系统

⑥ 复合制导

单一的制导系统可能出现制导精度低、作用距离近、抗干扰能力弱、目标识别能力差或不能适应各飞行阶段要求等情况，采用复合制导可以发挥各种制导系统的优势，取长补短、互相搭配，从而解决上述问题。

美国联合直接攻击弹药（JDAM）（惯性制导 +GPS 制导）

“长弓 – 阿帕奇”挂载联合空地导弹（JAGM），采用（激光 + 毫米波 + 红外）三模导引头

三、新技术催生新战术

① “外科手术式”精确打击

“百里穿洞”：1991 年 1 月 18 日傍晚，为摧毁伊拉克的电力设施，美军向伊拉克幼发拉底河上的一座水电站发起攻击。美国空军共发射两枚“斯拉姆”空地导弹。令人震惊的是，第二枚新型导弹不偏不倚，正好穿过第一枚导弹炸开的洞口，准确炸毁了水电站的发电机组。

“斯拉姆”空地导弹发射

准确炸毁水电站的发电机组

② “斩首行动”新案例

2020年1月3日，伊拉克首都巴格达国际机场附近，伊朗高级军官卡西姆·苏莱曼尼被美军无人机发射的三枚“地狱火”（又名“海尔法”）导弹袭杀。

无人机发射“地狱火”导弹

刺杀卡西姆·苏莱曼尼的新闻报道

③ 现代战争的显著特点是体系对抗

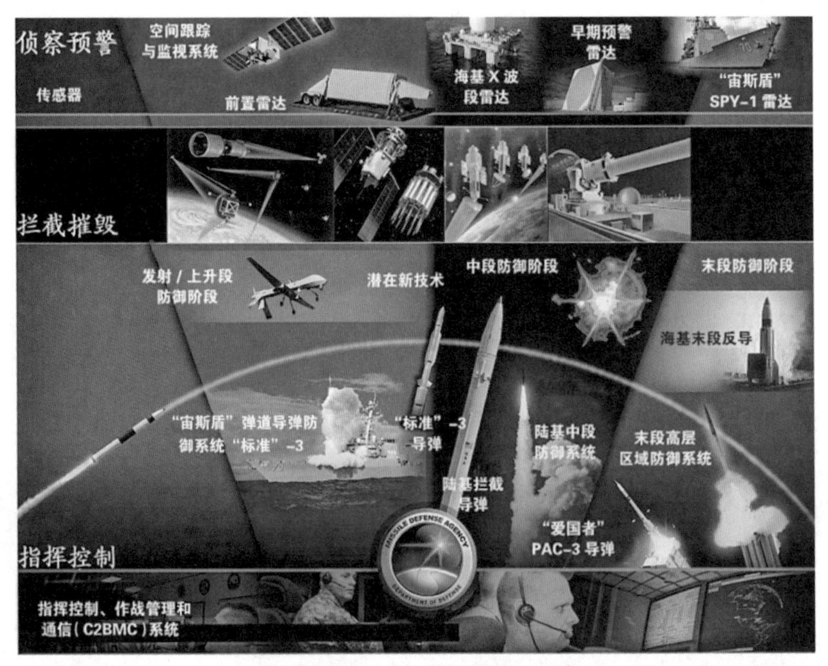

美军空天防御体系

一体化作战系统

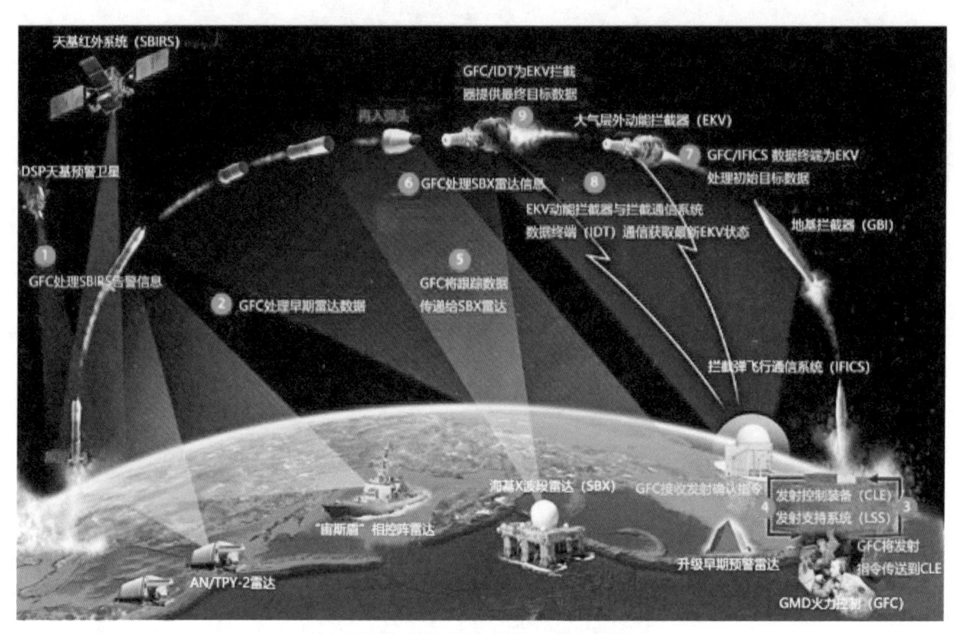

美国导弹防御系统作战过程示意图

精确制导
器术道

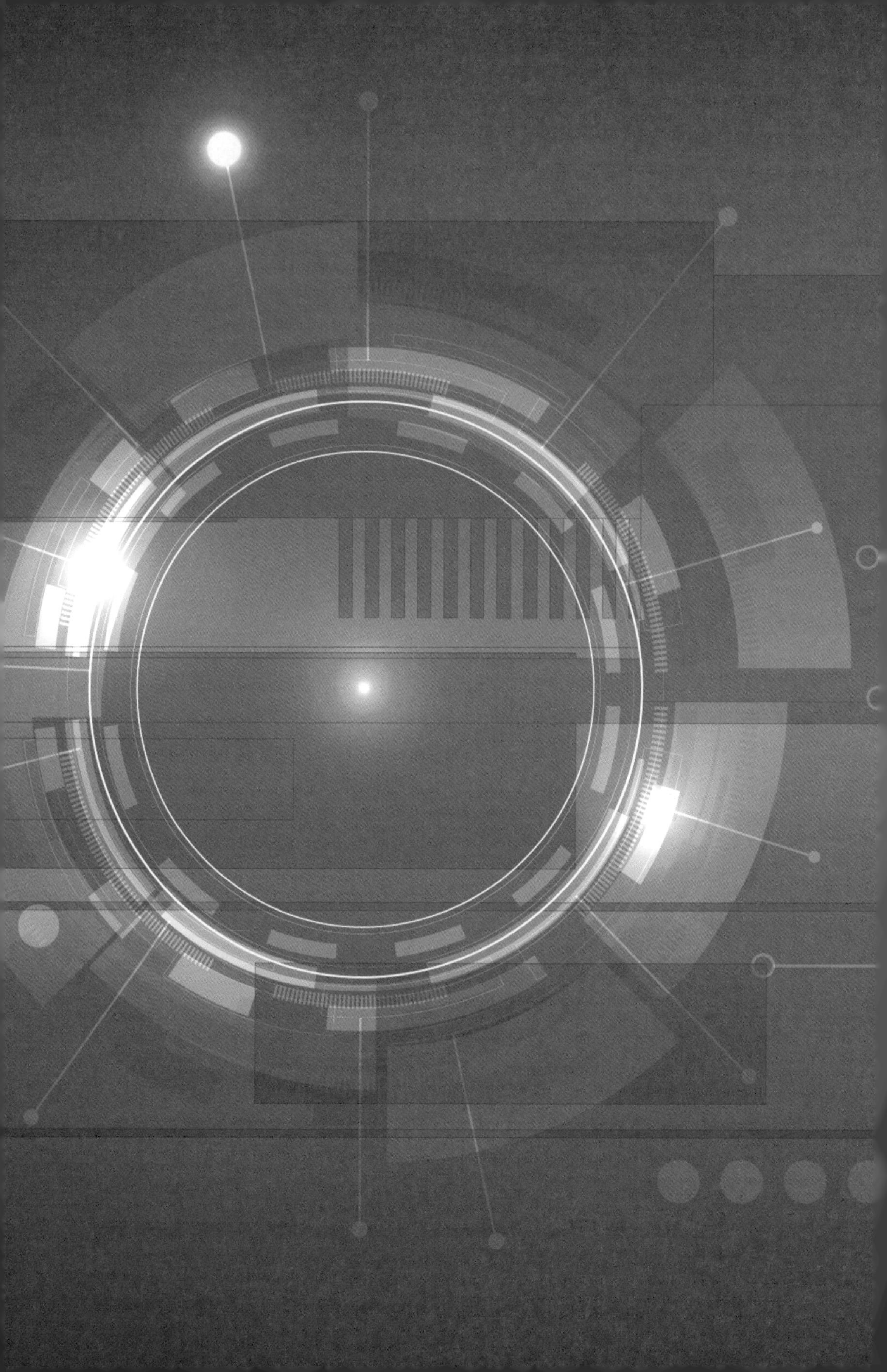

第三章
问“道”：道理 + 道德

一、精确制导本质与规律探索

二、精确制导武器的道德追问

三、新发展理念：“器术道”并重

形而上者谓之道，形而下者谓之器。

——《易经·系辞》

一、精确制导本质与规律探索

① 精确制导的基本道理

❶ 精确制导武器是集成创新的产物。

★ 本质：充分利用信息，高精度传递能量的工具。

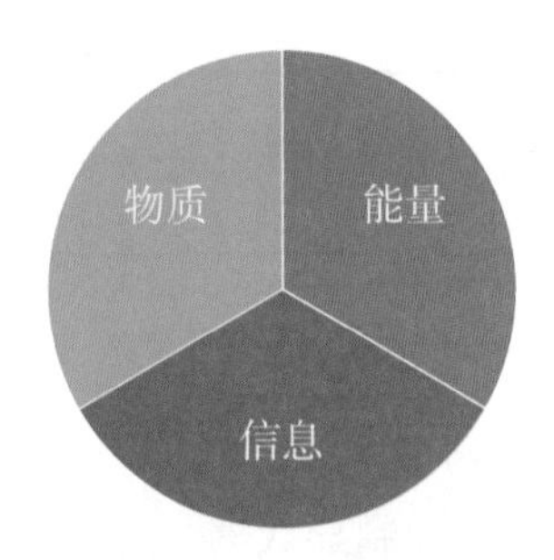

客观世界的三要素：物质、能量、信息

精确制导武器是典型的信息化装备

❷ 精确制导技术是技术科学的子集。

★基石：现代科学“三论”（SCI）——系统论、控制论、信息论。

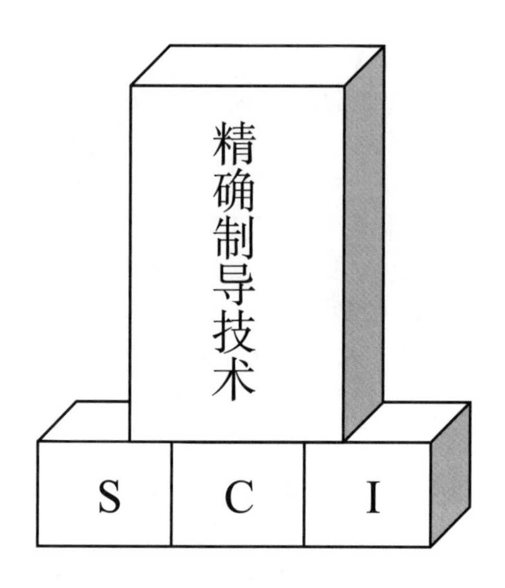

精确制导武器智能化的核心技术是自动目标识别（Automatic Target Recognition，ATR），ATR系统使制导武器具有“分类”“鉴别”等突出优点。详见研讨篇。

国防科技大学ATR实验室标识

❸ 精确制导技术是武器发展史上的里程碑。

★ 规律：具有全新的“射程 – 精度”规律，命中误差不随距离增大而增大。因此，精确制导技术成为武器发展史上的里程碑，具有革命性意义。

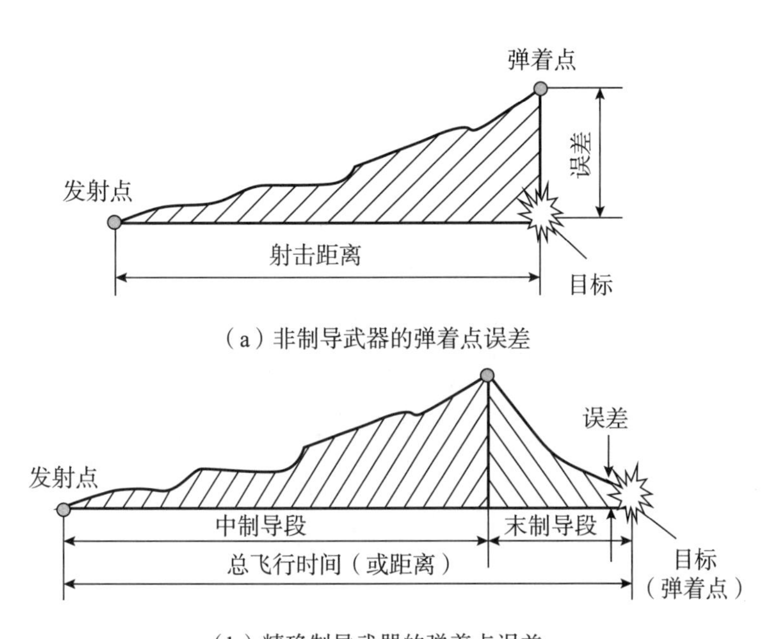

（a）非制导武器的弹着点误差

（b）精确制导武器的弹着点误差

非制导武器与精确制导武器的弹着点误差比较

② 技术科学的发生发展规律探讨

钱学森将现代科学技术划分为基础理论、技术科学和工程技术三个层次。其中，技术科学是桥梁和纽带，既使得基础理论向工程技术转化，又将技术知识提高到理论成为科学。

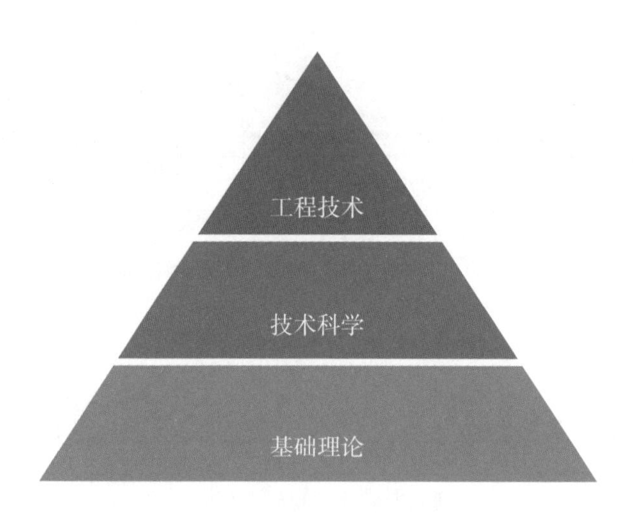

技术科学的发生发展规律可以概括为辅人律、拟人律和共生律。

辅人律

“技术科学辅人律”的要旨是“利用外物拓展人类自身能力”。精确制导武器极大拓展了作战人员的战斗能力，如海湾战争中“战斧”导弹对 1300km 以外的目标进行精确打击，命中精度优于 9m，其难度远远超过“百步穿杨”。精确制导武器的这种“神功”使人类能力拓展到了新的高度。

美国“战斧”巡航导弹

“战斧”导弹命中 1000km 外靶标

古有“百步穿杨”

拟人律

“技术科学拟人律”的内涵是通过模拟、延伸或加强人体组织和器官某些功能实现科学技术进步，体现了科学技术发展的宏观轨迹。人类的能力可以分解为体质、体力和智力能力。精确制导武器的能力主要源于材料、能源、信息领域的先进科学技术，这些科学技术分别形成了精确制导武器的“体质”“体力”“智力”能力。

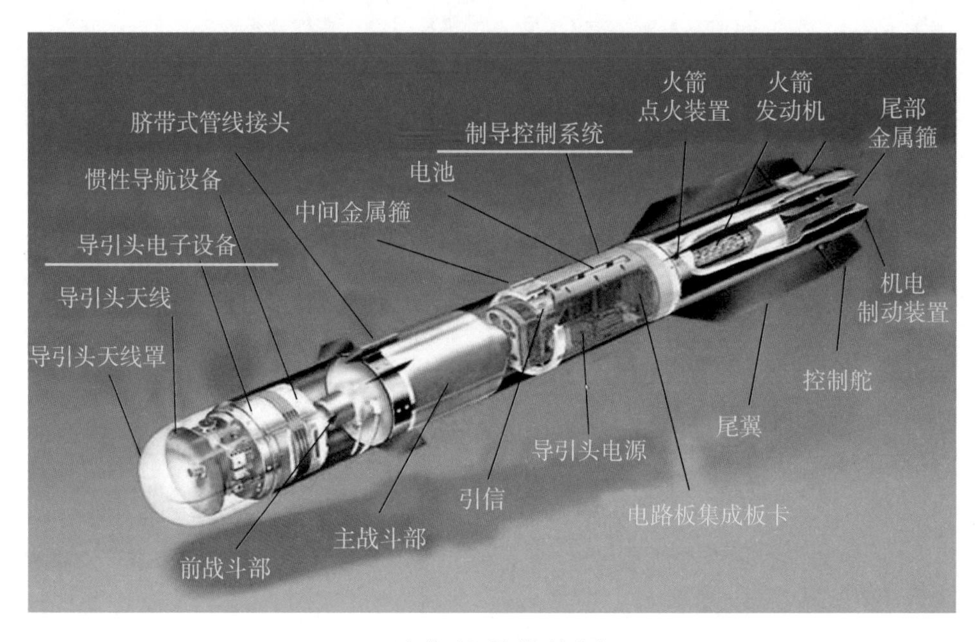

“硫磺石”导弹透视图

精确探测/信息支援技术——“耳目”

就像眼睛和耳朵，观察目标的信息

信息处理与综合利用技术——“大脑”

就像大脑，处理信息给出制导指令

高精度导引控制技术——“身手”

就像人通过神经系统，由手脚操纵导弹飞行

共生律

“技术科学共生律”阐明人类与科学技术形成的“人主机辅，相得益彰”的共生格局，指出人类的全部能力应当是自身的能力与科学技术产物的能力的总和。

人主机辅，相得益彰

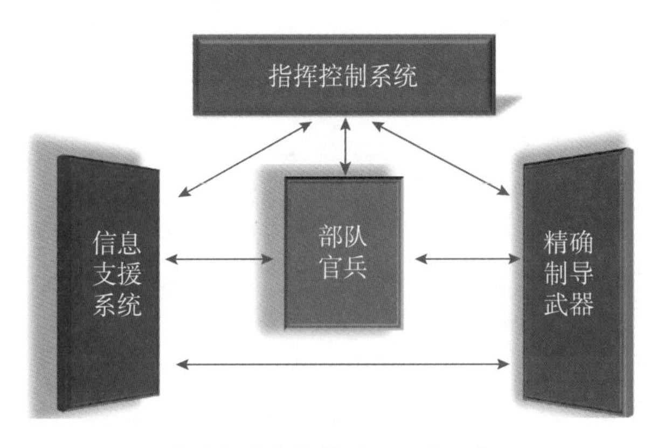

精确打击作战体系的组成要素

③ 钱学森现代科学技术体系管窥

钱学森

钱学森曾经感慨：“我在美国搞的那些应用力学、喷气推进和工程控制论等等，都属于技术科学。而技术科学的特点就是理论联系实际。我写的那些论文选题都是从航空工程和火箭技术的实际工作中提炼出来的。而研究出来的理论又要与试验数据对照，接受实践的检验。这个过程往往要反复多次，一个课题才能完成，其成果在工程上才能应用。这就是《实践论》中讲的道理。”

钱学森在20世纪末，站在科学技术之巅，将人类有史以来的知识进行系统梳理，构建出一个现代科学技术体系。

马克思主义哲学——人认识客观和主观世界的哲学												哲学
性智 ←	→ 量智											
文艺活动	美学	建筑哲学	人学	军事哲学	地理哲学	人天观	认识论	系统论	数学哲学	唯物史观	自然辩证法	桥梁
	文艺理论	建	行	军	地	人	思	系	数	社	自	基础理论
		筑科	为科	事科	理科	体科	维科	统科	学科	会科	然科	技术科学
	文艺创作	学	学	学	学	学	学	学	学	学	学	工程技术
实践经验知识库和哲学思维												
不成文的实践感受												前科学

钱学森现代科学技术体系（解读见慕课篇）

二、精确制导武器的道德追问

① 武器装备的道德问题

在中国古文字中，“道”和“德”两字是分开使用的。“道”的原意是道路，后引申为支配自然和人类社会生活的法度、准则及运行规律。表示自然运行规律的称为“天道”，表示社会生活规律和做人规矩的称为“人道”。“德”指心中得道，并能保持它，行为上遵循它。可见在中国传统文化中，道德概念是包含着认识和把握规律，并且按规律办事的深刻思想。

武器装备道德关系，是一种特殊的社会关系，通过武器装备的研制、使用所表现出来的社会关系。例如，研制武器装备的目的是什么？是为了自卫还是用于扩张？会不会造成大规模杀伤或不必要的痛苦？如何使用手中的武器？用它来打击谁？打击到什么程度？这都是社会关系问题，涉及国家之间、民族之间或政治集团之间的关系。

② 精确制导技术使武器“慈化”？

自海湾战争以来的高技术局部战争，都大量使用精确制导武器，为美国全球霸权提供军事技术支持。西方媒体推波助澜，提出武器“慈化”概念，认为精确制导就是武器装备的“慈化”，因为它在给武器注入新技术因素的同时，又加入了人性成分，使用这种武器能减少杀戮和附带损伤，从而破天荒地使战争涂上温情色彩。

例如，法国《解放日报》2000年8月6日刊登的文章“零伤亡的战争”。该文章把科索沃战争与第二次世界大战个例作比较，指出：1999年北约对科索沃的70天空中打击中，炸死南斯拉夫平民约500人；而在1943年7月盟国对德国汉堡进行的3天空袭，平民死亡达4.46万人。文章为北约的非正义战争披上人道的外衣，可是这些年美国、北约造成的人道主义灾难减少了吗？

③ “两弹一星”元勋是中华民族的大善人

“两弹一星”元勋，是搞导弹、核弹、卫星研制工作的科学家，是中国超一流的科学家。他们的工作使中国赢得了几十年和平发展良机，为中华民族复兴作出巨大贡献。可以说，从事国防是行大善！

中国“两弹一星”元勋（共 23 位）

东风浩荡，红旗漫卷，鹰击长空

人间正道是沧桑！

三、新发展理念：“器术道”并重

“道器”是古代中国哲学范畴，“道术”也是中国文化的高频词汇；近现代西方科学突飞猛进，可谓是求真问道的主力军，科学技术成为第一生产力。

“器术道”两两组合，都是中国常用词：道器属哲学，器术涉军工，道术偏文理。倡导“器术道”并重，试立发展新路标！

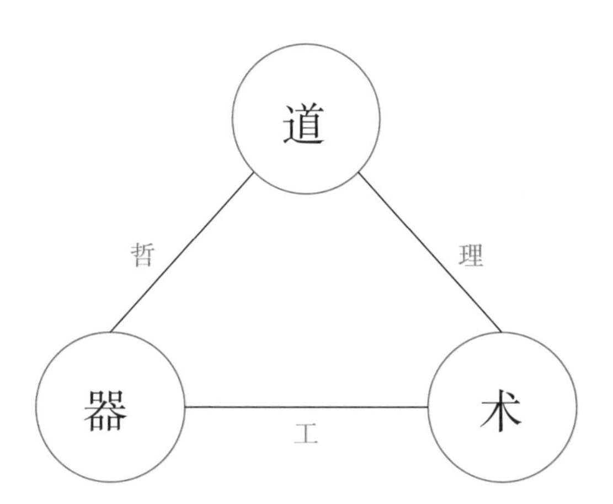

参考文献

[1] 总装备部科技委，总装备部政治部．钱学森学术思想研究论文集 [M]. 北京：国防工业出版社，2011.

[2] 钟义信．机器知行学原理——人工智能统一理论 [M]. 北京：北京邮电大学出版社，2015.

[3] 刘大椿．科学技术哲学概论 [M]. 北京：中国人民大学出版社，2011.

[4] 胡晓峰．战争科学论——认识和理解战争的科学基础和思维方法 [M]. 北京：科学出版社，2018.

[5] 黄甫生．武器的悖论——武器装备伦理研究 [M]. 北京：中国社会科学出版社，2010.

[6] 刘兴堂，戴革林．精确制导武器与精确制导控制技术 [M]. 西安：西北工业大学出版社，2009.

[7] 付强，何峻，范红旗，等．导弹与制导——精确制导常识通关晋级 [M]. 长沙：国防科技大学出版社，2016.

[8] 付强，等．精确制导武器技术应用向导 [M]. 北京：国防工业出版社，2014.

[9] 田小川．国防科普概论 [M]. 北京：国防工业出版社，2021.

慕课（Massive Open Online Course，MOOC）“精确制导器术道”，教学内容分为五章：**一章“看热闹”**，主要了解大阅兵中的中国导弹、精确制导武器的分类、导弹命名的“学问”、导弹的主要“器官”、武器系统概貌；**二章“看门道”**，主要从技术的角度讲授精确制导，解析其定义，知晓传感器——武器的“耳目”，认识导引头——导弹上的“脑袋”，再了解制导方式——如何“让导弹飞”向目标；**三章“说矛盾”**，认识精确制导武器作战时所处的战场环境，看看地理、气象、电磁环境和作战目标是如何影响武器精确打击效能，以及矛盾斗争是如何推动精确制导武器和技术的发展；**四章“说实践”**，采用案例教学的方式，剖析精确制导武器是如何在实战与科研实践中提高性能和水平；**五章“登高望远”**，万事万物关联，主要介绍精确制导技术前沿发展动态、讲解精确制导与精确打击领域的专业知识体系、钱学森现代科学技术体系，并用普遍联系的观点讨论有关精确制导的学术问题。这种教学方式的设计类似打电子游戏（“电游模式”）一级一级地通关，教学层次涉及器术道（重点讲武器和技术，也讲正道），充分体现“传道、授业、解惑”和现代教学理念/MOOC 平台的结合。

慕课篇的章节内容，基本上与学堂在线 MOOC“精确制导器术道”的教学设计相对应，少部分内容有修订更新。

第一章 精确制导武器概述 ——“看热闹”

精确制导武器是现代战争的主战装备，是典型的信息化装备。精确制导武器主要包括精确制导导弹（简称导弹）、精确制导弹药（简称弹药）和水下制导武器等。其中，精确制导导弹可进一步细分为弹道导弹、飞航导弹、防空防天导弹等种类。精确制导弹药如制导炮弹、制导炸弹等，它们和导弹的主要区别在于自身无动力装置。水下制导武器有反潜导弹、制导鱼雷、制导水雷、制导深水炸弹等。我们从大阅兵中的“东风快递”说起。

一、大阅兵中的“东风快递”

2015 年的“九三”大阅兵中，“东风”系列可以分为三个组合：中近程弹道导弹、中远程精确打击武器、洲际弹道导弹。

（一）“东风”系列中近程弹道导弹

DF-15B（“东风”-15 乙）和 DF-16（“东风”-16）都是中近程常规弹道导弹。

DF-15B

DF-16

中近程弹道导弹

DF-15B 和 DF-16 是我军实施中近程常规打击的利器，它们的特点是中近程、常规弹头并采用了光学精确制导技术。下图是弹道导弹结构示意图，从左到右分别是头罩、弹头、制导控制系统、末助推发动机、三级发动机、二级发动机、一级发动机等。一般来讲，对于中近程弹道导弹，只需要一级发动机就可以了。

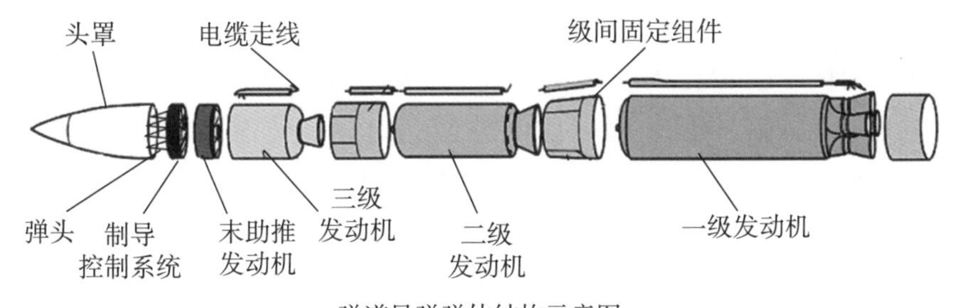

弹道导弹弹体结构示意图

再看弹道导弹的飞行弹道，如下图所示，弹道导弹的飞行弹道一般可以分为主动段和被动段。主动段就是图中的 *OA*。弹道导弹首先在发动机产生的推力作用下起飞，达到预定的速度和位置时，发动机关闭，弹头和弹体分离。被动段就是发动机关机后，导弹在重力的作用下做抛物线飞行，直至落地。被动段又可分为自由飞行段 *AC* 和再入飞行段 *CB*。弹头再入飞行时，通常具有机动变轨能力和目标识别能力，这就大大提高了导弹的突防性能和打击精度。

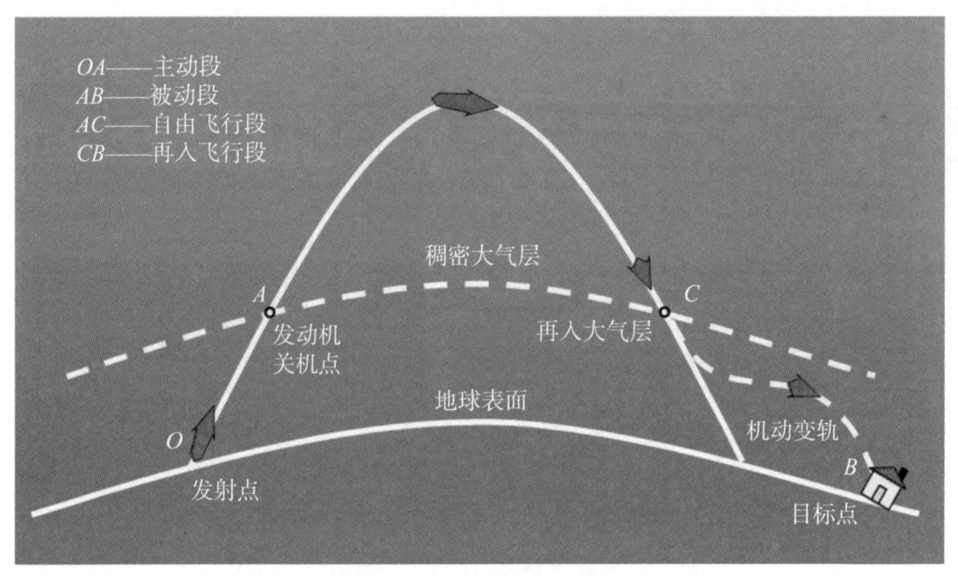

弹道导弹飞行弹道示意图

（二）“东风”系列中远程精确打击武器

DF–21D（“东风”–21 丁）、DF–26（“东风”–26）、DF–10A（“东风”–10 甲），是中远程打击武器，其中 DF–21D 和 DF–26 是打击大型海上舰船目标的杀手锏，DF–10A 是中远程巡航导弹，又叫“长剑”–10 甲。

DF–21D 是世界上第一种反舰弹道导弹，它的作用主要是反航母介入，是反航母作战的杀手锏武器，在 2015 年的“九三”大阅兵中首次亮相。DF–21D 的主要特点：一是中远程；二是常规弹头；三是采用了雷达精确制导技术。它的射程约为 1600km，而舰载机的作战半径约为 1000km，所以理论上可以拒止航母，让舰载机不起作用。由于 DF–21D 采用了末段寻的制导技术，使得一般用于打击固定目标的弹道导弹也可以打击航母编队等活动目标。

DF-21D 中远程弹道导弹

DF-26 的射程更远，核常兼备，既可打击固定目标，也可打击海上大型舰船编队目标。DF-26 是“九三”阅兵的大亮点。

DF-26 中远程弹道导弹

DF-10A 是巡航导弹，属于中远程巡航导弹。它的飞行原理与弹道导弹不同，是基于空气动力学原理的。

DF-10A 中远程巡航导弹

（三）“东风”系列洲际弹道导弹

DF-31A（“东风”-31 甲）和 DF-5B（“东风”-5 乙）是洲际弹道导弹，其中 DF-5B 为分导式多弹头的核导弹。

DF-31A

DF-5B

洲际弹道导弹

DF-31A 和 DF-5B 的主要特点：一是射程很远，约为 10000km；二是采用核弹头；三是全程惯性制导。在朱日和大阅兵中展示的 DF-31AG（“东风”-31 甲改进型）洲际导弹性能有了新的提升。

相对来说，洲际导弹对精度的要求不高，但精度还是很重要的。可以说，提高导弹命中精度比增加其有效载荷更重要，因为命中精度对导弹毁伤效果的贡献是以指数关系体现的。以核导弹为例，如果导弹战斗部的核爆当量不变，而精度提高 10 倍，那么它的杀伤效率将增大 100 倍；如果精度不变，导弹战斗部的核爆当量增大 10 倍，那么其杀伤效率仅增大 4.46 倍。从这些精度的数据可以看到，提高弹道导弹的命中精度是很有意义的。

前面出现的“东风”系列导弹都是火箭军的“撒手锏”。中国的火箭军一直被亲昵地称作“东风快递，使命必达”。

“东风快递，使命必达”

二、精确制导武器的分类

精确制导武器主要包括精确制导导弹、精确制导弹药、水下制导武器等三类。

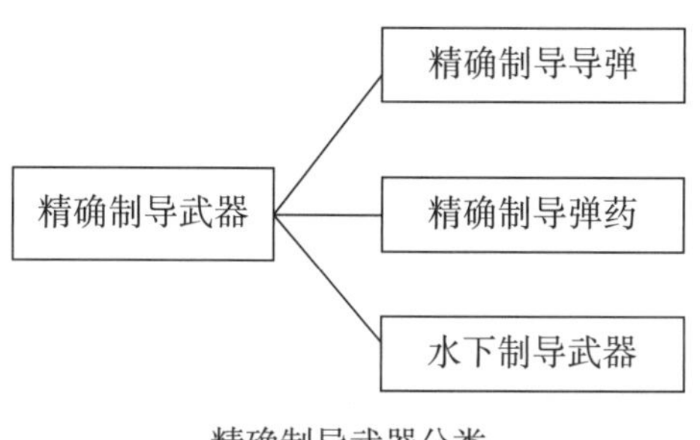

精确制导武器分类

（一）精确制导导弹

精确制导导弹是精确制导武器的最大家族，进一步可以细分为弹道导弹、飞航导弹、防空防天导弹等种类。

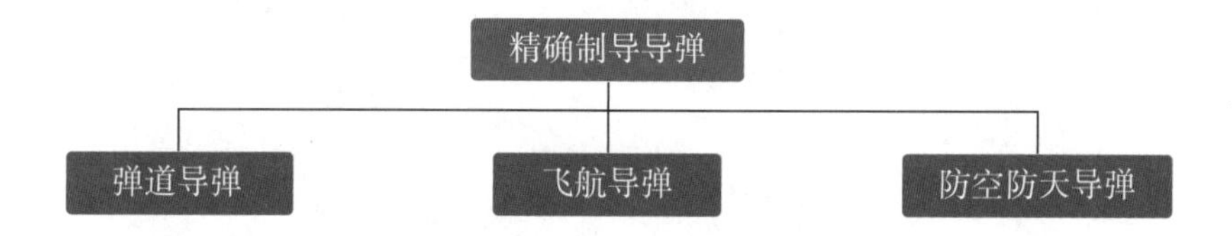

1. 弹道导弹

之前讲了“东风”系列，从“九三”大阅兵中对弹道导弹有了一些了解。

弹道导弹按射程可以分为近程弹道导弹（射程小于1000km）、中程弹道导弹（射程1000~3000km），远程弹道导弹（射程3000~8000km），洲际弹道导弹（射程大于8000km）。此外，弹道导弹按平台也可以分为陆基弹道导弹和海基弹道导弹。

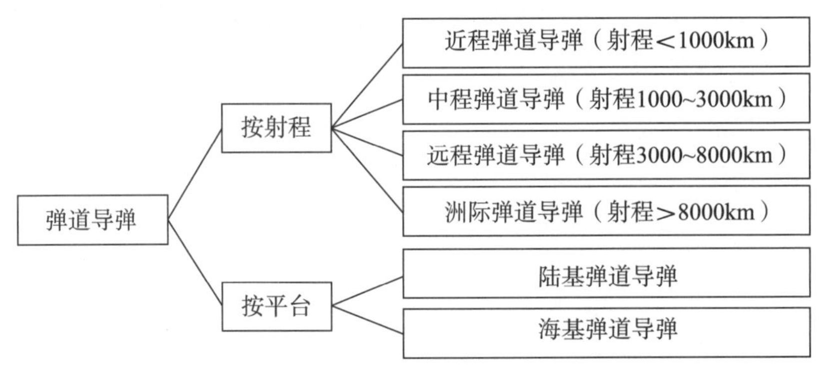

弹道导弹的分类

2. 飞航导弹

2019 年青岛海上大阅兵中，潜艇、驱逐舰、护卫舰等作战平台悉数登场，这些平台上装备着多种多样的导弹、制导鱼雷等精确制导武器。海军的精确制导武器类型比较齐全。

“鹰击”系列反舰导弹是飞航导弹的一种,它的外观和飞行原理与飞机接近。

“鹰击”系列反舰导弹

另外，巡航导弹也属于飞航导弹，如 DF-10A。巡航导弹的航路规划是很重要的工作。下图是典型的巡航导弹飞行路径：1~9 是发射段，发射方式有舰射、潜射和空射，9 之后可设计两种弹道；10 是海上高弹道飞行；11 是海上低弹道飞行；12 是导弹初见陆地、地形匹配进行首次修正；13 是飞行中途地形匹配修正；14 是避开敌方的防空系统，进行转弯飞行；15 是进行地形回避和地杂波抑制；16 是末段修正；17 是敌方的防空阵地，要避开；18 是要打击的目标。可以看到，巡航导弹的航路很复杂，主要是为了有效突防。

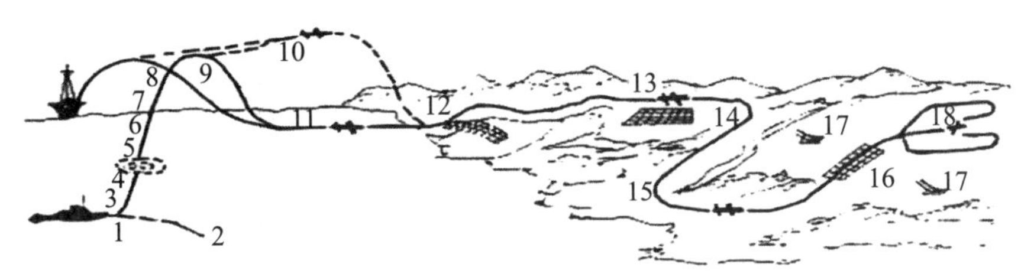

典型的巡航导弹飞行路径

小结：

飞航导弹包括巡航导弹、反舰导弹、空地导弹、反辐射导弹等。其中巡航导弹又分为陆基巡航导弹、空射巡航导弹、舰射巡航导弹、潜射巡航导弹。反舰导弹又分为岸舰导弹、舰舰导弹、空舰导弹和潜舰导弹。

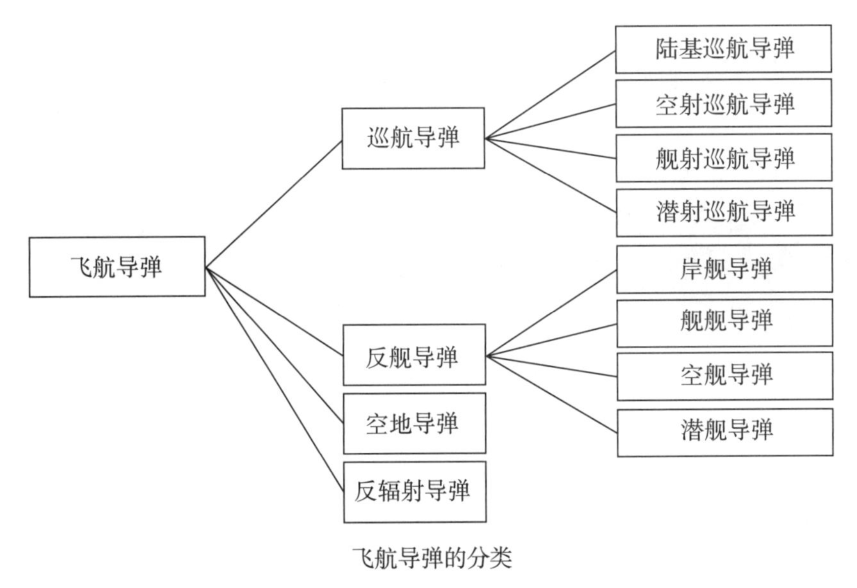

飞航导弹的分类

3. 防空防天导弹

防空导弹可分为地（舰）空导弹和空空导弹。地（舰）空导弹按射高分为超低空防御导弹（射高小于 150m）、低空防御导弹（射高为 150m~3km）、中空防御导弹（射高为 3~12km）、高空防御导弹（射高为 12~20km）、临近空间防御导弹（射高为 20~100km）、太空防御导弹（射高大于 100km）。空空导弹又分为近程格斗弹、中远程拦截弹。由于作战高度延伸到临近空间和太空，所以防空导弹又扩展为防空防天导弹。

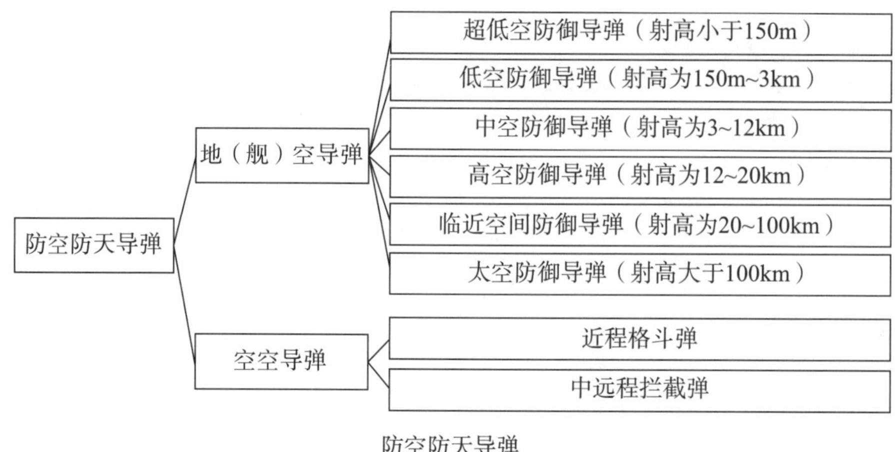

防空防天导弹

我国最具代表性的地空导弹、舰空导弹、空空导弹分别为“红旗”系列、“海红旗”系列以及“霹雳”系列。下图为“红旗”系列防空导弹。

HQ-6A（“红旗”-6 甲）

HQ-9（“红旗”-9）

HQ-12（“红旗”-12）

“红旗”系列防空导弹

“东风”系列、“红旗”系列、“鹰击”系列，这些中国导弹的命名有一个共同的特点——都是取自毛主席语录和毛泽东诗词。东风，取自毛主席语录“不是东风压倒西风，就是西风压倒东风”。红旗，取自毛泽东诗词《七律·到韶山》中的“红旗卷起农奴戟”。鹰击，取自毛泽东诗词《沁园春·长沙》中的“鹰击长空，鱼翔浅底”。

"鹰击"出自《沁园春 · 长沙》（付强书）

（二）精确制导弹药（制导兵器）

制导弹药相比于精确制导导弹，其最大的区别在于导弹有动力，而制导弹药是没有动力的。

总体来看，导弹最重要三个组成部分是发动机、战斗部和制导系统。发动机主要解决"打得远"的问题，战斗部主要解决"打得狠"的问题，制导系统主要解决"打得准"的问题。所以导弹最重要的指标是射程、威力和精度。导弹的三个重要组成部分，如果去掉制导系统，就是非控火箭弹；如果去掉战斗部，就是无人机和运载火箭；如果去掉发动机，就是制导弹药。

制导弹药（又称灵巧弹药）主要包括制导炮弹、制导炸弹、末敏弹药等。我国军工行业一般将巡飞弹、反坦克导弹等与上述的制导弹药归类为制导兵器。

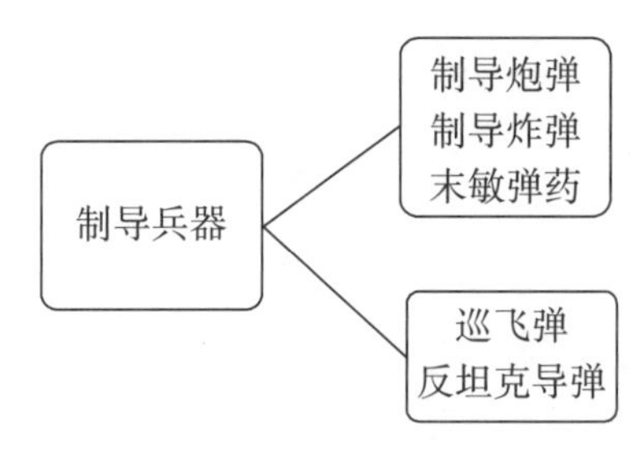

制导兵器分类

“红箭”15 反坦克导弹如下图所示。反坦克导弹属于制导兵器，这是行业约定，约定俗成。

“红箭”15 反坦克导弹

一些制导兵器如下图所示。

（a）美国 M712“铜斑蛇”激光制导炮弹

（b）美国 XM982“神剑”制导炮弹

（c）“红土地”飞行状态（左）、照射器（上）、全备弹（右）

（d）智能化弹药

多种制导弹药

（三）水下制导武器

水下制导武器有反潜导弹、制导鱼雷、制导水雷、制导深水炸弹等，如图所示。

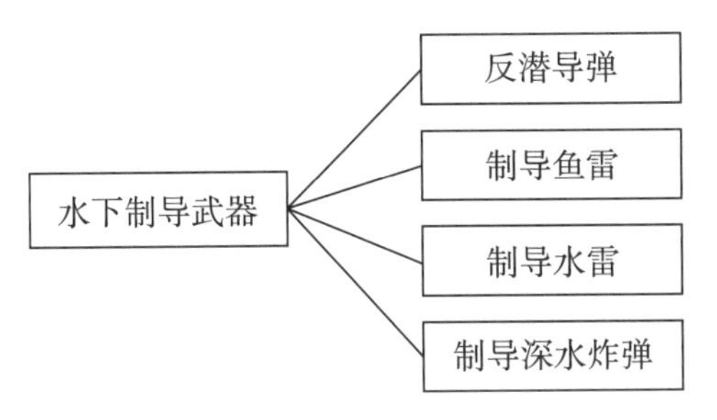

水下制导武器分类

常见的水下制导武器如图所示。

常见的水下制导武器

世界上装备和使用鱼雷的国家有很多，但目前只有俄罗斯、英国、法国、美国、德国、中国等国家能够研制和生产鱼雷。

课程测试 Quiz 1-1:

1.【判断题】精确制导武器就是导弹。(　　)

A. 正确　　　B. 错误

2.【多选题】精确制导武器主要包括(　　)。

A. 精确制导导弹(简称导弹)　B. 精确制导弹药(又称灵巧弹药)

C. 水下制导武器(如制导鱼雷)　D. 高精度狙击步枪

视频

三、导弹的“绰号”和“学名”

(一)导弹的“绰号”

很多同学都喜欢看武侠小说，武林高手一般都有诨名，这些诨号和绰号往往充满了想象力和震撼力，比如“白眉道长”“六指琴魔”，还有水浒传中的好汉“黑旋风”李逵和“豹子头”林冲等。这些绰号如雷贯耳，导弹的绰号也是一样，比如“地狱火”“不死鸟”“战斧”等。

老师: 下面请同学们再列举一些武林高手的绰号或者导弹绰号。

学生 A: 我想到了《笑傲江湖》里华山派的掌门岳不群，人称“君子剑”，还有南岳衡山派的掌门莫大，人称“潇湘夜雨”。

学生 B: 我想到了《射雕英雄传》中威震江湖的“东邪”“西毒”“南帝”“北丐”“中神通”，还有《天龙八部》中恶名远播的“四大恶人”。

学生 C: 之前在军事栏目上看到过有“响尾蛇”，还有“捕鲸叉”，好像这些都是导弹的绰号。

老师: 好了，我接着讲。

本节主要介绍导弹命名的学问，也就是导弹的绰号和学名。前面重点介绍了中国的导弹，还有中国导弹的命名。下面列举国外的一些典型导弹。

（a）俄罗斯机动型“萨尔玛特”战略弹道导弹

（b）苏联“飞毛腿”战术弹道导弹

（c）美国“爱国者”防空导弹（MIM-104）

（d）美国“战斧”巡航导弹（BGM-109）

（e）美国“响尾蛇”空空导弹 (AIM-9X)

（f）美国“陶”式反坦克导弹 (BGM-71)

（g）美国“小牛”空地导弹 (AGM-65)

（h）意大利“米拉斯”反潜导弹

国外典型导弹

美军的“爱国者”防空导弹在海湾战争中名气很大。先讲一个著名战例：1991 年 1 月 18 日凌晨，美国航空航天司令部接到导弹来袭警报，而后，多国部队设在沙特的“爱国者”导弹发射阵地实施拦截。

这次战斗发生在1991年的海湾战争期间，下图为“爱国者”防空导弹在沙特阿拉伯首都利雅得拦截“飞毛腿”导弹的场面。美军同时发射两枚导弹进行拦截，其中一枚脱靶，另一枚击中了目标，碎片和残骸纷纷向下散落，场面非常壮观。这个战例是世界上首次导弹打导弹的战例，由于是现场直播，主角“爱国者”与“飞毛腿”从此家喻户晓。这个战例中的“爱国者”和“飞毛腿”都只是导弹的绰号，并不是导弹的学名。

“爱国者”拦截“飞毛腿”

自从导弹问世以来，各国已经发展了几百种型号，人们常常喜欢给它取个传神的绰号，可以说五花八门，十分有趣。常见的导弹命名方式可以归纳为以神灵鬼怪、自然现象、日月星辰、花草树木、日常器物、冷兵器、飞禽、走兽、蛇虫和人物命名等。

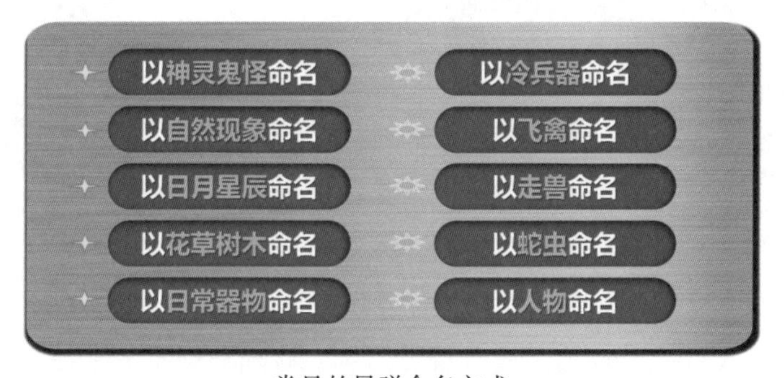

常见的导弹命名方式

以神灵鬼怪命名的有“雷神”“宇宙神”“丘比特”“妖怪”“海妖”“大力神”“撒旦”等，如图所示。

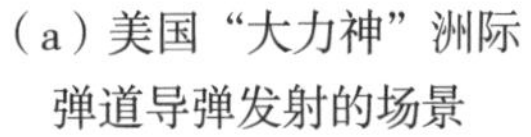

（a）美国“大力神”洲际弹道导弹发射的场景

（b）俄罗斯 SS-18“撒旦”洲际弹道导弹发射的场景

以神灵鬼怪命名的导弹

战略弹道导弹一般是起威慑作用的，从这些绰号来看也确实能给对手以震慑。

以自然现象命名的有“西北风”“飓风”“风暴”“龙卷风”“烈火”“霹雳”“地狱火”等，如图所示。

（a）中国“霹雳”-9C 空空导弹在珠海航展参展

（b）美国“地狱火”（“海尔法”）反坦克导弹测试实验

以自然现象命名的导弹

应该说战术导弹都是干实事的，从“霹雳”“地狱火”的名字来看也反映了这些特点。

以日月星辰命名的有“星光”“天空”“冥王星”“火星”“彗星”“北极星”“天王星”“流星”等，如图所示。

（a）俄罗斯“天王星”反舰导弹

（b）伊朗“流星”–3 型弹道导弹

以日月星辰命名的导弹

“天王星”、“流星”等这些绰号可以说是很有想象力，很大气。

以冷兵器命名的有“战斧”“三叉戟”“军刀”“长矛”“短剑”“天弓”“长剑”“海标枪”等，如图所示。

（a）中国“长剑”巡航导弹在国庆阅兵时通过天安门的场景

（b）英军“海标枪”舰空导弹发射的场景

以冷兵器命名的导弹

应该说，人类使用冷兵器的历史很长，冷兵器让人记忆深刻。

以走兽命名的有“大斗犬”“考拉”“海猫”“山猫”“小牛”“海狼”等，如图所示。

（a）美军士兵正在装载“小牛”空地导弹

（b）英国“海狼”舰空导弹发射的场景

以冷兵器命名的导弹

以人物命名的有“飞毛腿”“女低音”“侏儒”“瘦子”“民兵”“混血儿”等，如图所示。

（a）美国“民兵”Ⅱ战略导弹

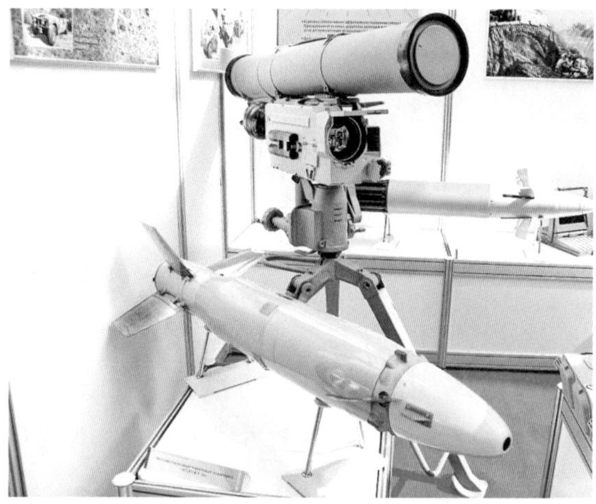

（b）“混血儿”反坦克导弹

以人物命名的导弹

“混血儿”反坦克导弹比较小，是一种单兵便携式导弹。

课程测试 Quiz 1-2:

1.【单选题】世界上首次导弹打导弹的战例（“爱国者”拦截“飞毛腿”）的时间、地点？（　）

A. 1971 年，以色列　　B. 1981 年，伊拉克

C. 1991 年，沙特　　D. 1999 年，南联盟

（二）导弹的“学名”

上面讲了生动传神的绰号，下面再看看中规中矩的学名。各国导弹都有标准的命名方式，下面以美军导弹为例来进行介绍。

美国早期导弹是由各军兵种自行研制并各自命名的，因此导弹的名称五花八门，也不容易区分。为改变这种状态，从 1963 年 7 月开始美国国防部公布了导弹的命名方法。美国的 BGM-109C“战斧”巡航导弹如图所示。

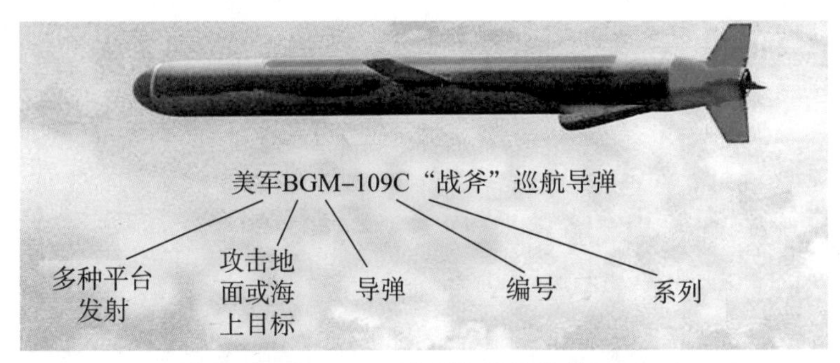

BGM-109C“战斧”巡航导弹

从图中可以看出，美军导弹的正式名称主要由三部分组成（“×××（字母）-×（数字）+字母”，如AGM-86A、BGM-109C、AIM-9L等）。

第一部分通常由三个字母组成，如AGM、BGM、AIM等。第一个字母通常表示导弹的发射环境或发射方式，字母的含义见下表。

美军导弹学名的第一个字母含义

字母	含　义	字母	含　义
A	机载空射	B	从多种平台发射
C	掩体水平贮存，地面发射	F	单兵便携式发射
G	地面发射	H	地下井贮存，地面发射
L	地下井贮存并发射	M	机动发射
P	无核防护或局部防护贮存，地面发射	R	水面舰艇发射
U	水下潜艇发射		

第二个字母通常表示目标环境或导弹的作战任务，它所表示的含义见下表。

美军导弹学名的第二个字母含义

字母	含　义	字母	含　义
C	诱饵弹或假弹	G	攻击地面或海上目标
I	空中拦截弹	Q	作靶弹使用
T	教练弹	U	攻击水下目标的导弹

第三个字母代表运载器类型。对于导弹武器而言，第三个字母一般都是M，M为导弹英文“Missile”的首字母。即如果不是“M”，可能就不是导弹武器系统了，例如R代表火箭Rocket。有时候，美军还会在这三个字母前面加前缀字母，以表示某型导弹所处的研制状态，见下表。

美军导弹学名的第三个字母的前缀字母含义

字母	含　义	字母	含　义
J	临时专用试验弹	N	长期专用试验弹
X	研制中的试验弹	Y	样弹
Z	计划采购中的导弹		

第二部分一般由 1 ～ 3 个数字组成，用来代表该类型导弹的编号。

第三部分通常用一个字母表示，主要用于区分该系列导弹各个改进型号的“兄弟座次”。A 是第一次改进，B 是第二次改进，C 是第三次改进，以此类推。

介绍了美军导弹命名的知识以后，再剖析一下 BGM-109C“战斧”导弹的内涵。B 代表多种平台发射，意味着这种“战斧”巡航导弹可以在机载平台发射，也可以在舰载平台发射，还可以在潜艇或地面平台发射；G 代表攻击地面或者海上目标，意味着该导弹既可以攻击地面目标，也可以打击海上的舰船目标；M 代表导弹；109 代表该类型导弹的编号为 109；C 代表 C 系列，意味着该导弹为 BGM-109 的第三次改进。

以后看到 AGM-65、AIM-120、MIM-104 等，就可以根据这个命名方式来分析美军导弹的一些情况。

课程测试 Quiz 1-3:

1.【单选题】美军 BGM-109C “战斧”巡航导弹名称中的首字母 B 的含义为（　）。

A. 机载空射　　B. 地面发射

C. 机动发射　　D. 从多种平台发射

2.【单选题】美军 BGM-109C “战斧”巡航导弹名称中的第 2 个字母 G 的含义为（　）。

A. 攻击地面目标的导弹　　B. 攻击地面或海上目标

C. 空中拦截导弹　　D. 攻击水下目标的导弹

3.【单选题】美军 BGM-109C “战斧”巡航导弹名称中的第 3 个字母 M 的含义为（　）。

A. 导弹英文首字母　　B. 长期专用试验弹

C. 研制中的试验弹　　D. 计划采购中的导弹

视频

四、透视导弹的“五脏六腑”

世界上各种各样的动物都经过了长期的进化，现在都非常了得。导弹在武器中属于进化程度高的，就像形形色色的动物，由多个分系统组成一个完整的作战系统，分系统就像动物的各个器官一样，对于整个导弹不可或缺。那么，组成导弹的各种主要器官是什么？它们又起到什么作用呢？

下面先透视“陶”式反坦克导弹，分析导弹各子系统的结构和功能，慢慢揭开精确制导武器的神秘面纱。

（一）“陶”-2B 反坦克导弹

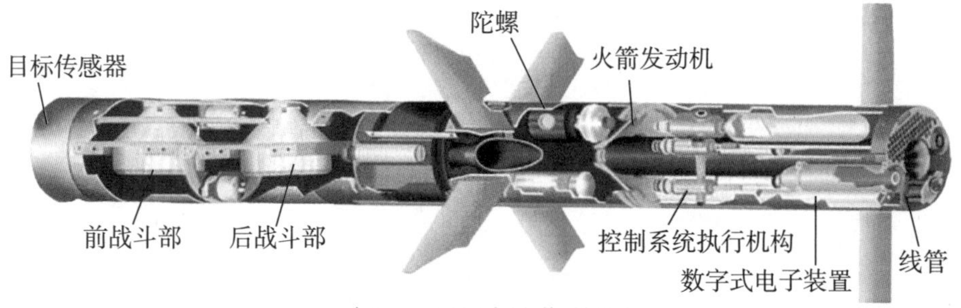

“陶”-2B 反坦克导弹透视图

“陶”-2B 反坦克导弹如图所示。图中：目标传感器的主要作用是获取目标的多种信息；前战斗部和后战斗部是击毁坦克的主要部件，采用了两个穿甲战斗部，同时起爆，一个垂直向下，另一个稍微倾斜，可以获得最大的命中概率；陀螺是一种惯性元器件，主要是在导弹飞行中起惯性导航的作用；火箭发动机是导弹能够“跑得快、跑得远”的动力所在；控制系统执行机构控制导弹飞行的方向、姿态等；数字式电子装置里面包括了很多电子设备。因为“陶”-2B 反坦克导弹是有线制导，需要通过金属线或者光纤来传输制导指令，所以一般来讲，这种导弹的射程不会太远，而且速度不会太快。

“陶”–2B 反坦克导弹有线制导

“陶”式导弹是美国休斯飞机公司研制生产的。美国休斯飞机公司后来并入了雷声系统公司，众所周知，雷声是一个军火公司。“陶”英文名为 TOW，是管式发射、光学跟踪、有线制导的英文首字母缩写，它的学名为 BGM–71。“陶”式导弹采用红外半自动视线跟踪，有线指令制导体制，三点式导引，筒式发射，空气动力控制，这些技术在后面的章节中还会涉及。“陶”式导弹原型可便携，后继型可车载和机载，主要用于攻击坦克和其他装甲目标。

“陶”式导弹 1970 年问世，经过中东战争等实战检验和多次改型，已形成一个庞大的“陶”式导弹家族，主要型号有“陶”、“陶”改、“陶”–2、“陶”–2A、“陶”–2B 等。主要指标：弹长为 1.3m，弹径为 0.152m，弹重为 18.5kg，最大射程为 3km。

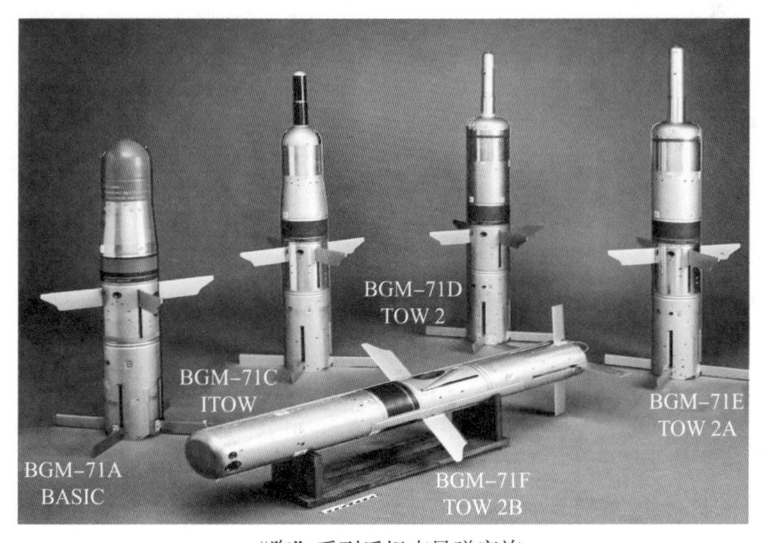

“陶”系列反坦克导弹家族

前几年有一个统计，“陶”式导弹的生产量已经超过了 40 万枚。目前各国装备的主要是“陶”-2 系列产品，其中“陶”-2B 自 1991 年投产以来，仍在继续生产。“陶”-2B 与其他“陶”式导弹的最大区别是不再采用传统的正面直接攻击模式，而是采用了掠飞攻顶的攻击模式。掠飞攻顶可达到的坦克毁伤效果更好，因为坦克的顶部通常比较薄弱，而坦克的正面或者侧面的装甲则比较厚。

自“陶”式导弹问世以来，在多次战争中大显神威。在 1973 年的第四次中东战争中，以色列用“陶”式反坦克导弹重创阿拉伯军队。最辉煌的一次战绩是米特拉山口之战，以色列直升机向埃及坦克发射“陶”式导弹。以军仅用 18 架直升机便“吃掉”埃及 90 辆坦克，而自身毫发未损，这是运用新武器创造新战法的一个典型战例。过去一般是坦克打坦克，而在这次战争中，以色列军队把反坦克导弹装到了直升机上，构成了打击坦克的“最佳组合”：反坦克导弹具有射程远、精度高、破甲威力大等优点，直升机具有快速机动、突然隐蔽、居高临下、视野广阔等长处，各自优点融为一体就成了坦克的“天敌”。

（a）第四次中东战争场景

（b）直升机发射“陶”式反坦克导弹

“陶”式导弹在第四次中东战争中大显神威

课程测试 Quiz 1-4:

1.【单选题】“陶”-2B 反坦克导弹的正式名称（编号）是（　　）。

A. BGM-109C　　B. AGM-88

C. AIM-9D　　D. BGM-71F

2.【单选题】“陶”-2B 反坦克导弹的最大射程为（　　）。

A. 32km　　B. 16km　　C. 10km　　D. 3km

（二）“硫磺石”反坦克导弹

“硫磺石”导弹透视图如下图所示。“硫磺石”导弹更先进，部件也非常多。其中最重要的两个部件为导引头电子设备和制导控制系统，分别用于探测和控制导弹飞行，这两个部件对于精确制导武器来讲是至关重要的。

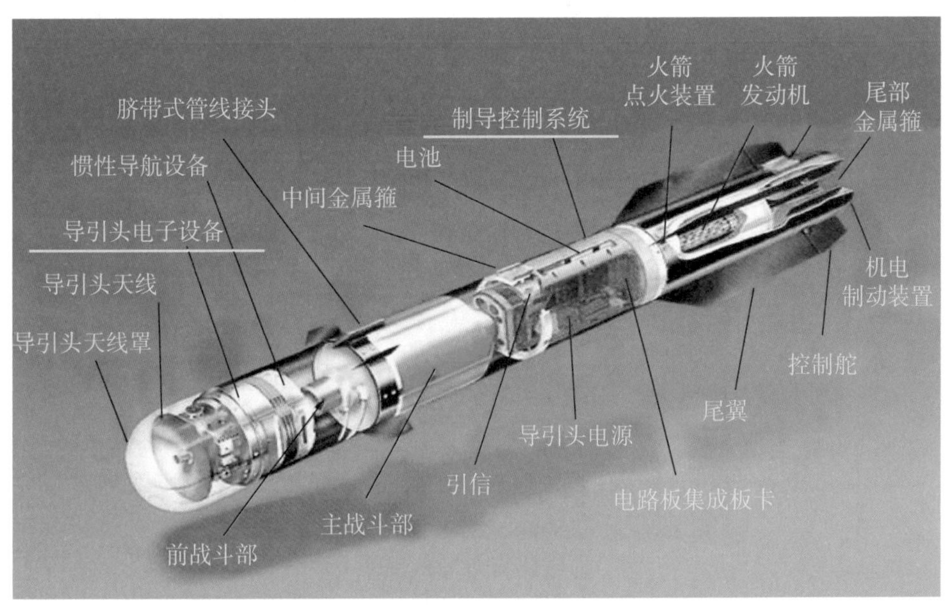

“硫磺石”导弹透视图

“硫磺石”导弹最前面是导引头的天线罩，因为“硫磺石”导弹前面装了小型雷达，雷达需要发射电磁波和接收电磁波，如果导弹头部像子弹那样是个金属壳，电磁波就被屏蔽了，电磁波发射不出去也接收不到。因此对于雷达型的导弹，一般需要有一个天线罩，又称“头罩”，天线罩是用特殊新材料制成的，既可以透过电磁波，同时，它的机械强度和气动外形又要适合飞行；天线罩后面是导引头天线，导引头天线实际上是一个小型雷达的发射、接收装置，它的作用主要是发射电磁波和接收电磁波；接下来是前战斗部和主战斗部，用于存放弹药；下面还有一个惯性导航设备，因为一般导弹飞行的初段和中段都是用惯性导航技术来制导的，所以惯性导航设备也是很重要的；当然还有引信，控制导弹起爆的时间以及起爆的方式；还有些导引头的电源、电路板、集成板卡、电池等小部件，然后是尾翼，用于控制导弹飞行姿态、轨迹；这里专门有一个控制舵，在精确控制里面是一个很重要的部件；还有一些机电制动装置，包括火箭点火装置以及火箭发动机。可以看到“硫磺石”导弹虽然不大，但是

"麻雀虽小，五脏俱全"。其他一些体积很大的战术导弹，部件和它大同小异，因此通过解剖"硫磺石"导弹这个样本，可以对导弹有更加直观的全面认识。

"硫磺石"导弹是阿莱尼亚•马可尼公司和波音公司在 AGM-114K "地狱火"导弹的基础上研制的。"硫磺石"导弹起初是为满足英国皇家空军的需求而研制，防区外发射，最大射程可达 32km，这在反坦克导弹中是很远的。2002 年进入英国皇家空军服役，属于第三代反坦克导弹。"硫磺石"导弹弹长为 1.8m，弹径为 0.18m，弹质量为 52kg，最大射程为 32km。"硫磺石"导弹采用数字式自动驾驶仪进行中制导，末段制导方式采用了先进的毫米波主动雷达寻的制导，可在白天、夜间及恶劣天气条件下自主探测识别和跟踪目标。"硫磺石"的导引头具有地形回避功能，可以使导弹按照预定的高度贴地巡航飞行。

"硫磺石"导弹外观图

"硫磺石"发射后不需要发射平台的干预，也不需要目标照射器，是一种真正的"发射后不用管"的导弹。发射方式主要是轨式发射，以固定翼战斗机挂载为主，也可挂载于直升机或地面车辆、机动发射架发射。由于较小的质量与外形尺寸，使得一般战机可以携带多达 10 余枚"硫磺石"导弹，如"鹞"式攻击机最多可挂载 18 枚。

（a）

（b）

"狂风"战斗轰炸机发射"硫磺石"导弹

课程测试 Quiz 1–5:

1.【单选题】“硫磺石”反坦克导弹的最大射程为（　）。

A. 32km　　B. 16km　　C. 10km　　D. 3km

（三）“战斧”巡航导弹

“陶”式导弹和“硫磺石”导弹都比较小，再看熟悉的“大个子”——“战斧”巡航导弹。它的弹长为6.2m，弹径为0.5m，翼展为2.65m，弹质量为1440kg。“战斧”导弹从前往后，依次有红外成像导引头、景象匹配区域相关器、数据链、整体战斗部、地形匹配雷达、燃料箱、地形匹配软件和电子设备等，如图所示。其中红外成像导引头、景象匹配区域相关器是关键的制导设备，在第二章还要进一步讲解。

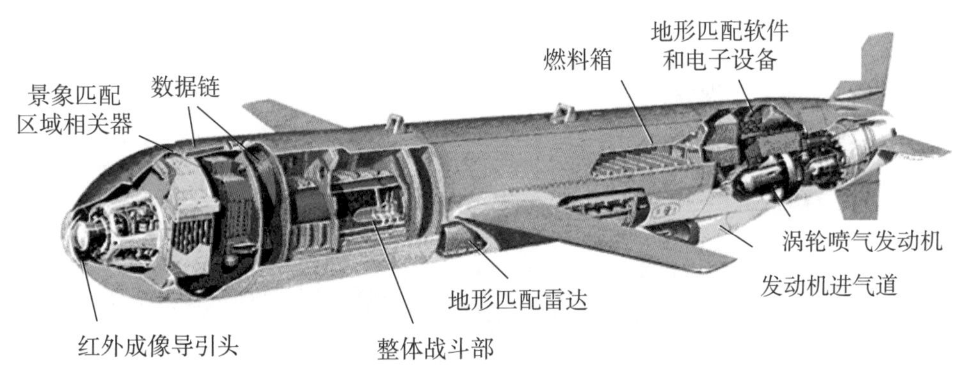

“战斧”导弹分系统结构图

从这些典型导弹的透视模型可见，导弹武器主要由导引系统、控制系统、动力系统、战斗部、弹体、电源等系统组成。再次强调，导弹的重要器官有制导系统、战斗部、发动机等，制导系统保证“打得准”，战斗部保证“打得狠”，发动机保证导弹“飞得快、飞得远”。

老师： 前面我们看了三种导弹的“透视图”。归纳起来，导弹的关键部件有制导系统、战斗部、发动机等，我想请同学们自己给导弹下一个定义。

学生 A： 顾名思义，导弹有两个字，“导”是制导系统，“弹”是武器。所以说，我感觉依靠制导系统去控制武器的飞行方向的一种武器就叫导弹。

老师： 同学们对这个定义有什么看法?

学生 B： 我觉得刚才那位同学的定义不够全面，忽略了发动机这一重要的组成部分。制导炸弹也是一种精确制导武器，但它并不是导弹，因为它自身无动力。所以我觉得导弹就是依靠自身动力装置推进，由制导系统导引控制其飞行路线并导向目标的武器。

老师： 刚才第二位同学的定义还是比较全面、比较准确的。

课程测试 Quiz 1-6:

1. 【多选题】下面哪些是导弹的关键部件？（　）

A. 制导系统　B. 推进系统（发动机）

C. 战斗部（或弹头）　D. 地面制导站

视频

五、导弹武器系统概貌

我们知道，光有子弹没有枪，子弹不能发挥作用；光有箭没有弓，不能叫做武器。复杂的武器系统一般都是由几个相辅相成的部分组成的，这样才能打仗。下面以防空导弹武器系统和飞航导弹武器系统为例，讲述导弹武器系统的知识。

（一）防空导弹武器系统

以俄罗斯的 S-300 防空导弹为例讲解防空导弹武器系统。防空导弹武器系统一般由导弹、制导设备、发射系统、指挥控制系统、技术保障设备等部分组成。

S-300 防空导弹武器系统

导弹是武器系统的核心，是作战装备的主要组成部分，用于摧毁作战目标完成各类战斗任务。S-300 防空导弹的内部结构如下图所示，包括半主动导引头、无线电引信、自动驾驶仪、战斗部、固体推进剂发动机和舵机舱等部件。

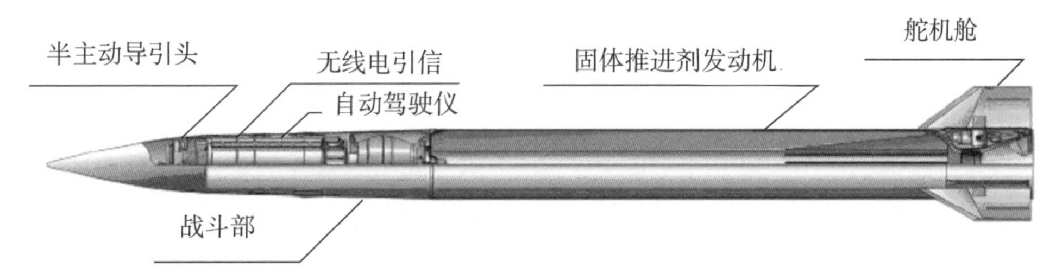

S-300 防空导弹内部结构图

S-300 多功能相控阵制导雷达如下图所示。一般来说，复杂的防空导弹武器系统中，制导设备主要包括跟踪制导雷达、光电跟踪设备、高速数字计算机与显示装置等，其中光电跟踪设备又包括微光电视、红外跟踪仪、激光测距仪等。在导弹制导控制系统中，雷达是最常用的现代探测器和位标器，主要用于探测、跟踪和定位目标以及确定导弹的坐标位置，目前防空导弹系统广泛采用了相控阵雷达。下图中的平板为相控阵天线，是制导雷达最重要的外部特征。俄罗斯 S-300PMU-2 多功能相控阵制导雷达可同时跟踪 120 个目标。

S-300 多功能相控阵制导雷达

S–300 导弹发射设备如图所示，S–300 为四联装垂直发射车。发射系统由发射设备、装填设备以及发射控制设备组成。其主要功能是发射前支撑导弹，并与其他设备一起协助完成发射前的准备工作，以及赋予导弹以规定的发射角度，发射后与贮运设备一起完成再装填。S–300 的发射设备也是导弹的贮运设备。

S-300 导弹发射设备

现代军事指挥、控制、通信系统是以计算机通信技术为支撑的自动化军事指挥系统。指挥控制系统为指挥员收集情报信息、掌握战场实况、运筹决策、调度资源提供了高效的工具。因此，有人把指挥控制系统比喻为“兵力倍增器”。具体地说，指挥控制系统是一种人－机系统。作战指挥车内有不少工作台和显示屏幕。指挥控制系统的主要功能是搜集、处理、显示空中情报，进行威胁估算，计算目标参数和射击诸元，决策火力分配和辅助，并对防空导弹实施指挥控制。

（a）S–300 作战指挥车

（b）S–300 导弹指挥控制系统

S–300 作战指挥车和指挥控制系统

防空导弹武器系统除包括以上设备外，还包括技术保障设备，用于导弹进入发射阵地前的各项准备工作（如战斗部的装填、液体推进剂的加注，导弹的综合测试等），以及对武器系统各种设备的检测和维修。

课程测试 Quiz 1–7:

1.【单选题】以 S–300 防空导弹为例，导弹武器系统由导弹、制导设备、（　　）、指挥系统、技术保障设备组成。

A. 发射系统　　B. 战斗部　　C. 引信　　D. 陀螺

（二）飞航导弹武器系统

飞航导弹武器系统一般包含飞航导弹、指挥控制系统、任务规划系统和技术支援系统四部分，如图所示。飞航导弹是击毁目标的主要设备，包括弹体、动力系统、制导控制系统、引战系统和电气系统。指挥控制系统主要完成目标探测、导弹发射控制和通信的功能。任务规划系统主要用于战前航迹规划，设计导弹的飞行路线。技术支撑系统包括测试设备以及电站等，主要是保障导弹武器处于良好的战备状态。

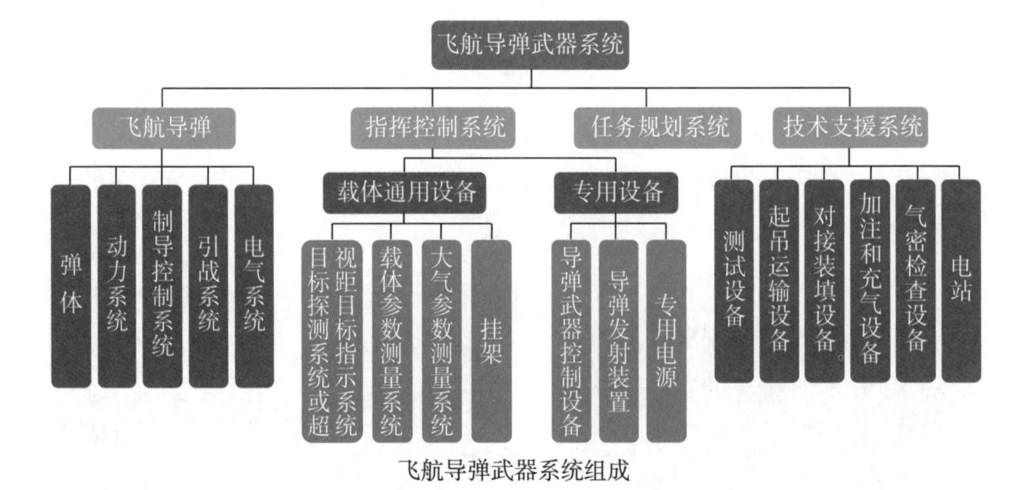

飞航导弹武器系统组成

老师：本节课还剩下几分钟，我们来进行课堂讨论，请同学们提问题。

学生 A：老师您好，我想问一下，导弹和航空航天有什么关系？

老师：这个问题提得很好。哪位同学能回答这个问题?

学生 A：我认为导弹是一种带动力的武器，是一种无人、可控的飞行器，它需要制导、导航与控制系统来控制其飞向目标，并准确命中目标，这和航空航天飞行器的原理是一致的，所以我认为导弹和航空航天的关系很大。

老师：这位同学讲得很好，还有没有其他看法?

学生 B：在前面同学的基础上，我想补充说一下导弹跟航空器和航天器在飞行原理上的关系。我们都知道，导弹按飞行方式可分为飞航导弹和弹道导弹两类。其中飞航导弹依靠的是空气动力学，这跟航空器是一个原理；而弹道导弹的物理学基础是轨道动力学，这跟航天器是一个原理。

老师：还有没有同学要发言的?

学生 C：我想从另外一个角度说明这个问题。著名科学家钱学森在美国获得的是航空和数学的双料博士，他回国以后领导了我国的导弹和航天事业的发展，被大家称为“中国导弹之父”和“中国航天之父”，所以从这个角度也可以说明导弹跟航空航天有着密切的联系。

老师：C 同学的回答视角很独特。

课程测试 Quiz 1–8:

1. 【单选题】飞航导弹武器系统一般由四部分组成，分别为导弹、指挥控制系统、（　）、技术支援系统。

A. 电源系统　B. 任务规划系统　C. 通信系统　D. 能源系统

2. 【单选题】下列名称系列的导弹，哪些是由中国研制的装备？（　）

A. “鹰击”“红旗”“飞鱼”　B. “红旗”“白杨”“东风”

C. “霹雳”“东风”“鹰击”　D. “巨浪”“红樱”“民兵”

第二章

精确制导技术解析

——“看门道”

本章包含五部分，主要从精确制导技术的定义出发，解析制导武器的“耳目”、常用的制导方式、精确制导系统，最后分析举例精确打击的效果。

一、精确制导技术定义

精确制导武器采用了先进的精确制导技术。一般来讲，导弹的发射段不像步枪、机枪和大炮，一开始就需要瞄准。导弹能在飞行中接收控制、改变飞行方向，这比枪炮打出的子弹、炮弹优越得多。所以导弹的发射无需瞄得非常准，因为导弹可以在飞行过程中不断地进行瞄准。

如图所示，精确制导技术在导弹飞行中段制导阶段主要是保障导弹准确到达指定的目标区域，在末段制导阶段引导导弹准确命中目标。目前，精确制导技术主要用于末段制导，导引头是末段制导的关键部件。

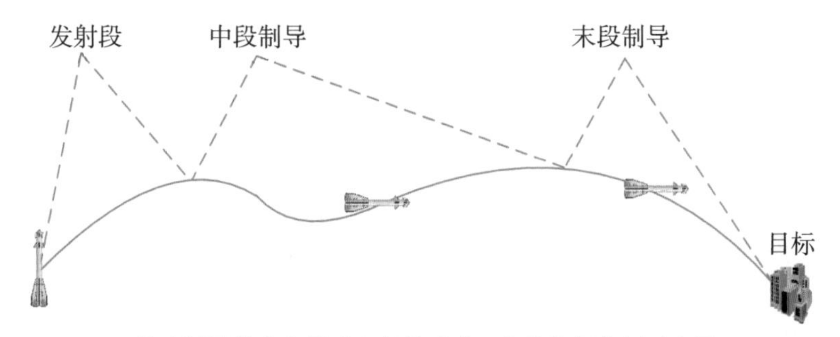

精确制导技术在导弹飞行轨迹中 / 末段发挥作用示意图

目前，精确制导技术国际国内的定义很多，主要原因是技术发展太快，认识也在逐步深化。《导弹百科辞典》给出的精确制导技术定义如下。

精确制导技术是以高性能光电探测器为基础，采用目标识别、成像跟踪、相关跟踪等方法，控制和导引武器准确命中目标（单发命中概率在 50% 以上）的制导技术。包括红外制导、激光制导、电视制导、微波制导和毫米波制导等。

——《导弹百科辞典》，2001 年

以上定义比较简单，主要描述了探测器和制导方法，指出了单发命中概率在 50% 以上的武器是精确制导武器。《中国军事百科全书》给出的精确制导技术定义如下。

精确制导技术是以高性能的光电探测器为基础，利用目标特征信息发现、识别、跟踪目标，控制和引导武器精确命中目标的技术。通常直接命中概率在50%以上。它是以微电子技术、计算机技术和光电子技术为核心，以自动控制技术为基础发展起来的高新技术。是精确制导武器的核心技术，是确保精确制导武器在复杂战场环境中既能够准确命中选定的目标乃至目标的要害部位，又尽可能减少附带破坏的关键技术。

——《中国军事百科全书》（第二版），2007 年

与《导弹百科辞典》中的定义不同的是，《中国军事百科全书》中的定义指出了一些精确制导技术的特征和价值，即它是以微电子技术、计算机技术和光电子技术为核心，以自动控制技术为基础发展起来的高新技术。

《专业期刊小辞典》给出了精确制导技术一个更专业的定义。

精确制导技术是指在复杂战场环境中，利用目标反射、散射、辐射特性发现、识别与跟踪目标，利用惯性技术和信息支援保障获取自身的导航信息，控制和导引制导武器准确命中目标的技术。精确制导技术是各类精确制导武器的核心技术。涵盖的主要技术领域有弹载精确探测技术、惯性技术、信息支援保障综合利用技术和精确导引控制技术。

——《专业期刊小辞典》，2012 年

在过去的一些定义中，精确制导技术主要包括精确探测和精确控制，没有信息支援技术这部分，《专业期刊小辞典》中的定义专门增加了一个信息支援技术。这是因为现在的信息系统越来越发达，信息技术越来越先进，信息对于提升精确制导武器的作战效能起着至关重要的作用。可以说，精确制导武器是典型的信息化装备。

可以这样总结一下，如果说发动机技术、引信技术、战斗部技术、弹体技术等是精确制导武器的“外身硬功”，那么精确制导技术是它的“内功心法”。

精确制导武器有三大“内功心法”：第一个是精确探测和信息支援技术，就像眼睛和耳朵，这些感官独立或者联合获取所要攻击目标的信息（关于惯性技术，可以把它认为是导弹的“内眼”，主要用于测量导弹的自身运动状态，获取导航信息）；第二个是信息处理与综合利用技术，就像大脑能够综合“亲身体验”和“旁人指点”的信息，也就是说综合弹上信息和弹外信息，可以智能化地做出分析决策，这是核心中的核心；第三个是高精度导引控制技术，就像动物通过神经系统去控制双手双脚，执行大脑发出的各项指令，使得导弹的飞行姿态和方向能够确保接近要打击的目标。

如果把精确制导技术理解成“耳目”技术、“大脑”技术、“身手”技术，我们就容易记住定义了。

精确制导武器的术语出现于20世纪70年代初，目前已经被世界各国公认，但是何谓“精确”，国内外尚无统一的定义。精确制导武器的技术内容很多，包括战斗部技术、导引头技术（弹上制导）、控制技术、动力技术、伺服技术、计算机技术、模型与软件技术、体系与系统技术和目标探测与定位技术（弹外制导站）等，如图所示。其中，导引头技术、目标探测与定位技术是推动精确制导武器发展的核心技术，也是精确制导技术的研究重点。需要注意的是，精确制导技术是精确制导武器的核心技术，但不是制导武器的全部技术内容。

本课程主要从目标信息探测角度对精确制导技术原理进行分析，重点讲解现代制导系统中的导引部分，对控制部分仅做简单的说明，其他的战斗部技术、动力技术等内容也不展开分析。

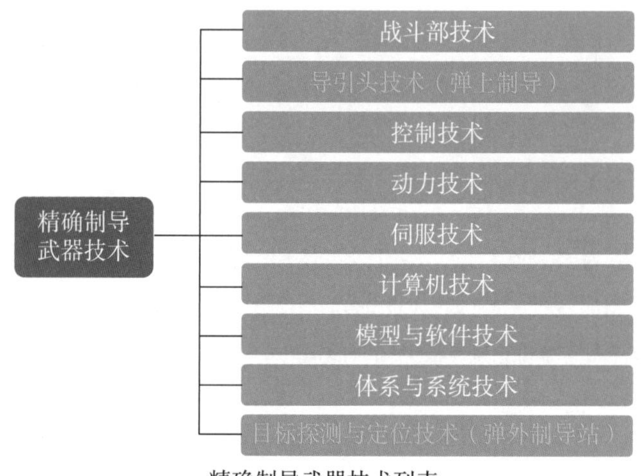

精确制导武器技术列表

课程测试 Quiz 2-1:

1.【单选题】导弹的战斗部和弹头保证“打得狠”，发动机/推进系统保证“打得远”“飞得快”，制导系统主要保证（　）。

A.“打得狠”“打得远”　　B.“打得准”

C.“打得狠”“打得准”　　D.“飞得快”“打得准”

2.【单选题】精确制导技术主要在导弹飞行中的哪个阶段发挥作用？（　）

A. 发射段（初段）　　B. 初段和中段

C. 初段和末段　　D. 中段和末段

3.【单选题】在导弹飞行轨迹末段，精确制导技术的主要作用是（　）。

A. 保障导弹准确到达指定的区域　　B. 引导导弹准确命中目标

C. 提高导弹的飞行速度　　D. 保证导弹飞行的方向不变

4.【单选题】精确制导技术涵盖的主要技术领域有弹载精确探测技术、（　）和精确导引控制技术。

A. 信息支援保障综合利用技术　　B. 战斗部技术

C. 发动机技术　　D. 引信技术

5.【判断题】精确制导武器中所采用各种技术统称为精确制导技术。（　）

A. 正确　　B. 错误

二、制导武器的“耳目”

视频

精确制导武器的“眼睛”和“耳朵”是武器获取战场和目标信息的基础，在技术领域中称为“传感器”，主要包括雷达传感器(如微波雷达、毫米波雷达等)、光学传感器（如可见光、红外、激光等）及复合传感器。有些专业书把传感器又称为敏感器，其实它们的英文都是 Sensor。

（一）雷达传感器

雷达传感器是“眼睛”，以前我们常说雷达是“千里眼”。在二次世界大战之前，发现敌方武装还是靠肉眼和光学器材，因此难以克服黑夜和恶劣气象的限制。天黑了，人眼就看不见目标。下雨下雪起雾，也会影响能见度。同时，即使在晴朗的天气下，由于大气对光线的严重衰减作用，用光学器材也很难发现几十千米的个体武器，“千里眼”只是一种幻想。

到20世纪30年代，雷达的使用改变了这一历史，雷达以无线电波替代光线来探测物体。由于无线电波的传播与昼夜无关，受气象影响很小，在大气中的衰减也很小，因此，雷达在诞生初期就能不受天时和气候限制，探测到上百千米的空中飞机，它立即被各参战大国看成是最有前途的探测装备。英国首相丘吉尔在第二次世界大战后撰写的回忆录中，把雷达的发明和有效使用看作是第二次世界大战胜利的重要因素。

第二次世界大战时期英国的防空雷达

雷达是英文词“RADAR”的音译，是“Radio detection and ranging”的缩写，字面含义是无线电定位与测距，现在已经成为一个专用名词。雷达的工作原理实际上是采用了蝙蝠“观察”物体的原理。

老师： 我想问在座的同学，谁能解释一下雷达的原理？

学生 A： 我们都知道由于蝙蝠长期生活在洞穴之中，它主要是在黑暗中活动，其视觉严重退化。但是，它可以发出一种特殊的超声波，遇到物体反射，它的耳朵通过接收反射回来的超声波，可以准确判断物体的大小和距离。雷达的工作原理和蝙蝠很相似，只不过它是用微波替代超声波。

老师： 讲得很好！谁能够把雷达原理讲得更具体一点，比如雷达测距、测速的原理？

学生 B： 首先是测距。雷达发射一连串的脉冲信号，在接收端会接收到一连串相应的回波，根据二者之间的时间延迟就可以测得目标的距离。然后是测速原理。我们知道，相对于发射信号频率，运动目标会在回波信号中产生一个额外的多普勒频移，通过对多普勒频移的测量和计算，就可以得到目标的运动速度。

老师： 好，谢谢！我们接着讲。

雷达的突出特点是作用距离远、可全天时工作。全天时是指白天和黑夜都可以工作。雷达传感器还可以全天候工作，也就是不管刮风、下雨、下雪、起雾，都不会影响雷达的工作。雷达在这些方面具有独特的优势，比光学传感器要强。雷达系统通过测量目标回波的延时来达到测距的目的。平面位置显示器（简称P显）的中心代表着雷达所处的位置，其上出现的亮点就是所探测到的目标，目标距中心的距离代表目标距雷达的距离。

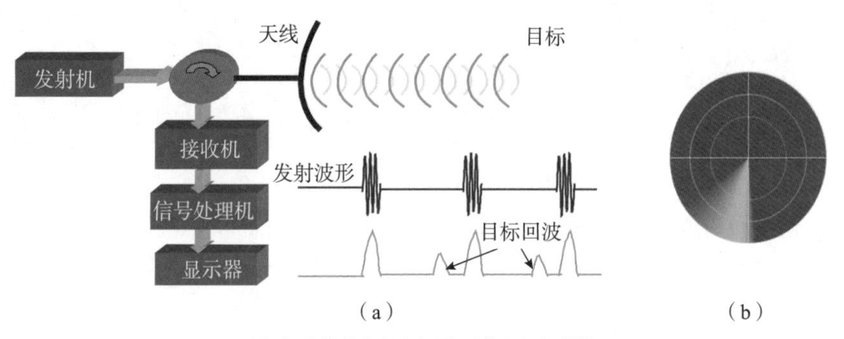

雷达系统的原理和平面位置显示器

一组宽带相参雷达的测量结果如图所示，距离分辨力可以达到0.3m。图左边两图的右上角分别是试验中的轿车和卡车，下面是它们的高分辨雷达回波，称为一维距离像，可以看到轿车和卡车的一维距离像有明显的差别。右边图像是经过处理后的二维图像，图像中的亮带是公路这个强杂波区。由于经过信号处理，运动目标没有被杂波淹没，跑出了杂波区，因此实现了运动小目标的检测。

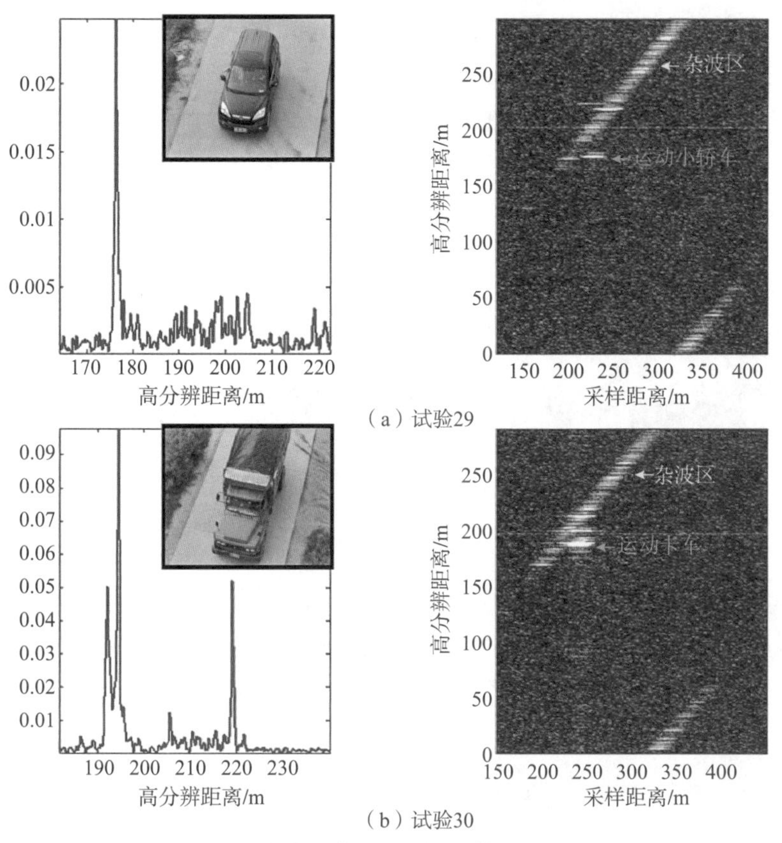

（a）试验29

（b）试验30

宽带相参雷达的测量结果

合成孔径成像雷达（SAR）看到的两幅地形图像如图所示。雷达图像和光学图像相比，有其独特之处，也可以获得比较丰富的外界环境信息，这里的“信息”怎么解读又是一个高深的难题。因为雷达这个“眼睛”和人的眼睛工作频段不同，它所看到的目标和人眼看到的有差别。过去技术水平不高的雷达还看不到这些图像，只能看到点状回波或脉冲回波，获得的目标信息非常少、非常粗糙。现在国内外的一些先进合成孔径雷达成像质量非常好，很多是应用于飞机平台、卫星平台上，以及导弹上。

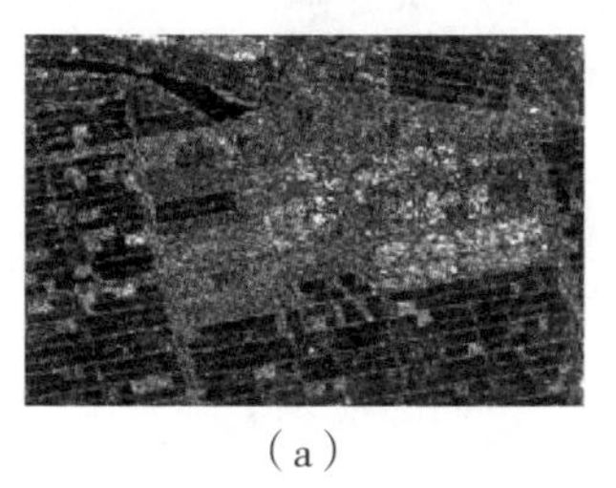

（a）

（b）

合成孔径雷达“看”到的地形图像

雷达在现代武器系统中应用非常广泛，并起着极为重要的作用。陆基、海基、机载预警雷达如图所示。从天线的样式看，有些是相控阵雷达，非常先进，功能强大。这些预警雷达体积都比较大，是搜集各种军事情报的传感器，是“千里眼”，主要负责及早搜索、发现目标，给作战指挥系统提供预警情报，这些情报可以作为导弹武器系统的支援信息。

（a）陆基预警雷达

（b）海基预警雷达

（c）机载预警雷达

陆基、海基、机载预警雷达

从20世纪50年代开始，导弹逐步取代了火炮和其他投掷式武器的部分作用，雷达因此也成为导弹武器系统的一个组成部分。例如，地空导弹由制导雷达搜索，自动跟踪目标和控制导弹飞行，不要人去操纵。空空导弹也由机载火控雷达控制，而且部分空空导弹和地空导弹上还装有微型雷达，也就是末制导雷达，用来在飞行最后阶段对目标瞄准和跟踪。

毫米波雷达是精确制导武器应用的热点，具有频率高、波长短、波束窄、测量精度高的特点，并且其抗地物杂波和抗干扰能力很强，能全天候工作。美国 PAC–3（“爱国者”–3）增强拦截弹的制导系统就是一个毫米波制导雷达，如图所示。

美国“爱国者”–3 增强拦截弹的制导系统

PAC–3 导弹加装了毫米波导引头，带头罩，如图所示。在海湾战争中还没有采用毫米波导引头，当时叫 PAC–2 型（“爱国者”–2），是老的型号。“爱国者”–3 这款改进型号的标志就是加装了毫米波导引头。

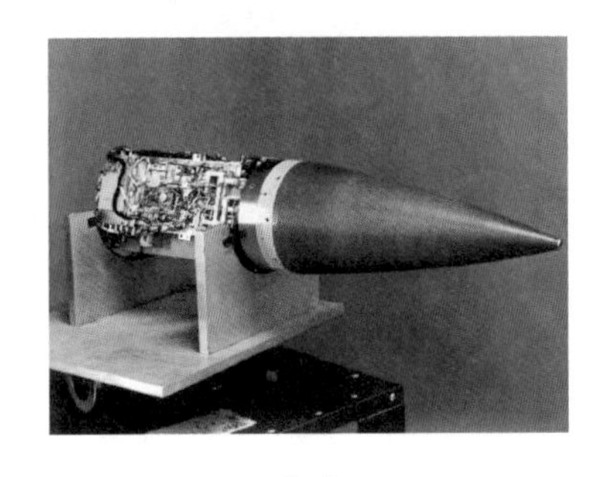

（a）

（b）

“爱国者”–3 导弹加装毫米波导引头

老师：现在民用雷达比军用雷达更多，请同学们列举一下。

学生 A：民用雷达的例子非常多，如气象雷达。民航飞机的机载雷达是一种最简单的气象雷达，它能够有效地检测出一些微小的颗粒（如冰雹或者雪花），提高飞机在飞行中的安全性。还有就是测速雷达。测速雷达是现在应用非常广泛的一种雷达设备，它广泛应用在交通管理中，电子眼就是这种雷达最具体的应用。

老师：好，还有哪位同学能讲一下?

学生 B：除了刚才那位同学讲的两种雷达之外，还有我们很常见的倒车雷达，也就是汽车防撞雷达，它主要运用于汽车停车或者倒车的时候，保证汽车的安全性，降低安全隐患。此外，还有一种很先进的生命探测仪——雷达生命探测仪，在受到自然灾害之后，它可以用来检测掩埋在废墟之下的一些生命，提高自然灾害的救援效率。

老师：好！讲得很好！

雷达的性能指标最主要有：一是能“看”多远，专业术语是探测威力；二是测量的误差，专业术语是测量精度；三是能把有什么差别的目标区分出来，专业术语是分辨力。针对不同的作战应用，这些性能指标要求不一样。

2015 年“九三”大阅兵中，我军的导弹武器有不少采用了雷达精确制导技术。DF–21D（“东风”–21 丁）、DF–26（“东风”–26）中远程弹道导弹采用了雷达精确制导技术，HQ–9（“红旗”–9）、HQ–12（“红旗”–12）防空导弹也采用雷达制导技术。

课程测试 Quiz 2-2:

1.【多选题】雷达传感器的主要优点是（　）。

A. 可全天时（白天 / 黑夜）工作　B. 可全天候（风 / 霜 / 雨 / 雪）工作

C. 作用距离远　D. 可测量物体温度

2.【判断题】雷达传感器看到的物体图像与我们人眼看到的差别比较大，其原因是这两种“眼睛”的工作频段不同，物理机制不一样。（　）

A. 正确　B. 错误

3.【单选题】毫米波雷达是精确制导武器应用的热点，具有频率高、波长短、波束窄、（　）的特点，抗干扰能力强。

A. 测量精度高　B. 成本低　C. 体积大　D. 质量大

4.【单选题】雷达在实际中应用很多，下列哪种不属于民用雷达的应用？（　）

A. 汽车防撞、倒车　B. 气象监测

C. 空中交通管制　D. 银行监控摄像头

5.【单选题】雷达的性能指标中的“探测威力”指的是（　）。

A. 测量的误差　B. 能“看”多远

C. 毁伤能量　D. 分辨目标的能力

（二）红外传感器

人体的眼睛是视觉器官，耳朵是听觉器官，鼻子是嗅觉器官，通过眼睛、耳朵和鼻子所获得的外部世界信息是不同的。同样雷达、红外、可见光、激光、声呐等传感器，由于物理机制不同，提供的战场环境和目标信息也是不同的。

雷达有很多优势，但也存在一些不足，为此导弹武器系统采用了多种观测方法弥补雷达观测的不足，达到优势互补。前几年朝鲜半岛局势紧张，媒体热炒“萨德”反导系统，如图所示。“萨德”反导系统的地基雷达 AN/TPY-2 探测距离远，监视范围大。中国强烈反对美军在韩国部署“萨德”，主要是由于这个地基雷达对我国安全威胁很大。“萨德”拥有拦截近程到远程弹道导弹的能力，拦截弹采用了红外成像导引头。

（a）“萨德”系统的地基雷达 AN/TPY-2　　（b）“萨德”系统的拦截弹

“萨德”系统

红外传感器在精确制导武器中应用非常广泛。红外传感器的探测机理是基于热体辐射，它能够将目标辐射的红外能量，如飞机发动机喷出的高温气体转换成信号处理机能够处理的电信号。红外热源还有很多，如飞机、导弹等高速运动的物体与空气摩擦后就会产生热。红外的英文为 infra-red，简写 IR。红外制导技术最早用于“响尾蛇”空空导弹，如图所示。

“响尾蛇”空空导弹采用了红外传感器

早期的“响尾蛇”空空导弹是红外点源制导，现在比较先进的是红外成像制导。从工作频段来看，红外传感器历经了单色红外（包括长波、中波、短波等）、双色红外、多光谱等阶段。从传感器结构来看，红外传感器历经了点源、一维线阵、二维面阵等阶段。由于器件发展水平，首先出现是点源探测，它敏感于目标高温部位辐射。

一维线阵、二维面阵都属于先进的红外成像传感器，二维面阵成像传感器代表了红外探测技术的最新进展。红外成像又称为热成像，基本原理是利用目标与周围环境之间红外辐射能量的差异或者温度的差异，将物体表面温度的空间分布转化为电信号，并以图像的形式显示出来，最终得到目标区域的红外图像。这就好比是用一种特殊的数码相机来对目标和环境的热量分布进行“拍照”，我们每个人也是红外辐射源，站在红外热像仪前就可以看到自身的人体图像，如图所示。

（a）

（b）

人体的光学照片与人体红外热像的比较

红外成像传感器的灵敏度、分辨率、视角比点源传感器高出许多倍，具有更强的抗红外干扰和目标识别能力，这是红外成像传感器的突出优势。它的测量精度以及目标识别能力比雷达强，但全天候、全天时工作能力不如雷达。

红外热成像探测器发现并捕获目标如下左图所示，十字标志表明已经捕捉到目标。目标的外形轮廓、样子基本清晰，不像前面看到的是一个点。红外热成像探测器观察目标被击中的情形如下右图所示，目标被打中后起火，它的红外图像发生变化。这样就可以评估打击效果，导弹到底打中了没有？打了坦克的哪个部位？毁伤程度怎么样？

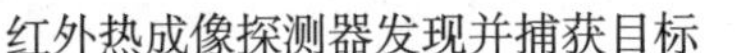
红外热成像探测器发现并捕获目标

红外热成像探测器观察目标被击中的情形

20 世纪 70 年代末至今为红外制导技术发展的第三阶段，主要采用凝视红外成像制导技术。典型特征为不含扫描机构，单次曝光可得到二维图像，探测波段也从最初的短波红外和中波红外扩展到长波红外，从而使探测距离、跟踪精度等诸多性能大幅度提高，具有了更高的抗干扰能力、真正意义上的全向攻击能力和易损部位选择攻击能力，真正实现了“发射后不管”。

红外成像制导工作方式大体可分为两种：一种是发射前锁定目标，用于近程空地导弹；另一种是发射后锁定目标，该工作方式又分为人工识别目标工作方式（“人在回路”）和自动目标识别工作方式，一般用于中远程空地导弹。红外成像制导技术已广泛应用于空地导弹和巡航导弹中。例如，美国的“斯拉姆”扩展响应型空地导弹、英国的“风暴前兆”巡航导弹（如下图所示）等均采用中波焦平面凝视红外成像制导。

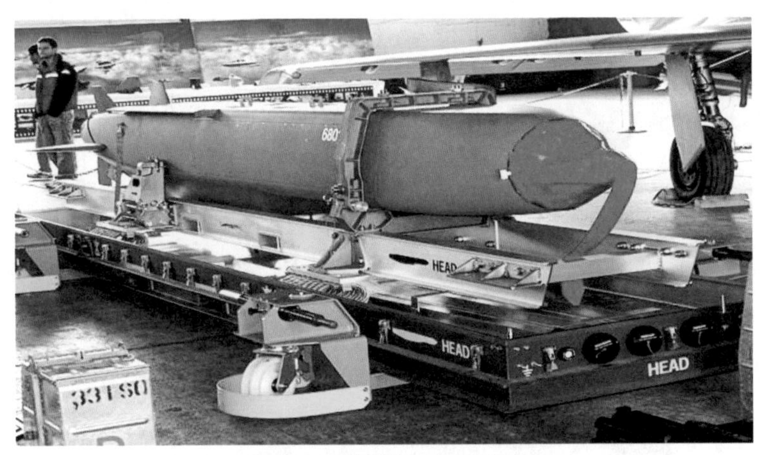

英国“风暴前兆”巡航导弹

（三）电视传感器

电视传感器采用高分辨率 CCD 摄像头，再附加长焦镜头之后，能看清几十千米远的目标，所以很多导弹系统将电视作为辅助观测设备。电视传感器能得到直观的图像，因此能够显示出目标特征，有利于目标识别。

电视导引头侧面特写如下左图所示，前面是一个透明的头罩，不会遮挡前方的图像进来。如果是炮弹或子弹，前面是金属壳，肯定收不到光学信号。电视制导武器瞄准坦克如下右图所示。

（a）
电视导引头特写

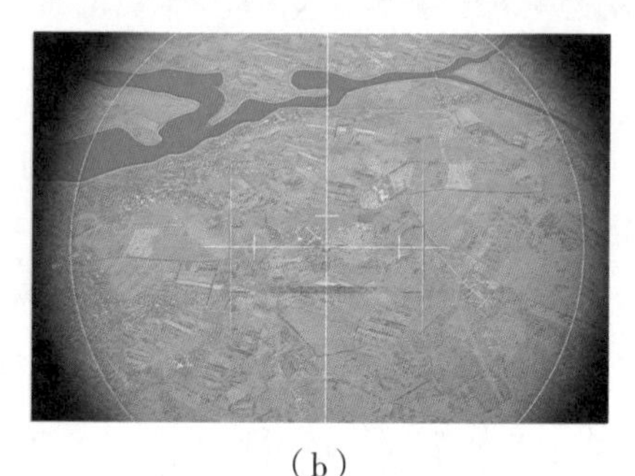

（b）
电视制导武器瞄准坦克

（四）激光传感器

精确制导武器还可以采用激光技术作为观测手段，目前主要有波束制导或半主动寻的。激光半主动制导通过单独的激光照射器，发射激光束照射到目标上。弹上接收机接收目标反射的激光信号，通过光电转换放大处理，形成导弹跟踪目标的误差信号，按一定的方式给出修正指令，从而达到制导目的。激光半主动制导的主要特点是制导精度高、抗干扰能力强、系统结构简单、成本低。法国的 AS–30L 就是采用激光半主动制导的近程空地导弹，如下图所示。

采用激光半主动制导的 AS-30L 导弹

激光制导的工作原理和雷达制导有些相似，它发射一个激光波束，打到目标后再接收反射回波，因此有时也把激光传感器称作激光雷达（LiDAR）。与微波雷达相比，激光雷达波长短、波束窄、方向性强，因而测距测角精度更高，制导精度比微波雷达高很多，并且不易被其他光源和电磁波干扰。此外，激光导引头还能获得目标的立体像。激光成像效果图如图所示，它为自动目标识别提供了非常丰富的信息。

（a）三维距离像

（b）目标强度像

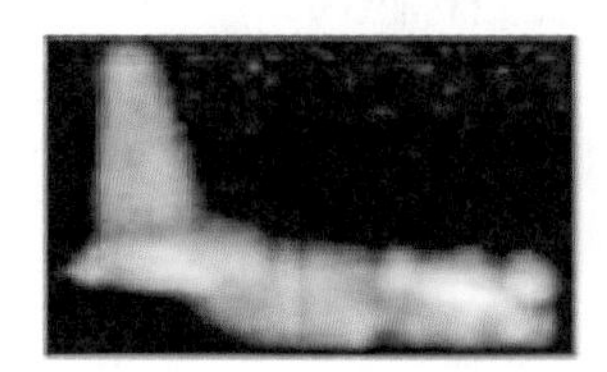

（c）二维强度像

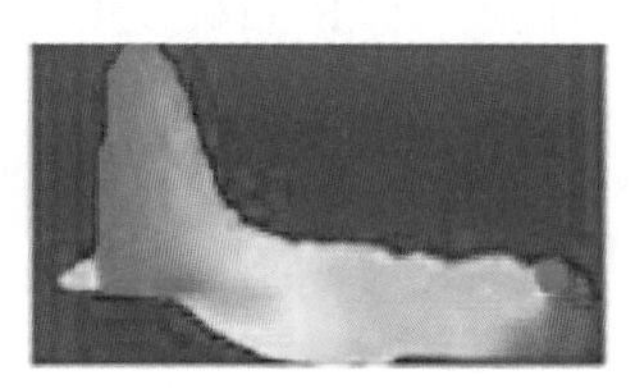

（d）三维强度距离像

激光成像效果图

需要强调的是，红外、电视和激光传感器都属于光学传感器。“九三”大阅兵中，“东风”-15 乙（DF-15B）、“东风”-16（DF-16）中近程常规弹道导弹均采用了光学精确制导技术。

课程测试 Quiz 2-3:

1.【单选题】红外传感器的探测机理是基于（　　），它可以将目标辐射的红外能量转换成信号处理机能够处理的电信号。

A. 物体的热辐射　　B. 可见光照射

C. 无线电的原理　　D. 激光照射的原理

2.【单选题】红外热源有很多，如高速运动的飞机。红外的英语简写是（　）。

A. Radar　　B. TV　　C. IR　　D. INS

3.【单选题】从传感器结构来看，红外传感器经历了点源、（　　）、二维面阵等阶段，首先出现的是点源探测器。

A. 红外成像　　B. 一维线阵

C. 中波红外　　D. 长波红外

4.【单选题】红外成像传感器比点源传感器具有更强的抗红外干扰和（　　）能力。

A. 目标识别　　B. 目标毁伤　　C. 目标距离测量　　D. 目标捕获

5.【单选题】电视传感器和激光传感器能够获取丰富的（　　）信息，有利于自动目标识别。

A. 目标特征　　B. 目标速度　　C. 目标距离　　D. 目标辐射

（五）声呐传感器

声呐探测装置可以说是水下制导武器的“顺风耳”，它是利用声波对目标进行探测、定位和通信的一种电子设备。声呐是英文 SONAR 的音译，全称是“Sound Navigation and Ranging”，具体含义为声波导航与测距，体现了声呐的工作原理和主要功能。声呐的工作原理和雷达是相近的，也是发射接收处理，只不过是工作频段比微波雷达低得多。

声呐传感器

众所周知，光在水中的穿透能力较差，即使海水很清澈，也只能看十几米的距离。同样地，微波在水中也存在较大衰减。然而，声波在水中传播的衰减就小得多，这也是在精确制导武器中，要把水下制导兵器单独划为一类的原因。它的传播媒质是水，传播特性和空气的差别太大。声波对水下目标的探测具有独特的作用。

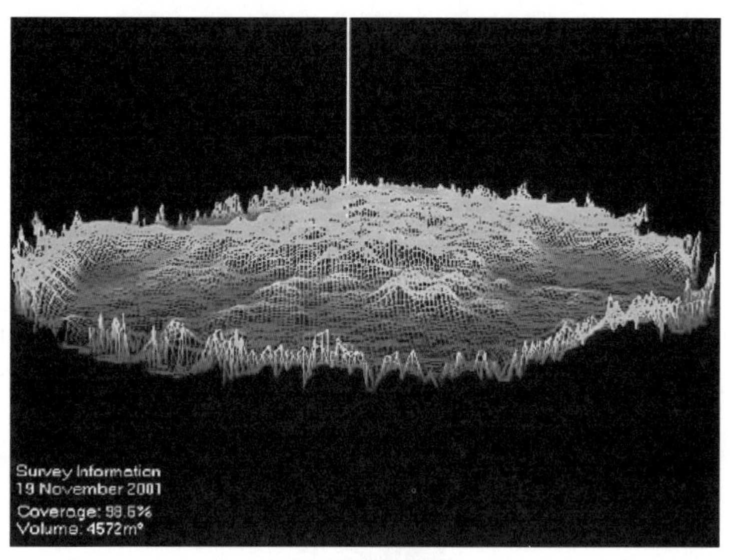

三维成像声呐图像

声呐技术按其工作方式可分为主动和被动两大类。主动是有源的，可以发射声波，而被动就是不能发射只能接收声波。俄制声呐和拖曳式声纳的外观如图所示。主动声呐依靠本身发射的声波“照射”目标，然后接收目标的反射回波来判定目标的距离、方位等信息。

（a）俄制声呐

（b）拖曳式声呐

主动声呐工作示意图如下图所示。声呐可以看到一艘船下面有发射阵列，它可以发射声波，发射出来的声波在水中传播，打到潜艇之后，声波发生反射，反射回来的声波被接收阵列接收到，因此可以根据接收到的声波来提取目标的距离、方位等位置信息。

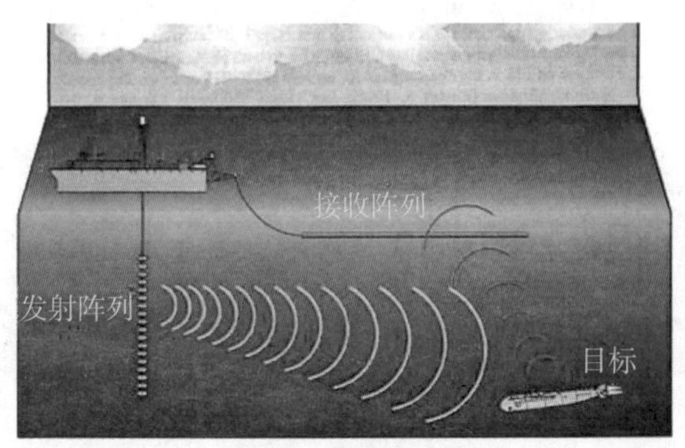

主动声呐工作示意图

被动声呐（如图所示）本身并不发射声波，而是依靠接收舰船目标的发动机等部件工作时产生的噪声，或其他发声设备产生的声波信号来测定目标方位。潜艇的静音技术是非常重要的，如果产生很大噪声，就很容易被敌方的声呐探测到。

定位声呐

前面介绍的制导武器“耳目”，它们的工作频率各不相同，因此获取目标信息的频率特性也很不相同。电磁频谱图如图所示，最下面一条线代表了波的频率刻度，上面是对应的波长。右边是可见光的光谱，红橙黄绿青蓝紫是人眼能感受到的电磁波。当然，激光的波长也在这个范围内，小于1μm。往左边看，是红外线的频谱，波长为几微米到十几微米，这是人能感受到但看不到的。继续往左边就是雷达的工作波段。在精确制导武器中，常用厘米波和毫米波。再往左边就是电视信号传播的工作波段，它所传送的光学图像被调制到超短波上，波长是米的量级。中短波频段是无线电指令制导工作波长。由此可以看出，精确制导武器“看”到了通常人眼看不到的现象。我们常说“眼见为实”，这是不全面的，因为人眼只局限在光学频段。

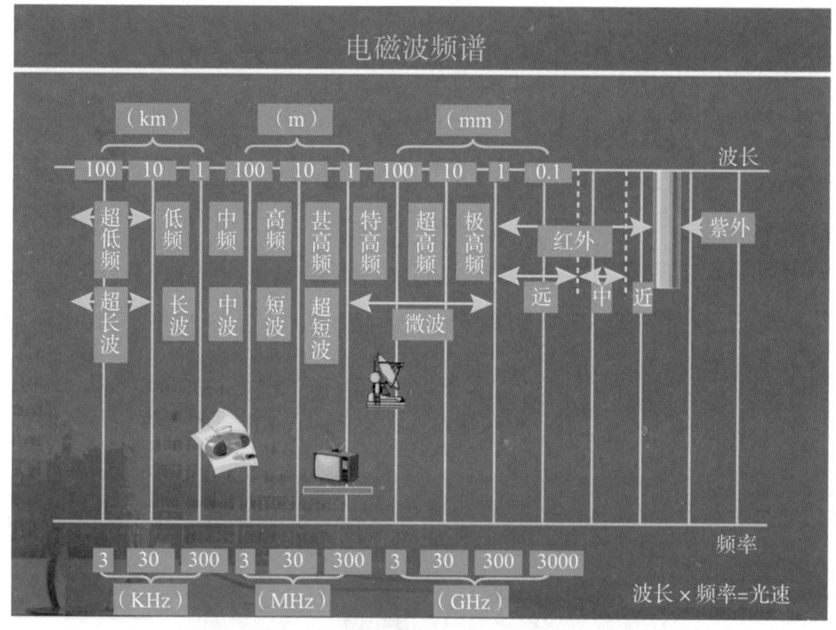

电磁波频谱与射频 / 光学制导传感器分布图

从电磁频谱的角度看，制导技术可以分为光学制导、射频制导。红外激光和电视传感器都是获取光学频段的目标信息，因此都称为光学传感器。采用这些传感器的精确制导技术统称为光学制导技术。微波雷达或毫米波雷达工作在射频频段，因此雷达制导技术又称为射频制导技术。声呐是鱼雷等水下制导武器应用的传感器，相应的是水声制导。

课程测试 Quiz 2-4:

1.【单选题】声呐是利用声波对目标进行探测、定位和通信的一种电子设备，声呐的工作原理和主要功能是（　）。

A. 声波导航与测距　　B. 微波导航

C. 微波测距　　D. 微波导航与测距

2.【单选题】按照频率由低到高（或波长由长到短），下面的哪种排列顺序是正确的?（　）

A. 可见光 / 红外 / 微波 / 声波　　B. 声波 / 微波 / 红外 / 可见光

C. 声波 / 可见光 / 红外 / 微波　　D. 可见光 / 微波 / 红外 / 声波

（六）惯性测量装置

几乎所有的导弹都要用到惯性测量装置。雷达和光学传感器用来观测作战目标和外部战场环境，因此称之为“眼睛”。而惯性测量装置可以说是导弹的“内眼”，它主要用来测量导弹自身的运动状态，是惯性导航的主要敏感器，包括陀螺仪和加速度计。

陀螺仪是利用陀螺的特性制成的测量仪器。陀螺是大家比较熟悉的，如“地转子”“空竹”。陀螺一旦高速转动起来，如果没有外力作用，不管底面如何倾斜，陀螺的转轴总能保持和地面垂直。陀螺转得越快，它的这股“倔劲”越大，越能使转轴的方向保持不变，这称为陀螺的“定轴性”。

陀螺旋转后保持稳定

陀螺仪由转子、内框、外框和底座组成，这种机械式陀螺仪已经被更先进的激光陀螺仪、光纤陀螺仪替代。将陀螺仪装载在导弹上，可以分别测出弹体俯仰或偏航以及绕中轴滚动的角度。

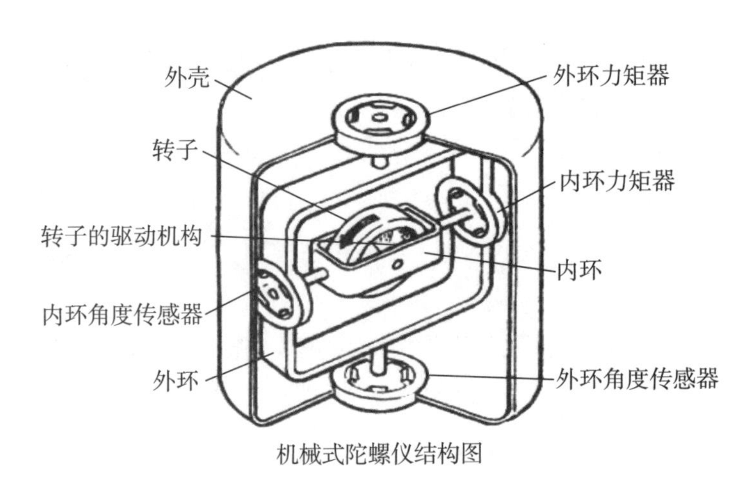

机械式陀螺仪结构图

值得一提的是，在激光陀螺的科研方面，国防科技大学的高伯龙院士取得了世界领先的成果，被称为科研领域的“扫地僧”，是“感动中国”人物。高伯龙院士研制的激光陀螺，高精度地实现了自主导航制导、定位、定向和姿态控制功能，是导弹、飞机、舰船等实现精确打击、快速反应和精确控制的核心部件。

高伯龙院士手持激光陀螺膜片

科研领域的“扫地僧”

“中国激光陀螺之父”高伯龙

陀螺仪是精确制导武器的重要部件，它具有的特性值得称赞。皮埃尔·居里把陀螺的特性加以扩展引伸，说了一句名言：“当我像‘嗡嗡’作响的陀螺一样高速旋转时，就自然排除了外界各种因素的干扰，抵抗着外界的压力。”皮埃尔·居里是著名的物理学家，1903 年他与居里夫人同获诺贝尔奖。

居里夫妇

课堂讨论

老师： 我想问一下同学们，皮埃尔·居里是哪国人？居里夫人是哪国人？他们因什么获得诺贝尔奖？

学生： 皮埃尔·居里是法国人，居里夫人是波兰人，他们因放射性元素方面的贡献获得了诺贝尔奖。

老师： 讲得很好！我们接着讲。

按照惯性测量装置在导弹内部的安装方式，惯性制导系统分为平台式和捷联式两类。平台式惯性制导系统的测量装置一般安装在弹体内部的常平架上。这种制导系统的测量条件较好，控制系统的运算量也较小，但质量和尺寸较大，适于洲际弹道导弹、潜地弹道导弹、远程巡航导弹和大型的运载火箭等大型飞行器。惯性制导稳定平台如图所示。

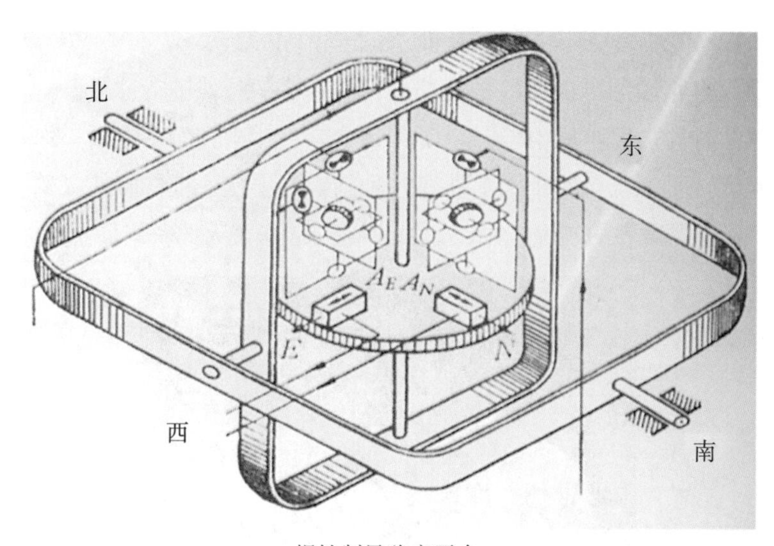

惯性制导稳定平台

捷联式的测量装置直接安装在弹体上，而不是装在常平架上，省去了惯性平台。制导系统体积和质量较小，可靠性较高。因为测量装置直接装在弹体上，所以坐标系随着弹体的颠簸、翻滚经常变化，需要高速大容量的计算机对运动参数进行实时的坐标变换，才能获得所需的制导数据。此外，还要克服测量装置直接承受的弹体振动、冲击及角运动带来的动态误差。现代战术导弹多采用捷联式惯性制导系统。捷联式的惯性测量装置——两种微型光纤陀螺仪如图所示。

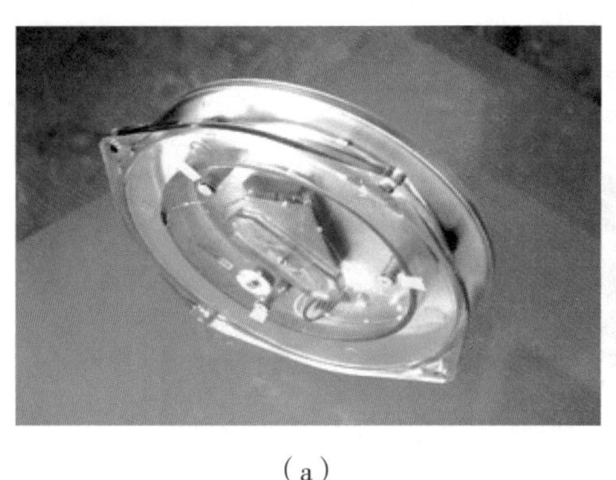

（a）

（b）

微型光纤陀螺仪

（七）弹外探测制导装置

前面的几种传感器都是装在弹上的。然而，除了弹上的“耳目”外，精确制导武器通常还配备了弹外探测制导装置，如地面制导站、机载制导站和舰载制导站，用来探测目标和环境，并引导控制导弹飞行。弹外探测制导装置制导示意图如图所示。

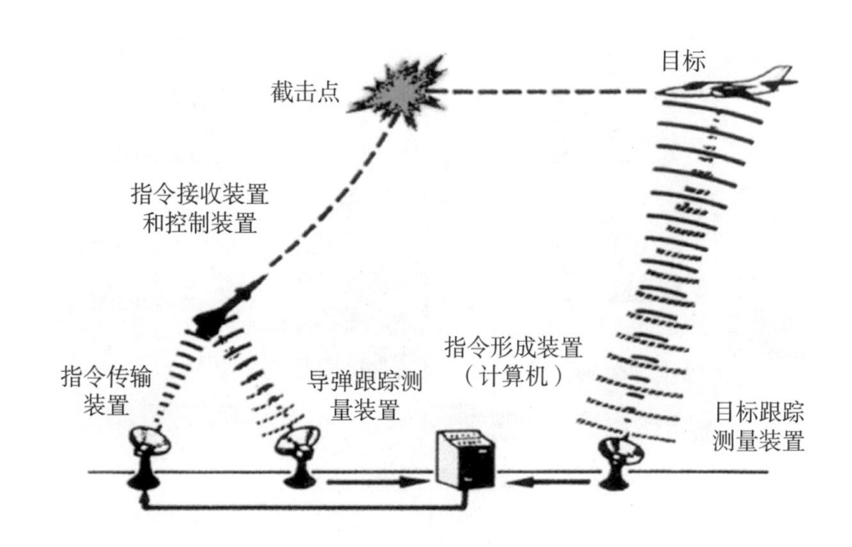

弹外探测制导装置制导示意图

在精确制导武器中可以通过信息支援保障系统获取必要的情报，这些系统有远程预警雷达、卫星、预警机等。现在海、陆、空、天各种信息获取装置非常多，卫星、预警机以及陆基、海基预警雷达都可以获取多种多样的情报，在下图中，这些情报通过“数据链”相互传递，实现资源共享和综合利用，所以信息支援技术越来越重要。

信息支援保障系统示意图

正是有了这些弹上和弹外的众多“耳目”，精确制导武器才能从复杂的战场环境中发现具有打击价值的目标，检测、识别、跟踪这些目标，直至最后命中目标。精确打击作战体系网络图如图所示，可以利用侦察卫星、通信卫星、预警机以及其他弹与弹之间相互的通信实现信息支援与保障。

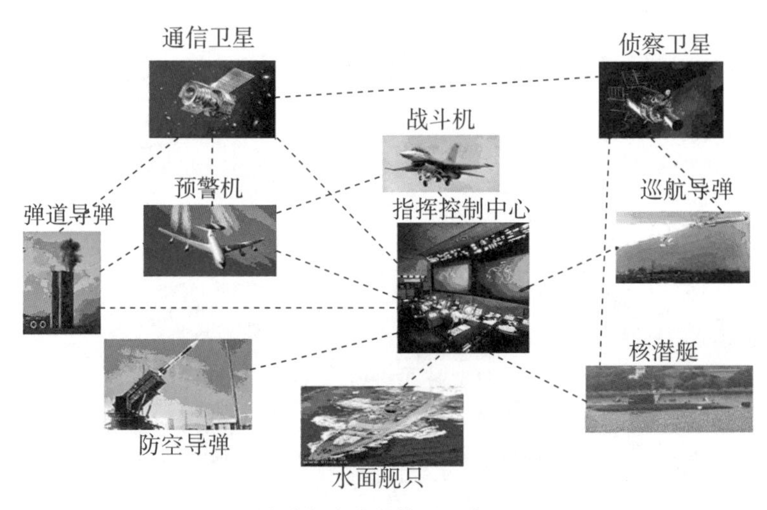

精确打击作战体系网络图

小结：

信息的感知除了与观测频段有关以外，还与观测目标的空间位置有很大的关系。“多模复合探测”示意图如图所示，大象是被观测的目标，其他动物代表各种传感器，用眼睛在一个视角看物体所获取的信息肯定是片面的。但如果耳朵也配合眼睛来获取信息，这样信息量就会大一些，这就是多模复合探测，相应的制导技术就称为多模复合制导技术。如果还能从不同的视角和不同的视距观测目标，就能够获得目标的“全息”，这就需要信息支援技术。综合起来，如果能从频谱、空间、时间、多维审视事物和人，就能完整准确地把握它。

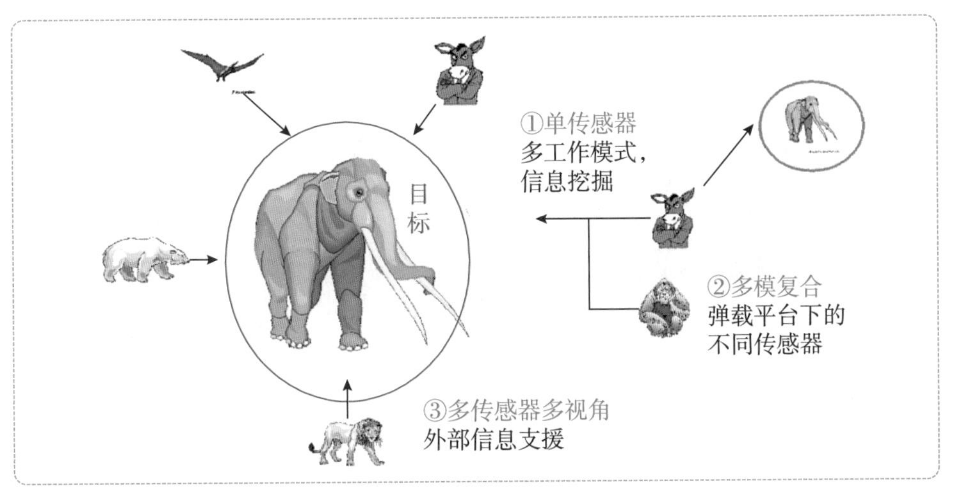

“多模复合探测”示意图

课程测试 Quiz 2-5:

1.【单选题】惯性测量装置主要包括陀螺仪和（　　），用来测量导弹等运动平台自身的运动状态，是惯性导航的主要敏感器。

A. 加速度计　　B. 速度计　　C. 测距机　　D. 陀螺

2.【多选题】在精确制导武器中可以通过信息支援保障系统获取必要的情报，这些系统有（　）。

A. 远程预警雷达　　B. 侦察卫星

C. 预警机　　D. 导弹自身的传感器

视频

三、关键部件：导引头

精确制导武器与其他武器的最大区别是它具有“眼睛”“耳朵”“大脑”，这些可统称为导引系统。由于装在弹的头部，通常简称为“导引头”。

雷达导引头如图所示，它包括天线、接收机、发射机、信息处理机等。“布拉莫斯”超声速巡航导弹是印度和俄罗斯联合研制的；美国反辐射导弹的复合导引头有一个天线罩，是由特殊新材料制成的，可以透过导引头工作频段的电磁波。

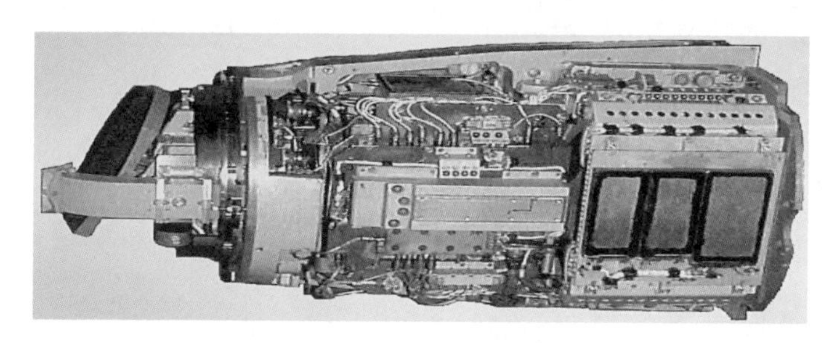
“布拉莫斯”超声速巡航导弹
雷达导引头

美国反辐射导弹

电视导引头一般由电视摄像头、伺服机构、信息处理器等系统组成，如图所示。其主要功能是发现目标，提取和捕获目标图像，计算目标距光轴的位置偏差，使导引头伺服机构进行负反馈控制，达到光轴瞬时对准目标；当光轴与弹轴不重合时，给出偏差控制信号并传送给自动驾驶仪，使导弹实时跟踪目标。电视导引头采用图像处理技术，便于识别目标，制导精度高。

电视导引头

下图是激光主动成像导引头的样机。激光导引头通常由激光照射器、接收装置、信息处理机和伺服系统等组成。其制导精度高，抗干扰能力强；但受天候的影响较大。目前，主动激光成像制导技术正处于技术探索过程中，它以防空反导导弹、巡航导弹、空地导弹等多种武器装备的需求为背景，将为下一代精确制导武器的发展提供支撑。

激光雷达导引头样机

下图为毫米波 / 红外双模导引头，它是欧洲泰雷兹公司研制的新型导弹导引头试验样机，它采用了双模制导技术。精巧的导引头中综合了毫米波和远红外探测功能，使导弹的抗干扰、反隐身能力空前提高。

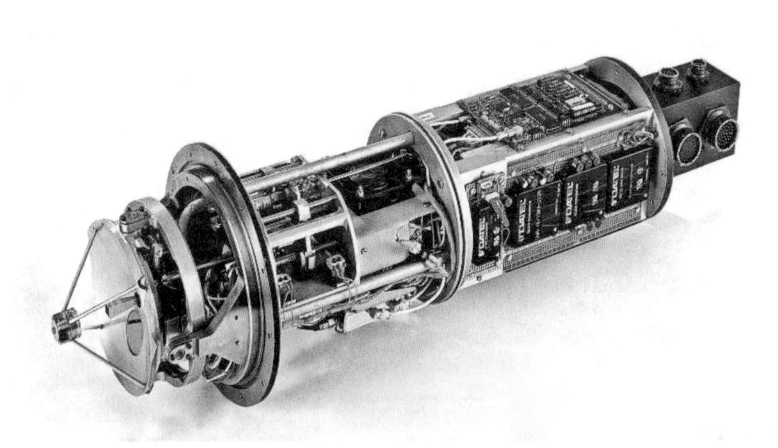

法国研制的毫米波 / 红外双模导引头试验样机

美国的“标准”–3 反导导弹采用中波和长波双色凝视红外成像导引头，红外双色导引头的两个探测器分别工作在两个不同波长的红外波段，可分别对不同温度的红外目标进行探测和跟踪，具有较好的抗干扰能力和目标识别能力。

“标准”–3 拦截器双色导引头

小结：

导引头是安装在制导武器头部，用于测量目标相对于制导武器的运动参数，并产生制导信息的装置。导引头又称制导头、寻的头，是制导武器上用于探测、跟踪目标并产生姿态调整参数的核心装置。

导引头组成原理如图所示，前面的传感器获取导弹–目标相对运动参数，由导弹跟踪测量装置形成控制指令，再加上导弹稳定控制装置的共同作用，调整弹体的姿态。获取新的导弹运动参数之后，可对导引头伺服机构进行负反馈控制，实现导弹运动轨迹的导引。

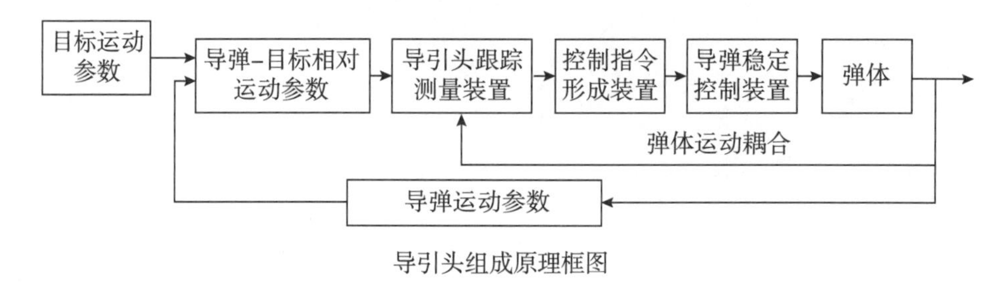

导引头组成原理框图

老师： 下面进入课堂讨论阶段，请同学们提个问题。

学生 A：老师您好，通过刚才您对导引头的介绍，我有一个问题想请教，就是导引头的性能主要由哪些参数来衡量？

老师： 这个问题问得很好。我们说导引头是弹上的“眼睛”和“大脑”，是“看的见”“盯得紧”目标的核心部件。因此，导引头的性能应该满足所配装制导武器的战术 / 技术要求。我列举几个参数，比如：视场和作用距离，这是指导引头能看多大的范围；还有分辨力，这是指“看”得多清楚。例如，有些反坦克导弹的毫米波导引头，作用距离 10km 左右，距离分辨率 0.3m。

导引头的主要技术指标包括捕获视场、作用距离、视场角、分辨率（也称分辨力）等。

捕获视场是指导引头能截获目标，并提供导引规律要求的误差信号的视场。当作用距离相同时，捕获视场越大，发现目标的概率也越大。装有搜索装置的导引头，捕获视场等于搜索视场；没有搜索装置的导引头，捕获视场等于瞬时视场。

作用距离是指导引头从背景及干扰信号中识别出目标并进行有效跟踪的距离，影响导引头作用距离的因素比较多，与导引头获取目标辐射或反射能力的大小以及信号处理能力有直接关系。作用距离通常由实际的飞行试验数据加以校正。

视场角是指导引头能够观测目标的立体角。在光学导引头中，视场角的大小由光电系统的参数来决定；在雷达导引头中，视场角由雷达天线特性与工作波长决定，其中雷达天线特性包括扫描、多波束等。

分辨率是指导引头为测量目标参数，区分两相邻目标或性质相近目标的能力。雷达导引头常用角分辨率、距离分辨率和速度分辨率来描述对相邻目标的分辨能力。其中，角分辨率由波束角度确定，距离分辨率由脉冲宽度确定，速度分辨率由速度波门确定。电视导引头常用空间分辨率来描述，也就是成像系统能分辨出相邻两个点目标的最小视角张角，红外导引头除空间分辨率外，还常用温度分辨率来描述，也就是红外探测器能够分辨出相邻两个目标的最小温度差值。

视频

四、常用的制导方式

常用的制导方式，即如何让导弹精确地飞向目标。飞行中的法国“飞鱼”导弹如图所示。导弹在打击目标的过程中需要依靠制导系统来导引，制导系统是以导弹为控制对象的一种自动控制系统。

飞行中的法国“飞鱼”导弹

制导系统包括导引系统和姿态控制系统。制导系统是用于探测或测定武器相对于目标的飞行参数，计算弹体的实际位置与预定位置的飞行偏差，形成导引指令，并操纵弹体改变飞行方向，准确地飞向目标。制导系统有的全部在弹上，有的由弹上制导设备和制导站制导设备两部分组成。制导系统组成及工作原理框图如图所示。

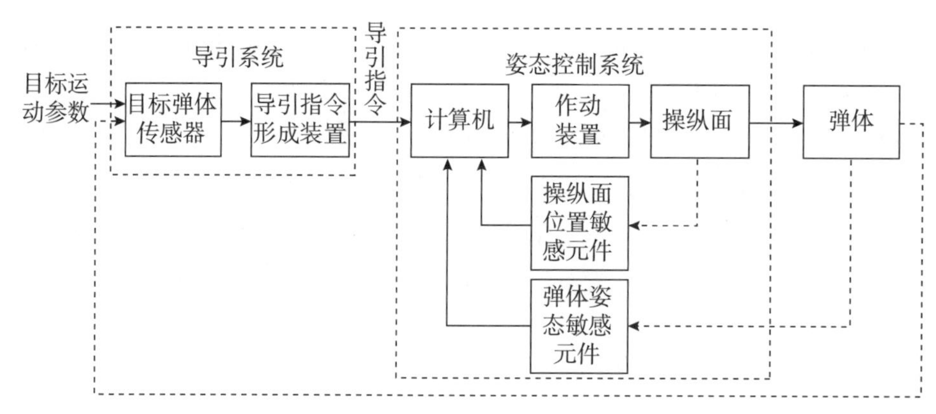

制导系统组成及工作原理框图

制导方式就是武器制导系统的工作方法与形式，不同的制导系统采用的制导方式也不相同。常用的制导方式主要包括遥控制导、寻的制导、匹配制导、惯性制导、卫星制导和复合制导。

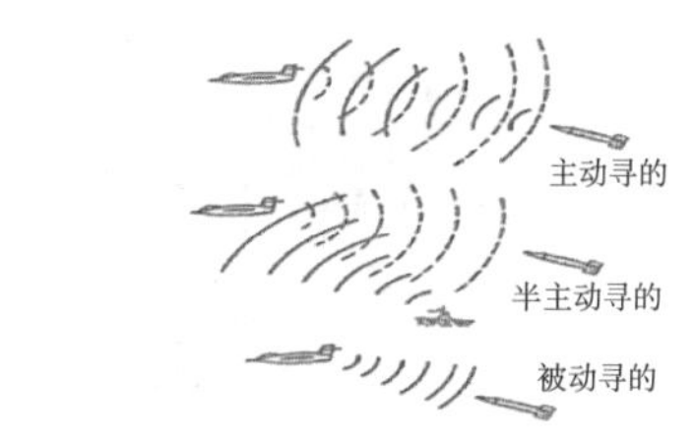

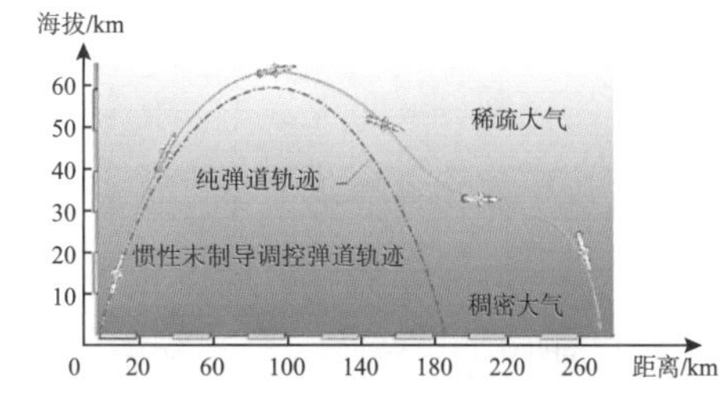

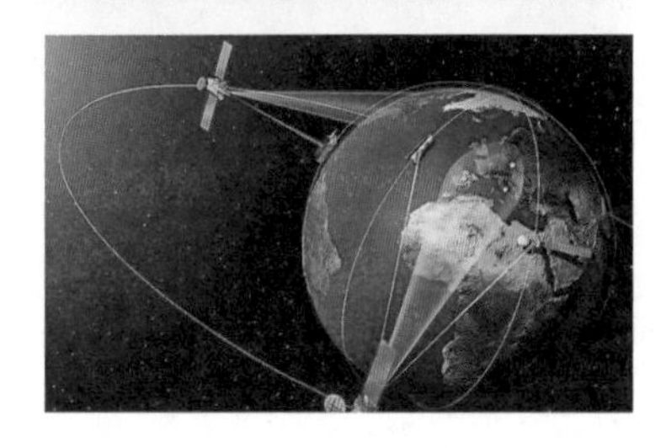

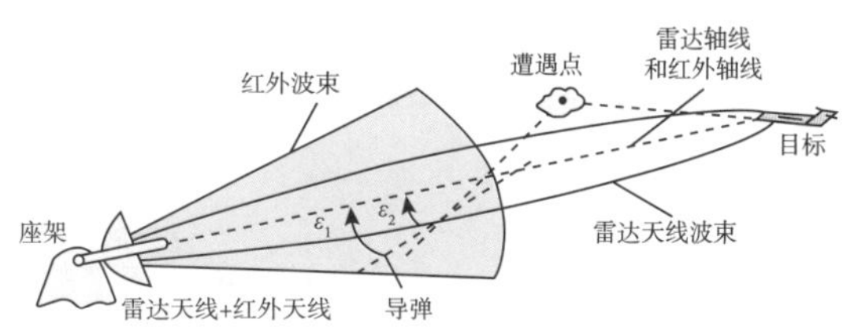

各种制导方式

（一）遥控制导

遥控制导是由弹外的制导站测量并向导弹发出制导指令，由弹上执行装置操纵导弹飞向目标的制导方式。其主要用于反坦克导弹、地空导弹、空地导弹和空空导弹等。典型的遥控制导方式包括有线指令制导、无线指令制导和驾束制导等。

有线指令制导系统通过光纤等线缆来传输制导指令，抗干扰能力强；但导弹的射程、飞行速度和使用场合等受连接线缆的限制。遥控制制导方式如图所示。右图示出了导弹打出去以后，尾巴拖了一根细线，这是用来传输制导指令的。“陶”式导弹已经在第一章进行了比较详细的介绍。

采用遥控制导方式的“陶”式反坦克导弹

无线指令制导通过无线电波传输制导指令。制导系统的大部分设备在地面平台、机载平台或者舰载平台，优点是弹上设备简单，作用距离远，但容易被对方发现和干扰。例如，雷达指令制导，地面雷达发现并跟踪目标，导弹跟踪测量装置实时测量导弹位置，而后，指令形成装置综合二者的信息，计算产生制导指令，并通过无线装置传送给导弹，引导导弹击中目标。由此可见，无线指令制导的制导指令是由弹外制导设备产生的，如图所示。

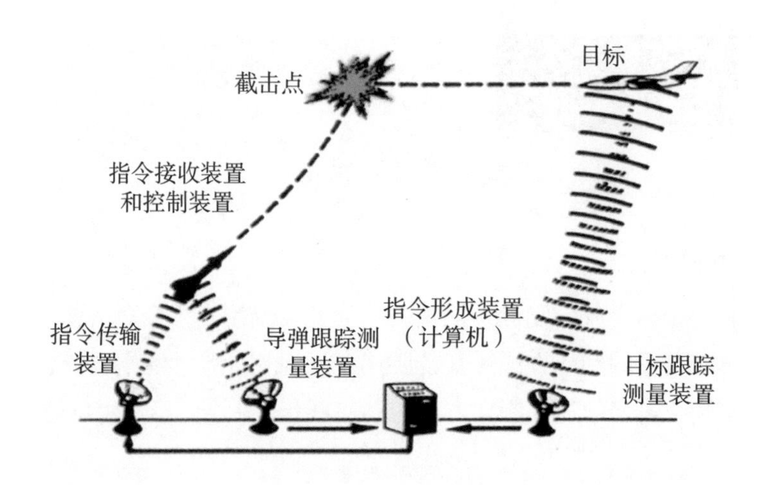

雷达指令制导示意图

在驾束制导中，地面雷达发现目标后对目标进行自动跟踪，雷达波束时刻对准目标，同时控制导弹始终位于波束中心线附近，从而在目标—导弹—地面雷达之间形成三点一线的瞄准关系引导导弹击中目标，制导指令由弹上产生，如图所示。

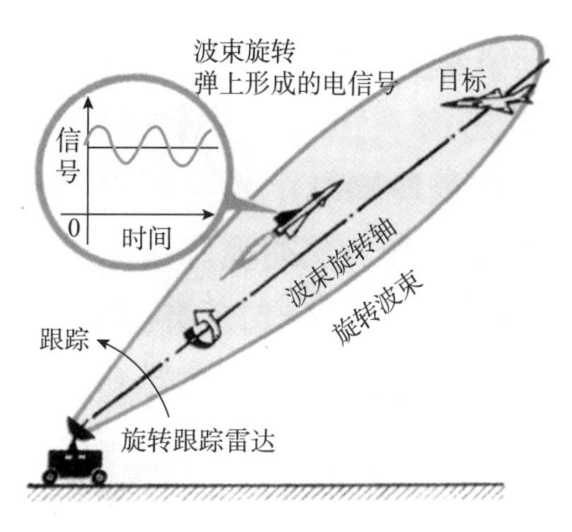

驾束制导示意图

不同的制导方式，导引规律各不相同。为方便理解，先引入一个在阅兵训练中常用的瞄准线概念，图为阅兵方队通过天安门广场。我们都知道，集合排队的时候，自己站的位置和方向是否正确，总是看标兵的位置和方向而定。那么导弹在一瞬间所处的位置或飞行方向是否正确，又以什么“标兵”来定位？导弹的“标兵”叫“目标瞄准线”，就是瞄准点和目标之间的连接线，简称“瞄准线”。根据“瞄准线”确定导弹的正确位置，并导引和控制导弹朝正确的方向飞行，是现代高精度导引控制技术广泛采用的方式。

（a）

（b）

阅兵方队通过天安门广场

下面以地空导弹为例进行说明，先说“三点法”。“三点法”要求导弹、目标和瞄准点三点在一条直线上。采用遥控制导的地空导弹瞄准点固定在地面上，如果目标在空中不动，目标瞄准线是一条固定不动的直线，导弹只要沿着这条瞄准线飞行就一定能和目标相遇。所以这条瞄准线上所有的点都是导弹瞬时的正确位置，将导弹各瞬时位置连接起来就是导弹的轨迹线，如图所示。

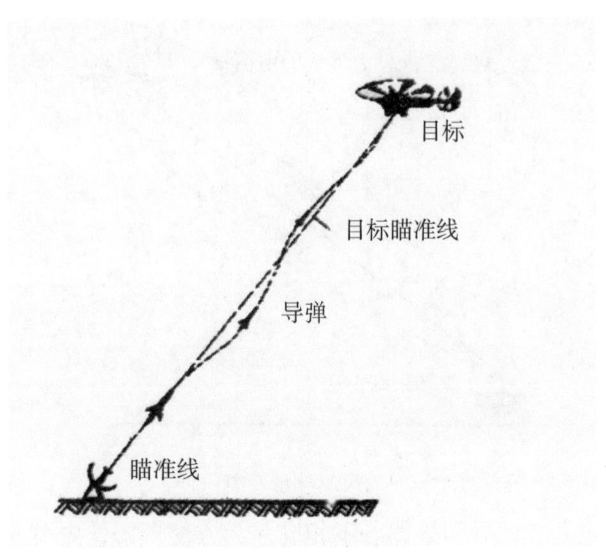

静止目标“三点法”瞄准

如果目标在空中飞行，目标瞄准线便随着目标的移动围绕瞄准点连续的转移指向。在任一瞬间的目标瞄准线称为瞬时瞄准线。只要导弹的位置始终在瞬时瞄准线上，导弹就一定能不断接近目标，最终和目标遭遇，如图所示。

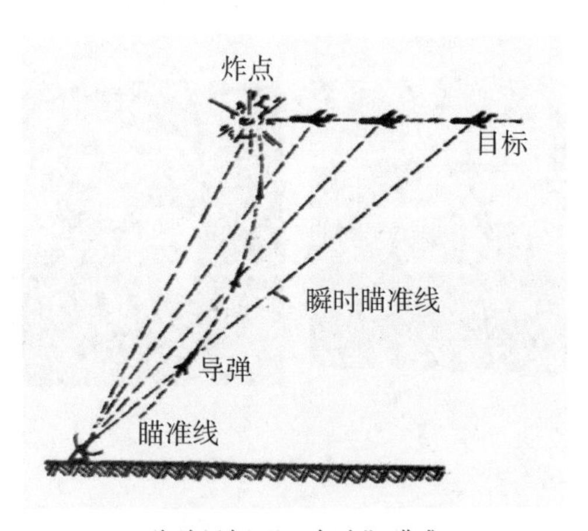

移动目标“三点法”瞄准

地空导弹用“三点法”瞄准运动目标时，导弹的飞行路线实际是一条曲线。导弹越接近目标，路线越弯曲，就像我们开车一样，要对准左前方拐弯的时候，觉得身子向右边滑去发生“侧滑”，拐弯越急，身子向外侧滑越多，结果偏离了方向。导弹拐弯飞行的时候，也要在空中侧滑，导弹的飞行路线越弯曲，向外测滑越多，导弹就打不到目标，而从目标旁边飞走。如果要减小导弹的侧滑，则可以将导弹的正确位置设置在瞬时瞄准线的前头，与瞬时瞄准线有适当的距离，这个距离称为导弹的“提前量”，这种瞄准方法称为“前置点法”瞄准。为了使导弹能和目标遭遇，导弹的提前量必须随导弹到目标的距离而变化，导弹越接近，目标提前量应越小，导弹用“前置点法”瞄准时的飞行路线比用“三点法”瞄准时的飞行路线要直得多。因此，导弹向外侧滑较小，更能准确飞向目标，如图所示。

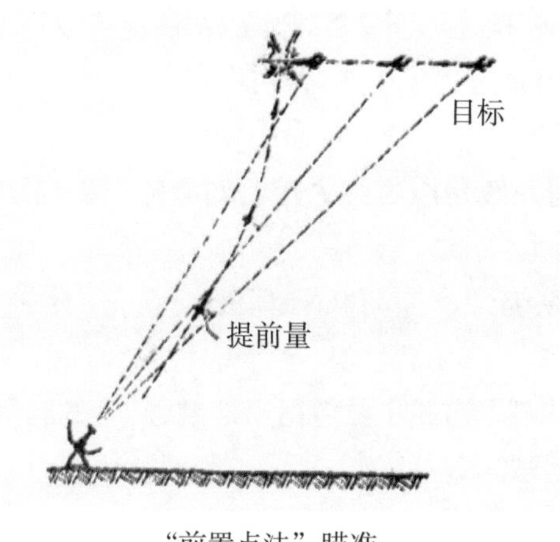

“前置点法”瞄准

小结：

遥控制导主要包括指令制导和波束（驾束）制导，指令制导又分为有线指令制导、无线电指令制导和目视指令制导，波束（驾束）制导按传感器分为雷达波束制导和激光波束制导。

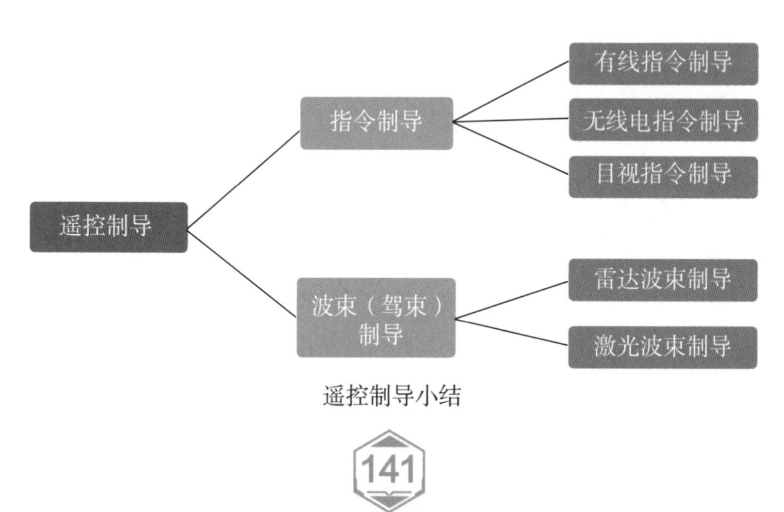

遥控制导小结

课程测试 Quiz 2-6:

1.【多选题】导引头是安装在制导武器头部的装置，用以测量目标相对于制导武器的运动参数并产生制导信息，又称制导头、寻的头，主要有（　）。

A. 雷达导引头　　B. 红外导引头

C. 电视导引头　　D. 激光导引头

2.【多选题】下列哪些是导引头的技术战术性能参数？（　）

A. 视场和作用距离　　B. 毁伤程度

C. 分辨率　　D. 命中概率

3.【单选题】制导系统是以导弹为控制对象的一种自动控制系统，其包括导引系统和（　）。

A. 姿态控制系统　　B. 计算机

C. 传感器　　D. 导引头

4.【单选题】常用的制导方式主要包括遥控制导、寻的制导、（　）、匹配制导、卫星制导和复合制导。

A. 主动寻的　　B. 半主动寻的

C. 惯性制导　　D. 被动寻的

（二）寻的制导

寻的制导是一种非常重要的精确制导技术。“寻的”一词中的“的”，本义为“靶子”，也就是导弹攻击的目标，因此“寻的”的含义就是寻找、追踪待攻击的目标。采用全程半主动微波寻的制导的美国“霍克”导弹和采用红外寻的制导的美国“红眼睛”地空导弹如图所示。遥控制导是由弹外的制导站向导弹发出制导指令，而寻的制导是由弹上的制导系统自己产生制导指令，因此又称为自导引或自寻的，即导弹自己寻找目标，并瞄准目标飞行。

采用微波寻的制导的美国“霍克”导弹

采用红外寻的制导的美国“红眼睛”地空导弹

寻的制导系统的弹上设备由导引头、自动驾驶仪与弹体组成，如图所示。在寻的制导阶段，导引头发现并跟踪目标，提取目标相对于导弹的位置和运动信息；弹上计算机利用目标信息形成控制信号，控制自动驾驶仪改变导弹飞行姿态；飞行过程中，导引头实时更新目标信息，弹上计算机不断产生新的控制信号，控制导弹飞行，直至接近并摧毁目标。

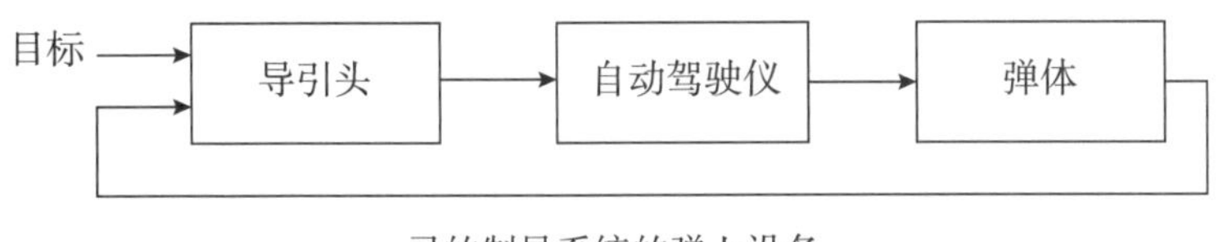

寻的制导系统的弹上设备

老师： 同学们，自动驾驶仪的起源和作用是什么？

学生： 自动驾驶仪起源于民航飞机。当飞机高速飞行的过程中，飞行员无法长时间承受高度精神集中。自动驾驶仪的作用就是减少飞行员的劳动强度，缓解飞行员的疲劳程度。

按目标信息的来源，寻的制导可分为主动寻的制导、半主动寻的制导和被动寻的制导三种方式，如图所示。主动寻的制导方式中，导弹接收的是其自身发射信号照射到目标后的回波。半主动寻的制导方式中，导弹接收的是地面或其他地方制导站发射信号照射到目标后的回波。被动寻的制导方式中，导弹接收的是目标所发出的信号。按传感器类型或按信息物理特性，寻的制导又可分为雷达寻的制导、红外寻的制导、激光寻的制导和电视寻的制导。

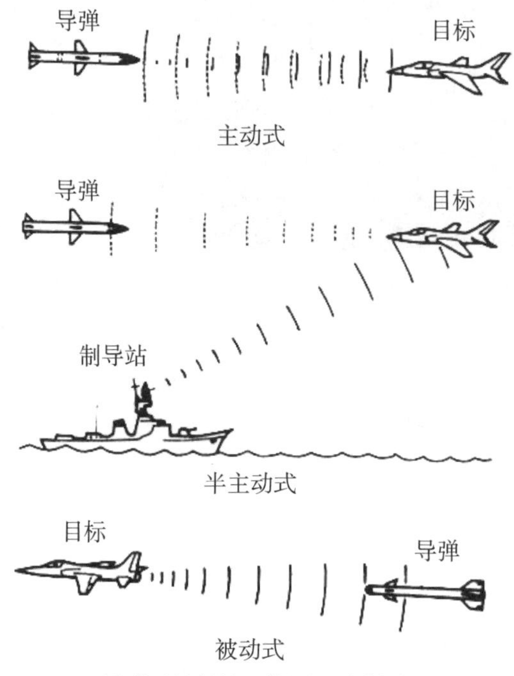

导弹寻的制导工作原理示意图

主动寻的可实现“发射后不管”，缺点是受弹上发射功率的限制，作用距离有限，多用于复合制导的末制导。例如，法国的“飞鱼”反舰导弹（如图所示）就采用了末段雷达主动寻的制导方式。“发射后不管”是一个代表导弹武器先进性的术语，我们知道子弹和炮弹是打出去就管不了。姜文拍了一部电影《让子弹飞》，

采用主动寻的制导方式的法国“飞鱼”反舰导弹

也只能是飞到哪里算哪里，没法管。上一节介绍的遥控制导有了重大突破，导弹发射以后还在继续管它的飞行，但射手的安全成了问题。“发射后不管”武器就解决了这个问题，导弹发射出去后就让导弹自己看着办，自己追目标，射手躲到安全的地方。“发射后不管”的英语原文是“fire and forget”，独立工作能力很强。

半主动寻的优点是弹上设备简单；缺点是依赖外界的照射源，其载体的活动受到限制。如美国的“麻雀”空空导弹系列多采用雷达半主动寻的制导，“铜斑蛇”制导炮弹和多数制导炸弹则采用激光半主动寻的制导。激光半主动寻的作战示意图如图所示。

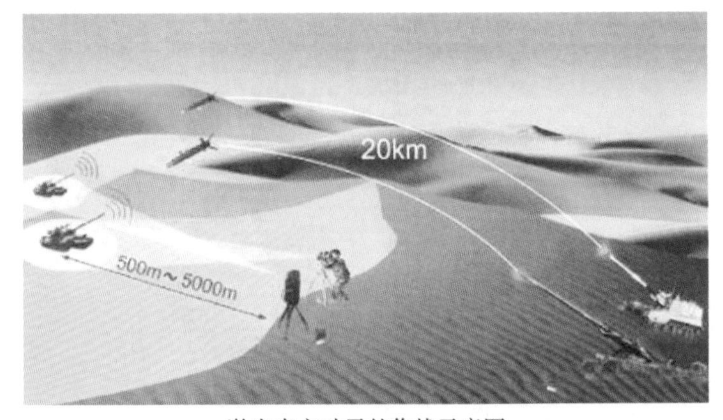

激光半主动寻的作战示意图

被动寻的同样具有“发射后不管”的特点，弹上设备比主动寻的系统简单；缺点是对目标辐射或反射特性有较大的依赖性，难以应付目标关机的情形。采用被动雷达制导的美国“百舌鸟”反辐射导弹如图所示。

采用被动雷达制导的美国“百舌鸟”反辐射导弹

寻的制导也有自己的导引规律。

追踪法：采用追踪法瞄准的寻的导弹，其瞄准点在导弹上，目标瞄准线是导弹和目标之间的连接线。追踪法又称为两点法，因为目标和导弹都在飞行，目标瞄准线在空中移动，同时还绕导弹连续转移方向。如果导弹的飞行方向时刻对准目标，也就是和瞄准线的方向一致，只要导弹比目标飞得快，导弹一定能追上目标，这种瞄准与猎豹追踪羚羊的情况相似，因而称为追踪法，如图所示。

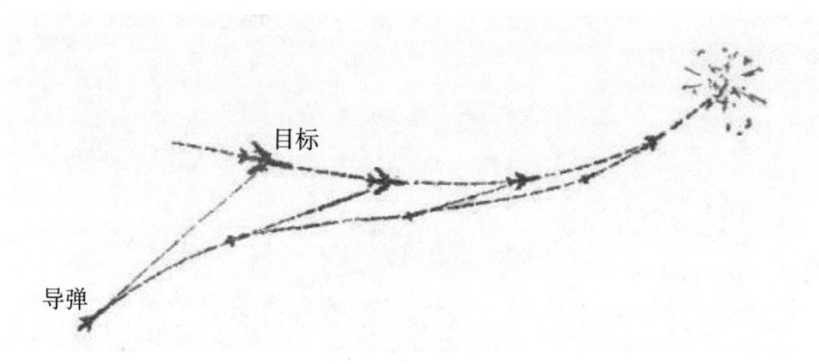

追踪法瞄准

前置角法：导弹用追踪法瞄准的飞行路线比较弯曲，将导弹的飞行方向提前瞬时瞄准线一个角度，这个角度称为导弹的前置角。前置角的大小随目标的飞行方向而变化，导弹的飞行路线就可以直得多。这种瞄准方法称为前置角法，如图所示。

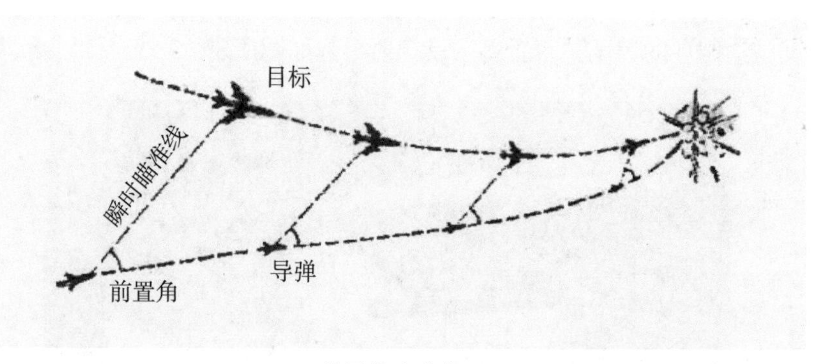

前置角法瞄准

比例导引法：比例导引法在寻的制导中应用广泛。实际上，追踪法和前置角法是比例导引法的特例。导弹与目标运动的相对位置关系如图所示。

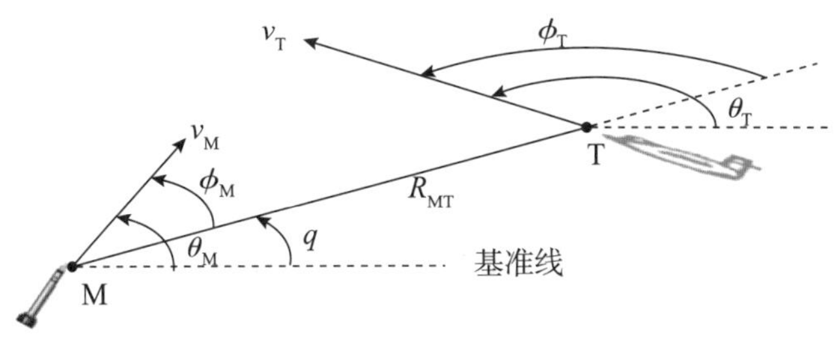

导弹与目标运动关系

比例导引法对弹目关系的约束可用导引方程来描述：

$$\frac{d\theta_M(t)}{dt}=k_g\frac{dq(t)}{dt}$$

由方程可见，速度矢量转动速率与弹目视线角速率成正比。

以上介绍的追踪法、前置角法、比例导引法都是经典制导规律。下面对寻的制导进行小结。寻的制导可分为雷达寻的制导和光学寻的制导。雷达寻的制导又分为主动寻的制导、半主动寻的制导和被动寻的制导三种。光学寻的制导分为红外寻的制导、激光寻的制导和电视寻的制导，其中红外寻的制导又分为点源寻的制导和成像寻的制导，激光寻的制导分为主动寻的制导和半主动寻的制导。

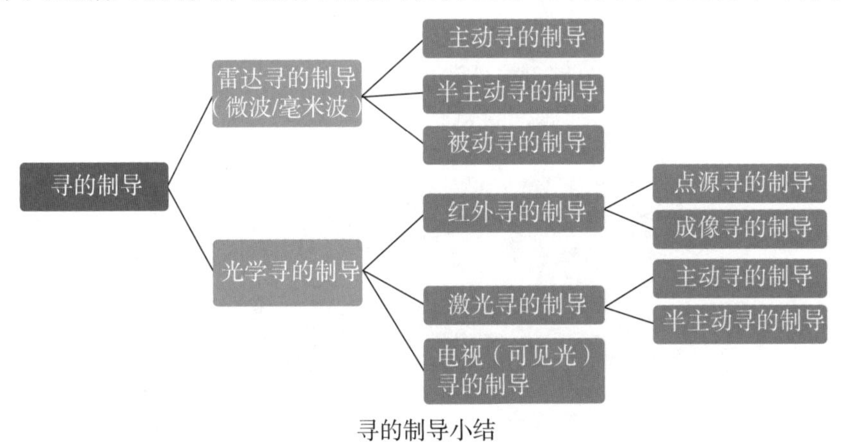

寻的制导小结

（三）匹配制导

匹配制导是一种比较经典的制导方式，主要用于修正中远程导弹的飞行偏差。匹配制导是通过将导弹飞行路线下的典型地貌、地形特征图像与弹上存储的基准图像进行比较，按误差信号修正弹道把导弹自动引向目标的制导方式。与匹配制导的相关词汇有地图、地形、景象、图像、匹配等。实际运用中，一般按图像信息特征将匹配制导分为地形匹配制导和景象匹配制导两种，如图所示。

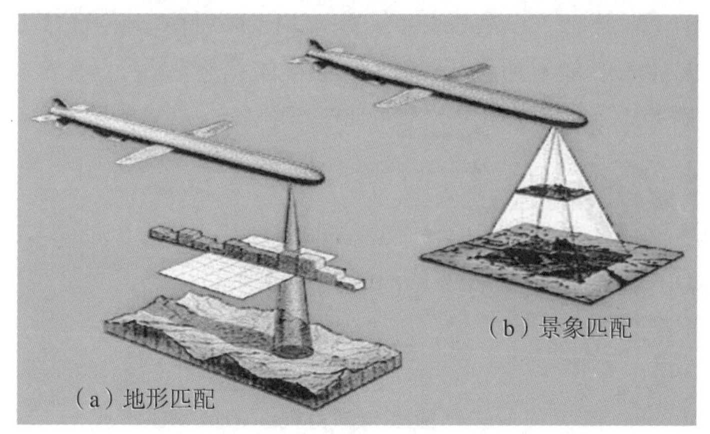

匹配制导示意图

地形匹配制导以地形轮廓线（等高线）为匹配特征，通常用雷达（或激光）高度表作为测量装置，把沿飞行轨迹测取的一条地形等高线剖面图（实时图）与预先存储在弹上的若干个地形匹配区的基准图在相关器内进行匹配，从而确定导弹的位置并修正弹道偏差，如图所示。它可用于巡航导弹的全程制导和弹道导弹的中制导或末制导。地形匹配制导的优点是容易获得目标特征，基准源数据稳定，不受气象变化的影响；缺点是不宜在平原地区使用。

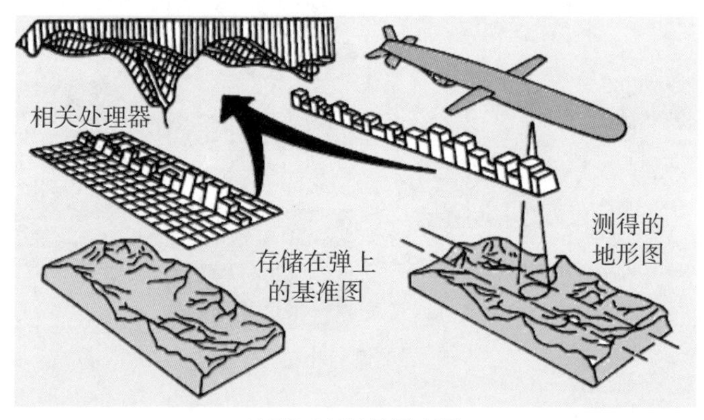

地形匹配制导原理图

景象匹配制导以区域地貌为特征，采用图像成像装置（雷达式、微波辐射式、光学式）摄取沿飞行轨迹或目标区附近的区域地图，并与存储在导弹上的基准图进行匹配，利用一定范围内一定景物的唯一性，通过匹配的方式获得实时图在基准图上的准确位置，进而反算出导弹在空间中的位置信息。景象匹配制导的优点是能在平原地区使用，但目标特征不容易获取，基准源数据受气候和季节变化的影响，不够稳定。如果采用光学传感器成像，景象还受一天内日照变化的影响和气象条件的限制。总体上看，景象匹配制导精度比地形匹配高，但复杂程度也相应增加。

光学传感器成像

下面以“战斧”巡航导弹为例，进一步讲解与匹配制导技术相关的内容。“战斧”巡航导弹的制导过程如图所示。图中的数字标号分别代表以下含义：1. 鱼雷发射管出口；2. 将保护箱抛入海底；3. 拉索张紧启动弹上联锁装置；4. 导弹上仰；5. 导弹以 50° 的倾斜角爬升到水面；6. 导弹出水后抛掉水密装置、尾翼展开，并进行转动控制；7. 弹翼展开、助推器脱落，尾翼开始进行俯仰和偏航控制，雷达高度表开始工作；8. 进气口弹出，涡扇发动机启动；9. 导弹达到发射段的弹道最高点、涡扇发动机达到额定推力。

以上为发射段，从 10 开始为中段制导和末端制导。

10 和 11 分别为海上高弹道飞行和海上低弹道飞行，属于不同的飞行模式；12. 导弹初见陆地，而后地形匹配进行首次修正；13. 飞行中途地形匹配修正；14. 避开敌方的防空系统（17 为敌方防空阵地）；15. 进行地形回避和地杂波抑制；16. 再进行末段的景象匹配修正，如此就能保证目标打击的高精度；18. 待打击的目标。由此可见，巡航导弹任务规划是很复杂的。

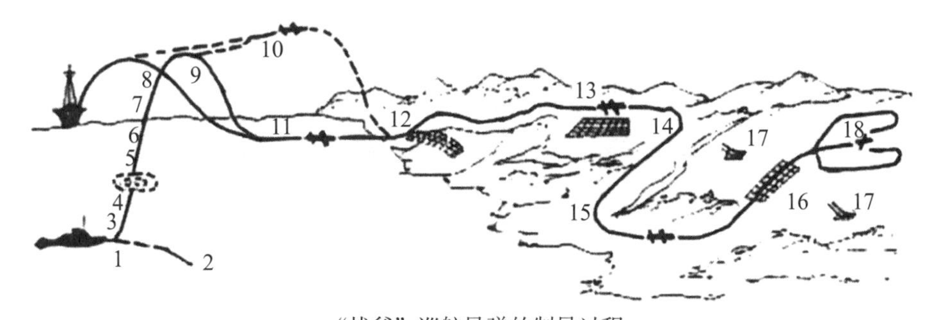

“战斧”巡航导弹的制导过程

匹配制导属于自主制导的一种。自主制导是以自身或外部固定基准为依据，导弹在发射后不需要外界设备提供信息，独立自主地导引和控制导弹飞向目标的一种制导方式。

（四）惯性制导

自主制导是一大类制导方式，包括惯性制导、匹配制导、星光制导等，其中，惯性制导应用最广泛。之前介绍了惯性测量装置主要有陀螺仪、加速度计以及惯性平台。下面简单介绍惯性制导方式。惯性制导是基于物体运动的惯性现象，采用陀螺仪、加速度计等惯性仪表测量和确定导弹运动参数，控制导弹飞向目标的一种制导方式。

惯性制导部件

课堂讨论

老师：我们介绍的匹配制导与地理信息有关，而星光制导与天文信息有关。在实际应用场合中它们与惯性制导一般有什么样的关系?

学生：惯性制导是最常用的制导方式，但该制导方式产生的微小误差会在导弹的长时间飞行中造成误差积累，导致导弹弹道的偏移。我认为匹配制导和星光制导作用就是纠正长时间的误差积累，造成的弹道偏移。

惯性制导系统如图所示。加速度计用于测量导弹自身运动加速度，经过积分运算，得到导弹运动速度和位置坐标等导航信息；陀螺仪用于测量角运动参数，包括偏航角、俯仰角和横滚角。将这些测得参数与预定轨迹进行比较，进而形成制导指令。组成惯性制导系统的设备都安装在导弹上，其特点是不需要外部任何信息就能根据导弹初始状态、飞行时间和引力场变化确定导弹的瞬时运动参数，因而不受外界干扰。

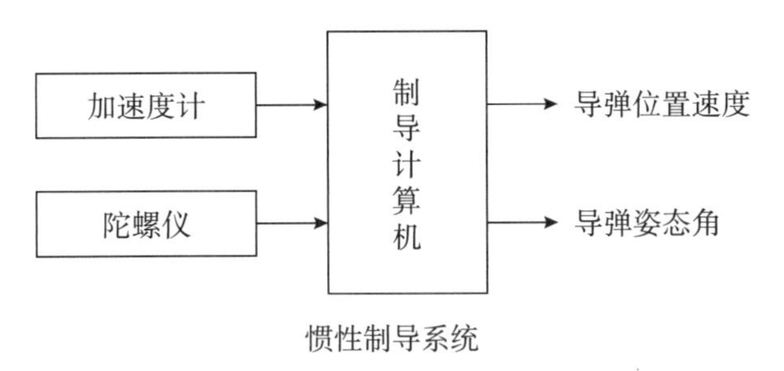

惯性制导系统

惯性制导需要预先知道导弹本身和目标的位置，因此它适用于攻击固定目标或已知其运动轨迹的目标。大部分地地、潜地弹道导弹多采用这种自主式的制导方式。印度试射的“普利特维”短程惯性制导弹道导弹轨迹如图所示。由图可以看到，纯弹道轨迹就是抛物线，而惯性末制导可以调控导弹的弹道轨迹。

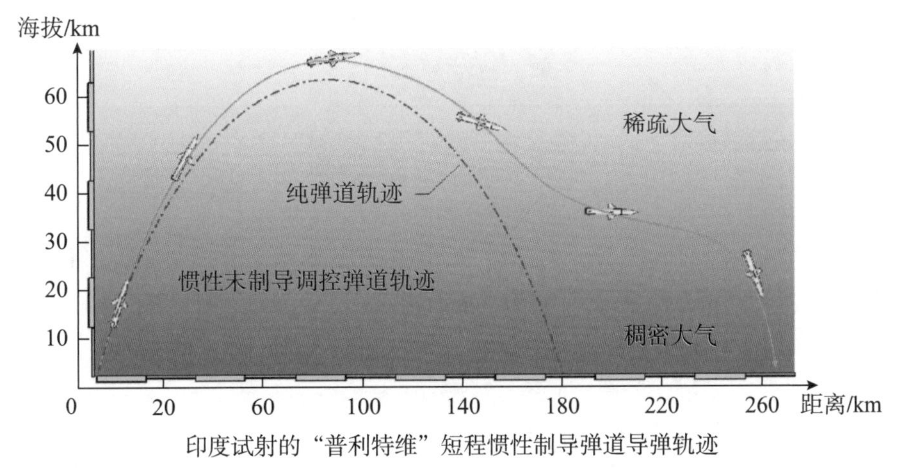

印度试射的“普利特维”短程惯性制导弹道导弹轨迹

惯性制导是各类制导方式中最基本、最重要的一种制导方式，可应用于导弹飞行的全过程，包括初段、中段和末段，并且频繁应用于惯性制导加其他制导方式的复合制导方式中。惯性制导可以与电视、卫星、地形匹配、景象匹配、毫米波、微波、红外和激光等构成复合制导，如图所示。

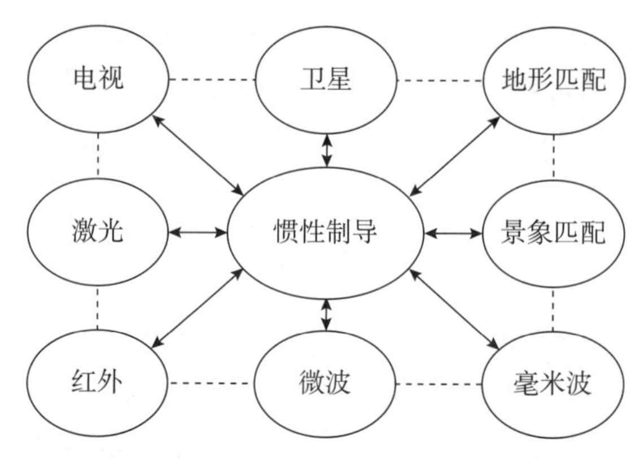

"惯性制导 +XXX"复合制导方式示意图

上述的匹配制导和惯性制导均为自主制导，这里对自主制导进行小结。自主制导特点全部制导设备都装在弹上，不与目标和制导站发生联系，工作隐蔽性好，抗干扰能力强；但是制导武器一旦发射后，不能再改变其预定弹道。自主制导是一大类制导方式，其中惯性制导用得最多，还有程序制导（方案制导）、天文制导（星光制导）、匹配制导等，匹配制导又分为地形匹配制导和景象匹配制导，如图所示。

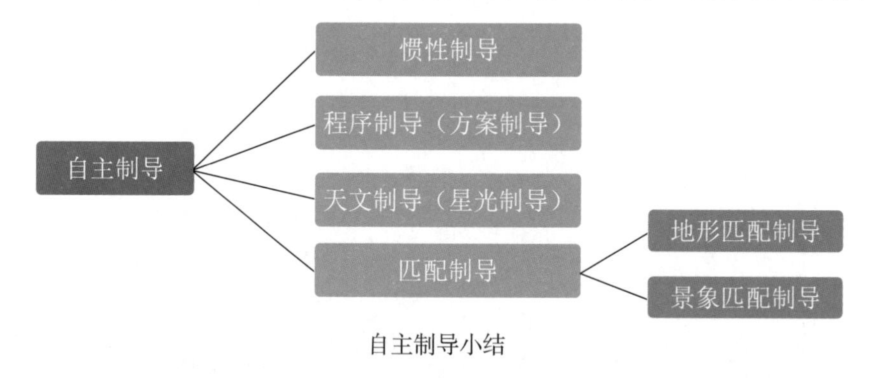

自主制导小结

课程测试 Quiz 2-7:

1.【判断题】遥控制导是由弹外的制导站向导弹发出制导指令，而寻的制导是由弹上的制导系统自身产生制导指令。（　）

A. 正确　　B. 错误

2.【单选题】寻的制导系统的弹上设备由（　）、自动驾驶仪与弹体组成。

A. 导引头　　B. 引信　　C. 战斗部　　D. 地面制导站

3.【单选题】主动寻的制导可实现“发射后不管”，缺点是受弹上发射功率限制，作用距离有限，多用于复合制导的（ ），例如法国“飞鱼”反舰导弹就采用了末段雷达主动寻的制导方式。

A. 初制导 B. 中制导 C. 末制导 D. 全程制导

4.【多选题】在遥控、寻的等制导方式中，经典制导规律主要有（ ）。

A. 三点法 B. 追踪法 C. 比例导引法 D. 微分对策制导律

5.【判断题】匹配制导是基于地表特征与地理位置之间的对应关系，把导弹自动引向目标，主要有景象匹配制导和地形匹配制导。美国部分型号的“战斧”巡航导弹就采用了这类制导方式。（ ）

A. 正确 B. 错误

6.【判断题】惯性制导的基本理论依据是牛顿力学定律和运动学方程，是一种自主式的制导方式。匹配制导也属于自主式制导。（ ）

A. 正确 B. 错误

7.【判断题】在惯性制导中，陀螺仪用于测量导弹角运动参数，包括偏航角、俯仰角和横滚角；加速度计用于测量导弹自身运动加速度，经过积分运算，得到导弹运动速度和位置坐标等导航信息。（ ）

A. 正确 B. 错误

8.【判断题】惯性制导是各类制导方式中最基本、最重要的一种，不仅用于打击固定目标，还大量用于打击飞机等活动目标。（ ）

A. 正确 B. 错误

（五）卫星制导

常见的民用全球定位系统（GPS）定位产品如图所示。目前，市面上各类车载 GPS、智能手机导航等产品均已非常成熟。实际上，美国的导弹很早以前就用 GPS 制导。

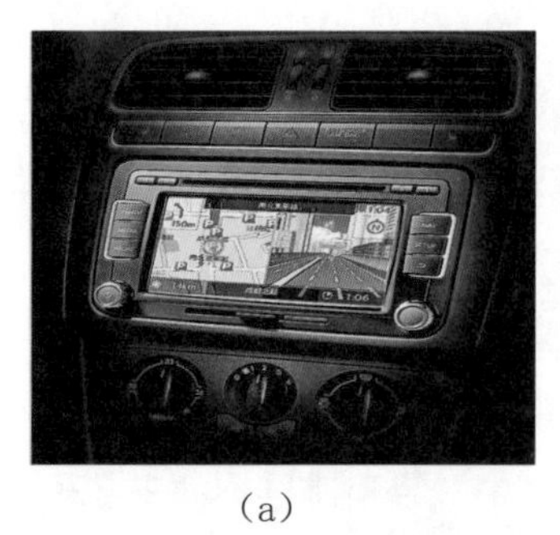

(a)

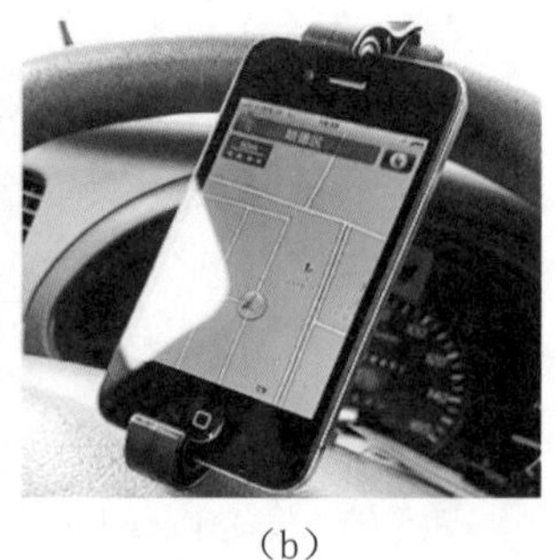

(b)

常见的民用 GPS 定位产品

GPS 包括三部分：一是太空组成部分，也就是 GPS 卫星星座；二是地面控制组成部分，也就是地面监控系统；三是用户接收机组成部分，即 GPS 接收机。

GPS 卫星星座由 21 颗工作卫星和 3 颗备用卫星组成，如图所示。这 24 颗卫星平均分布在 6 个轨道上，使得地球上任何地点、任何时刻，至少有 4 颗卫星可供检测站同时观测。GPS 定位的原理图如图所示，只要用户能同时接收到 4 颗卫星的信号，就可以进行三维导航和定位。

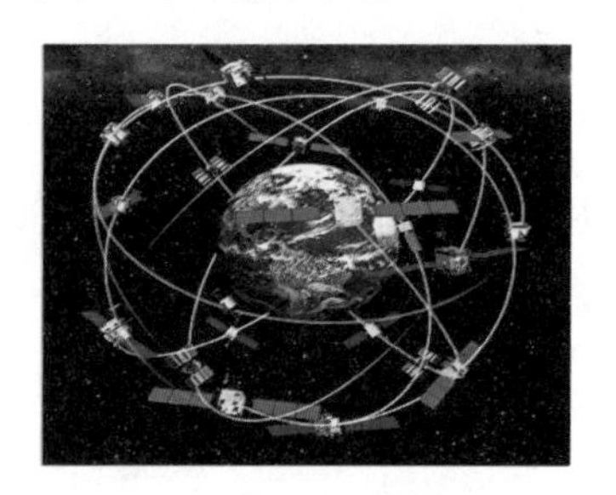

GPS 卫星星座图

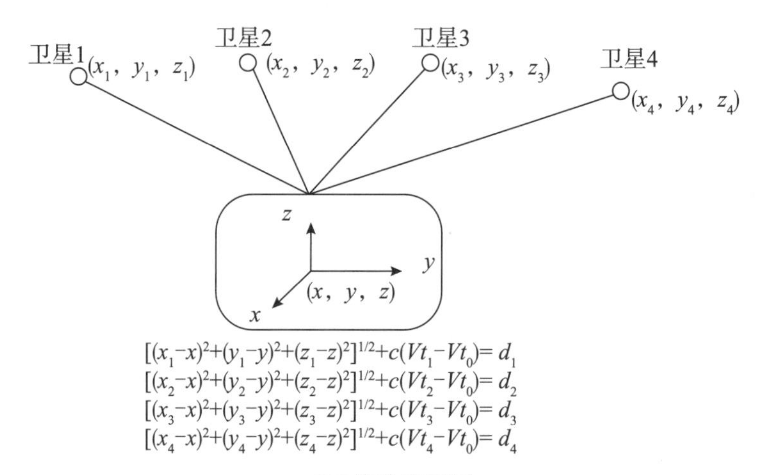

GPS 定位原理图

卫星制导已成为当代许多先进精确制导武器的重要制导方式之一。在制导武器发射前，将侦察系统获得的目标位置信息装订在武器中；武器飞行中，接收和处理分布于空间轨道上的多颗导航卫星所发射的信息，就可以实时准确地确定自身的位置和速度，进而形成武器的制导指令。俄罗斯的 GLONASS 定位系统也是一个全球导航定位系统，如图所示。

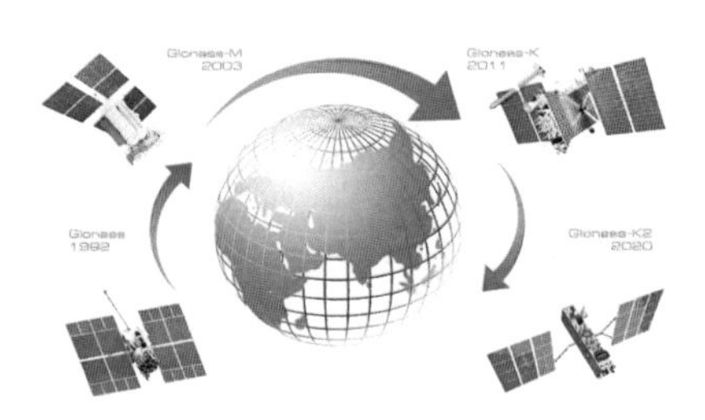

GLONASS 定位系统

美国的 GPS 已应用于巡航导弹、炸弹等精确制导武器，如 BGM-109C-Block-3 巡航导弹。相比于前面介绍的 BGM-109C 巡航导弹，BGM-109C-Block-3 已用 GPS 接收机代替了原有的地形匹配制导。其采用空间定位精度 30m 的地形匹配系统，巡航导弹可达到 9m 的命中精度，性能改善明显。然而，采用空间定位精度为 10m 左右的 GPS，可以使巡航导弹的命中精度提高到 3m。特别需要提到的是，2021 年，我国的“北斗”三号全球卫星导航系统已经开通，如图所示。目前，“北斗”卫星制导技术已经应用于我国的导航和制导领域。

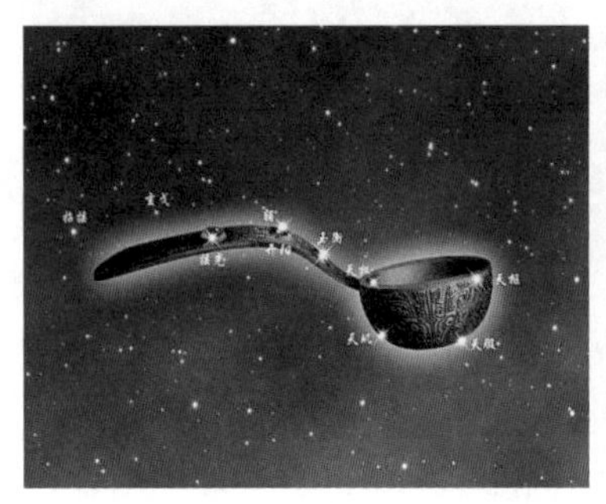

“北斗”三号导航系统已正式开通

（六）复合制导

前面讲了惯性制导、卫星制导，接下来讲这两者的复合。

“GPS+ 惯性制导”组合制导技术发挥了各自的优点，既可以利用 GPS 的长期稳定性与适中精度弥补“惯性制导”误差随工作时间的延长而增大的缺点，又可以利用“惯性制导”的短期高精度弥补 GPS 接收机在受干扰时误差增大或遮挡时丢失信号等缺点。整个组合制导系统结构简单，可靠性高，具有很高的效费比。采用“GPS+ 惯性制导”复合制导的巡航导弹，其定位精度可以提高两个数量级，最高可达米级。

GPS 与惯性制导具有一定的互补性，组合起来可以扬长避短，该制导方式还可用于低成本的精确制导弹药。例如，1999 年 3 月 24 日，两架 B-2A 各携带 16 颗质量为 908kg 的 JDAM 炸弹（“GPS+ 惯性制导”组合制导，如图）从美国本土的怀特曼空军基地出发，经过 15h 飞行和空中加油后，到达南联盟预定空域，并从高空 12.2km 同时投放所携带的 32 颗 JDAM 炸弹，命中了预定的各种目标。1999 年 5 月 8 日，这种 JDAM 炸弹又炸毁了中国驻南联盟大使馆。

美国 JDAM 炸弹（惯性制导 +GPS 制导）

复合制导是在导弹飞行的初段、中段和末段，同时或先后采用两种以上的制导方式。在不同传感器之间有串联、并联、串并联等组合方式。单一的制导系统可能出现制导精度低、作用距离近、抗干扰能力弱、目标识别能力差或不能适应各飞行阶段要求等情况，采用复合制导可以发挥各种制导系统的优势，取长补短、互相搭配，从而解决上述问题。组合方式依导弹类别、作战要求和攻击目标的不同而不同。

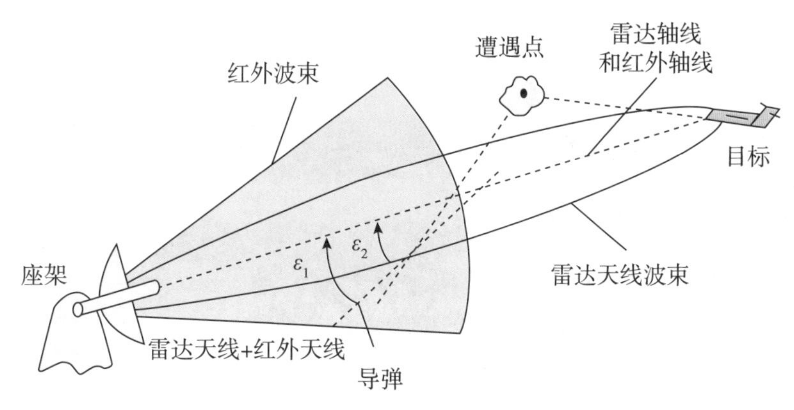

多模复合制导示意图

串联式复合是指在导弹飞行不同阶段采用不同的制导方式。这种复合方式的突出优点是可以提高制导距离，增加导弹射程。其主要有“自主 + 寻的”“自主 + 指令”“指令 + 寻的”“自主 + 指令 + 寻的”等方式，“自主 + 寻的”制导方式在反舰导弹中应用广泛，法国的“飞鱼”、美国的“捕鲸叉”、英国“海鹰”等反舰导弹均采用了“自主 + 主动雷达寻的”制导，如图所示。

采用“自主 + 主动雷达寻的”制导的英国“海鹰”反舰导弹

并联式复合是在同一制导段采用多种制导方式，它可以是不同波段的复合（也称为多模复合），也可以是不同种类的复合，如微波 / 红外成像、毫米波 / 红外成像、红外 / 紫外、主动 / 被动等。俄罗斯“马斯基特”反舰导弹采用了主动雷达 / 被动雷达的双模复合制导方式，优点是抗干扰和目标识别能力强。

采用主动雷达 / 被动雷达复合制导的俄罗斯“马斯基特”反舰导弹

串并联复合既有不同制导段的复合，又有同一制导段的复合，不同的复合方式具有不同的特点。这种方式可实现导弹的全程制导，既增大制导距离又提高制导精度和抗干扰能力。美国的“爱国者”–2 导弹采用了“自主 + 指令 + TVM”的复合制导：飞行初段采用了程序自主制导；中段采用了无线电指令制导；末段采用了“TVM”制导（TVM 制导是指“无线电指令 + 半主动雷达寻的”的复合制导）。

采用“自主 + 指令 +TVM”制导的“爱国者”– 2 导弹

最后对常用的制导方式做一个总结。对于制导武器而言，目前常用的制导方式主要有卫星制导、自主制导、遥控制导、寻的制导和复合制导。各种制导方式各有优缺点，例如：惯性制导可自主控制，适用于远射程、长时间飞行，但导引精度受惯性器件的影响大，时间越长累计误差越大；指令制导的弹载设备简单，但距离越远，导引精度越差；寻的制导距离越近，导引精度越高，适宜打击活动目标，但主动寻的作用距离有限，系统复杂、成本高，半主动寻的还需要地面或机载平台的照射，同时制导多枚导弹困难，被动寻的则取决于目标是否辐射电磁信号。

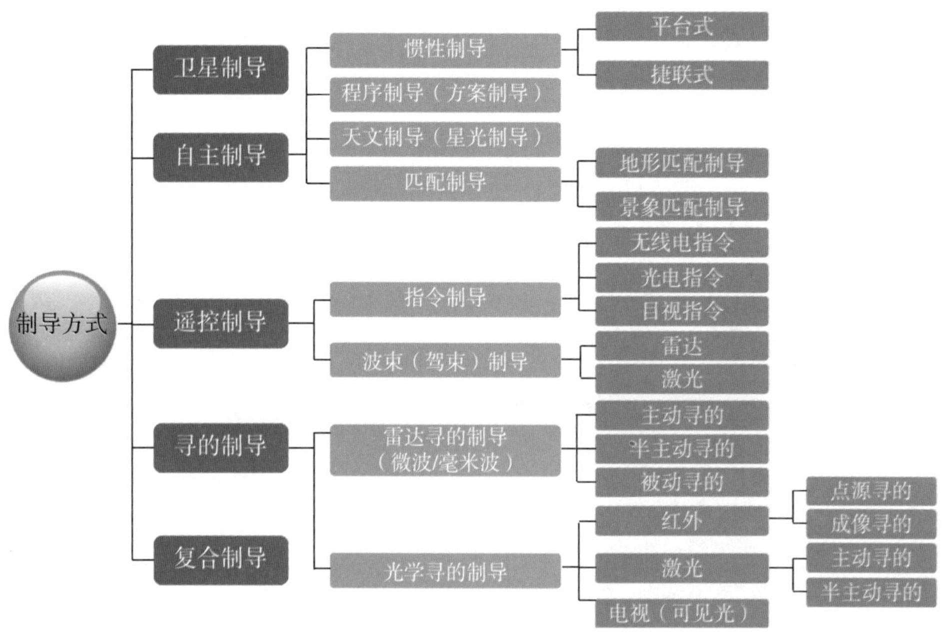

制导方式总结

导弹的制导方式参照了不少人类或动物的行为方式，以此提高武器的智能和打击精度。这些制导方式可以形象地小结为下图。

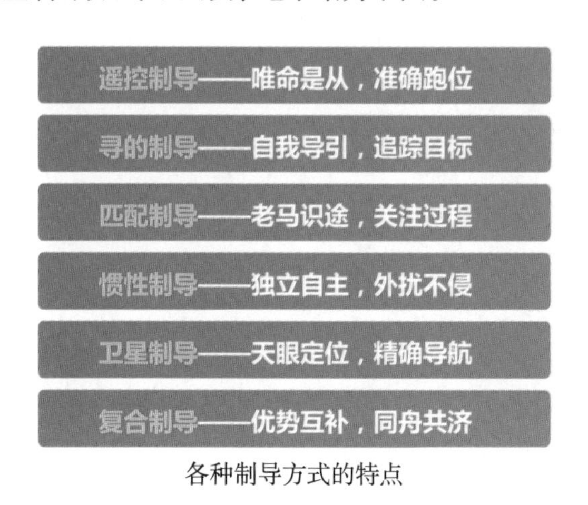

各种制导方式的特点

制导方式的技战术性能包括制导精度、全天候能力、多目标能力、系统要求、弹上设备复杂性及成本，见表。

各种制导方式的技战术性能

<table>
<tr><th colspan="2">制导方式</th><th>制导精度</th><th>全天候能力</th><th>多目标能力</th><th>系统要求</th><th>弹上设备复杂性</th><th>成本</th></tr>
<tr><td rowspan="3">遥控制导</td><td>目视有线制导</td><td>优</td><td>差</td><td>—</td><td>光学瞄准</td><td>很简单</td><td>低</td></tr>
<tr><td>雷达指令制导</td><td>与距离有关</td><td>优</td><td>有</td><td>制导雷达</td><td>简单</td><td>一般</td></tr>
<tr><td>雷达驾束制导</td><td>与距离有关</td><td>优</td><td>有</td><td>制导雷达</td><td>很简单</td><td>一般</td></tr>
<tr><td rowspan="10">寻的制导</td><td>微波主动寻的</td><td>良</td><td>优</td><td>有</td><td>—</td><td>复杂</td><td>高</td></tr>
<tr><td>微波半主动寻的</td><td>良</td><td>优</td><td>—</td><td>照射雷达</td><td>一般</td><td>一般</td></tr>
<tr><td>微波被动寻的</td><td>良</td><td>优</td><td>—</td><td>侦察接收机</td><td>复杂</td><td>高</td></tr>
<tr><td>毫米波主动寻的</td><td>优</td><td>良</td><td>有</td><td>—</td><td>复杂</td><td>高</td></tr>
<tr><td>毫米波半主动寻的</td><td>优</td><td>良</td><td>—</td><td>照射雷达</td><td>一般</td><td>一般</td></tr>
<tr><td>毫米波被动辐射计</td><td>优</td><td>良</td><td>有</td><td>—</td><td>一般</td><td>一般</td></tr>
<tr><td>红外非成像寻的</td><td>良</td><td>差</td><td>有</td><td>—</td><td>一般</td><td>一般</td></tr>
<tr><td>红外成像寻的</td><td>优</td><td>中</td><td>有</td><td>—</td><td>复杂</td><td>高</td></tr>
<tr><td>可见光电视寻的</td><td>优</td><td>差</td><td>有</td><td>—</td><td>一般</td><td>低</td></tr>
<tr><td>激光半主动寻的</td><td>优</td><td>较差</td><td>有</td><td>激光照射器</td><td>一般</td><td>一般</td></tr>
<tr><td rowspan="2">自主制导</td><td>惯性制导</td><td>与距离有关</td><td>优</td><td>—</td><td>—</td><td>简单</td><td>一般</td></tr>
<tr><td>匹配制导</td><td>中</td><td>良</td><td>有</td><td>提供参考图</td><td>复杂</td><td>高</td></tr>
<tr><td>卫星制导</td><td>GPS 导航</td><td>优</td><td>优</td><td>有</td><td>导航卫星</td><td>简单</td><td>低</td></tr>
</table>

从系统的观点来看，导弹飞行的各个阶段有不同的特点。若要达到最优控制，需要采用不止一种制导方式，以提高导引精度和摧毁概率。但从工程实现和可靠性看，又不宜采用太多的制导方式复合。因此应全面衡量，通常采用一到三种制导方式复合。

课程测试 Quiz 2-8:

1.【单选题】卫星制导是当代许多先进精确制导武器的主要制导方式之一。目前运行的卫星导航定位系统有 GPS、GLONASS 和“北斗”等。其中 GLONASS 系统的所属国是（ ）。

A. 美国　　B. 俄罗斯　　C. 法国　　D. 意大利

2.【单选题】采用空间定位精度为 10m 左右的 GPS，可使“战斧”巡航导弹（Block-3）的命中精度提高到（ ）。

A.30m　　B.20 m　　C.9 m　　D.3 m

3.【判断题】采用“GPS+ 惯性制导”复合制导技术，可利用 GPS 的长期稳定性与适中精度来弥补“惯性制导”误差随工作时间的延长而增大的缺点；可利用“惯性制导”的短期高精度来弥补 GPS 接收机在受到干扰时误差增大或遮挡时丢失信号等的缺点。（ ）

A. 正确　　B. 错误

五、导弹武器精确打击分析与举例

视频

（一）实现精确打击的前提条件

实现精确打击需要两个前提条件：

❶ 对运动信息的感知。在武器飞行的过程中，武器要准确获取目标和武器自身的运动信息。运动的感知包含两方面内容：一是对目标信息的感知，它是

通过武器系统中的探测器来完成的，这就涉及“雷达探测技术”和“光电探测技术”。本章第二节介绍了这方面的传感器（见图中的目标传感器）。二是对武器运动信息的感知，它是通过武器中的导航系统来测量的，这涉及到导航技术的基本原理。陀螺仪和卫星导航技术在计算武器运动参数方面应用广泛（见图中的陀螺装置）。

导弹透视图

❷ 对武器运动的控制。也就是在武器的飞行过程中，控制武器按期望的运动轨迹飞行并最终击中目标。武器运动的控制包含两方面的内容：一是如何实现对武器运动轨迹的导引，也就是导引技术；二是如何实现对武器姿态的控制，指的是控制技术。

实际上，精确制导就是在感知目标信息和武器运动信息的基础上，根据制导规律，导引和控制武器精确打击目标的技术。相应地，探测技术、导航技术、导引技术和控制技术构成了精确制导技术的核心内容。

为了加深印象，有必要再总结一下。导弹要实现精确导引和控制，必须具备四个基本要素：一是测量装置，由目标探测装置和导弹运动的导航装置构成，完成导弹与目标相对运动参数的测量；二是计算装置，根据测量参数完成制导、控制指令计算，现在的武器计算装置一般是一套计算机系统；三是执行装置，由发动机或舵机组成，完成对导弹的导引控制，实现导弹按要求稳定飞行；四是制导控制软件，通过制导控制软件把测量装置、计算装置、执行装置，按功能及工作顺序结合起来。有了这些硬件和软件的支持，就可以保证导弹的“导引”和“控制”功能的实现。将导弹“导引”和“控制”功能的实现及软件组合起来就得到精确制导系统，如图所示。

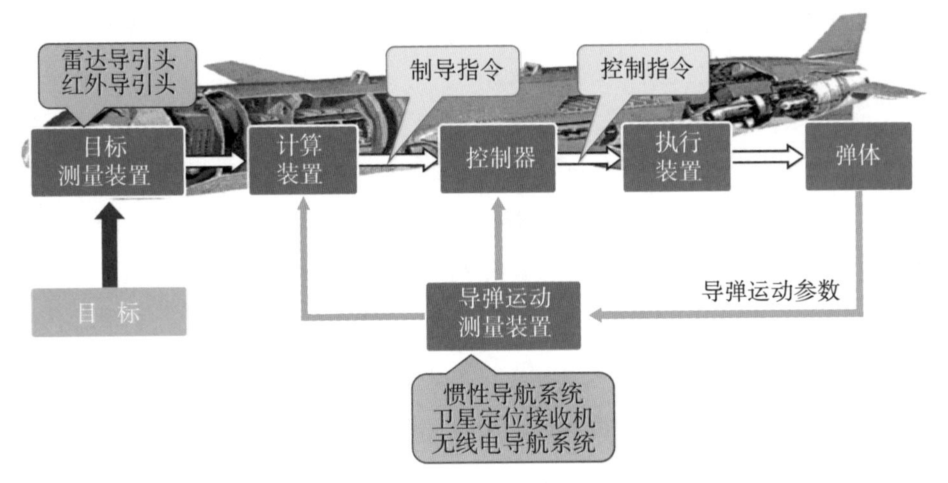

精确制导系统示意图

图中，目标测量装置可以采用不同的探测器，如雷达、红外、可见光等探测器；导弹测量装置也可以采用不同的敏感器，如惯性制导系统、无线电导航系统等，如此获取的导弹运动参数就不一样，精确制导系统所获取的信息就不同，相应地，导引和控制功能的实现方式也就不同，因此产生了不同的制导方式。

在精确制导系统中，把完成“控制”功能的回路，即由控制器、执行机构、弹体、导弹测量装置构成的环路称为控制回路。如图所示，由控制回路保证导弹稳定地按照所期望的轨迹飞行。相应地，把组成控制回路的硬件及软件称为弹上姿态控制系统，简称控制系统。完成导弹导引功能的回路，称为制导回路。这是一个大回路，如图所示，由制导回路引导导弹向目标飞行。相应地，把组成制导回路的硬件及软件称为制导系统。

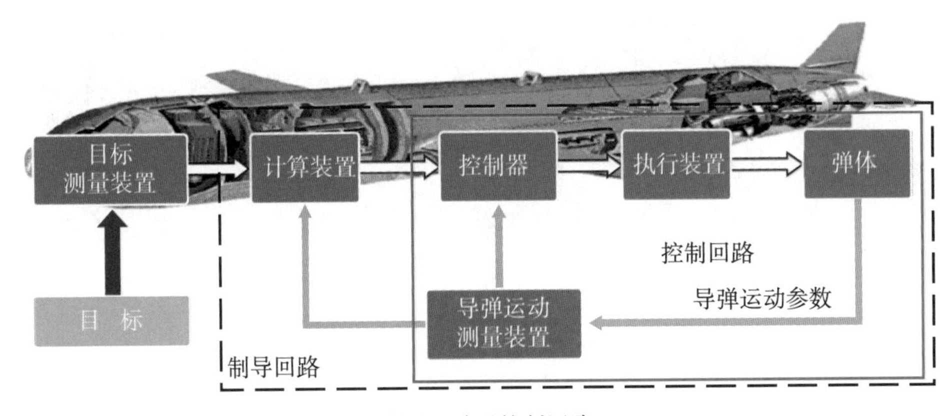

制导回路及控制回路

对比制导回路和控制回路可以直观地看出，制导回路包含了控制回路，即控制回路为制导回路提供了实现的条件。

通过对精确制导系统的分析知道，制导系统解决了导弹精确打击目标的三个核心问题：一是通过目标测量装置的测量参数，为导弹精确指示目标的位置；二是通过制导系统，规划、引导导弹准确向目标飞行；三是通过控制系统，控制导弹稳定飞行并实现精确导引，最终实现对目标的精确打击。

（二）精确打击案例分析

本小节介绍两个精确打击的具体案例。

第一个例子是“战斧”导弹。“战斧”巡航导弹是精确制导武器中的“明星”，它频繁地用于实战又不断改进，形成了一个庞大家族。以 BGM-109C 为例，它的射程为 1300km，圆概率误差（CEP）仅 9m。这相当于在 1km 之外，用步枪打一只苍蝇。显然，如果不采用精确制导技术，是不可能有这么高命中精度的。

“战斧”导弹命中 1000km 外靶标

为分析“战斧”导弹采用的精确制导技术，重新复习一下“战斧”导弹的解剖图。如图所示，“战斧”导弹最前面是红外成像导引头、景象匹配区域相关器，中间有地形匹配雷达、地形匹配软件和电子设备，这些部件都是重要的制导部件，它们保证了“战斧”导弹的高精度导引。“战斧”巡航导弹复合运用了惯性制导、地形匹配制导、景象匹配制导等，实现了高精度的打击。最新的“战斧”巡航导弹还加入了 GPS 制导，打击精度更高。

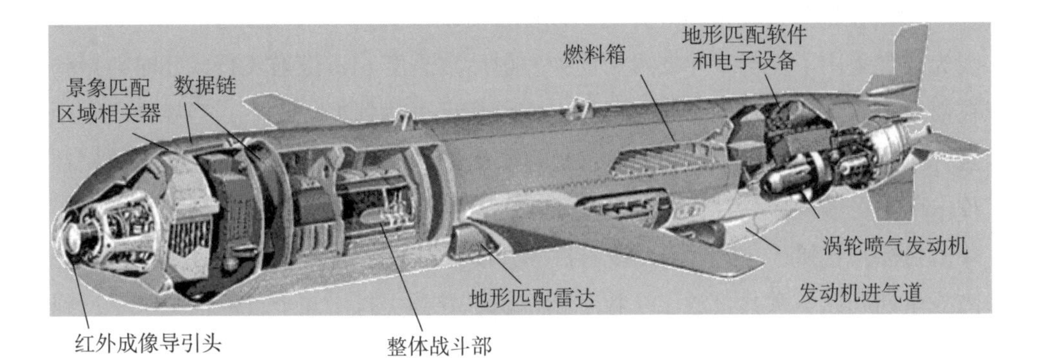

“战斧”导弹分系统结构图

第二个例子是“斯拉姆”空地导弹。中国有“百步穿杨”的成语，而“斯拉姆”演绎了“百里穿洞”。海湾战争中，美国空军在 100km 外向伊拉克某水电站间隔 2min 连续发射两枚“斯拉姆”空地导弹。结果是前者打出了一个直径大约 10m 的洞，后者从同一洞穿入，摧毁了水电站内的发电机。这次行动打击水电站，却没有对水坝造成破坏，令人震惊。

“斯拉姆 ”空地导弹发射

“斯拉姆”远程空地导弹，美军代号为 AGM-84E。该导弹弹长为 4.5m，弹径为 0.343m，翼展为 0.91m，弹质量为 628kg，战斗部为 220kg 穿甲爆破型，使用近炸引信、触发延时引信，采用单轴涡轮喷气发动机，飞行速度为 600km/h，最大射程达 100km。它是在 AGM-84A “鱼叉”导弹的基础上，采用“捕鲸叉”的弹体、发动机、战斗部，“小牛”导弹的红外导引头，AGM-62 “白星眼”滑翔炸弹的数据传输线路以及 GPS 制导技术等改装而成的，这也是美军在海湾战争中第一次使用 GPS 制导技术。

“斯拉姆”远程空地导弹之所以能准确命中数百千米之外的目标，完全是因为导弹采用了复合制导技术。导弹发射后在高度 61m 巡航飞行，此时，导弹在惯性导航系统和 GPS 复合制导下，定位精度可达到 10m 左右；当导弹飞至距目标约 15km 时，进入末段飞行，此时采用红外成像制导，目标坐标和数据在攻击前临时输入导弹计算机内，到末段时导弹红外导引头自动启动，“锁定”攻击目标，导弹跃升然后俯冲攻击目标，使该导弹命中精度高达 1m。在整个海湾战争期间，美军共投放了 7 枚“斯拉姆”导弹，打击 4 个目标，命中率达到 100%，因为打击性能优异，有一些国家也采购了“斯拉姆”导弹。

“斯拉姆”空地导弹除基本型外，经过这些年的发展又衍生了三种型号：一是 AGM-84H 空射增程型“斯拉姆”导弹（SLAM-ER），射程增至 278km，其隐身性能、抗干扰能力都得到大大加强，武器系统作战准备时间更短（从 5~8h 缩减为 15~30min）；二是 AGM-84H 空射远程“斯拉姆”导弹（SLAM-G），导弹的战斗部威力增大，最大射程增加到 300km，主要用于大纵深防区外攻击重要目标；三是 AGM-84H 海射型“斯拉姆”导弹（SLAM-ER），由舰艇垂直发射系统发射，导弹飞行中段采用“惯性导航 +GPS”制导，末段采用红外成像导引加数据相关传输系统，命中精度为 3m，增程后最大射程达到 500km。

精确制导
器术道

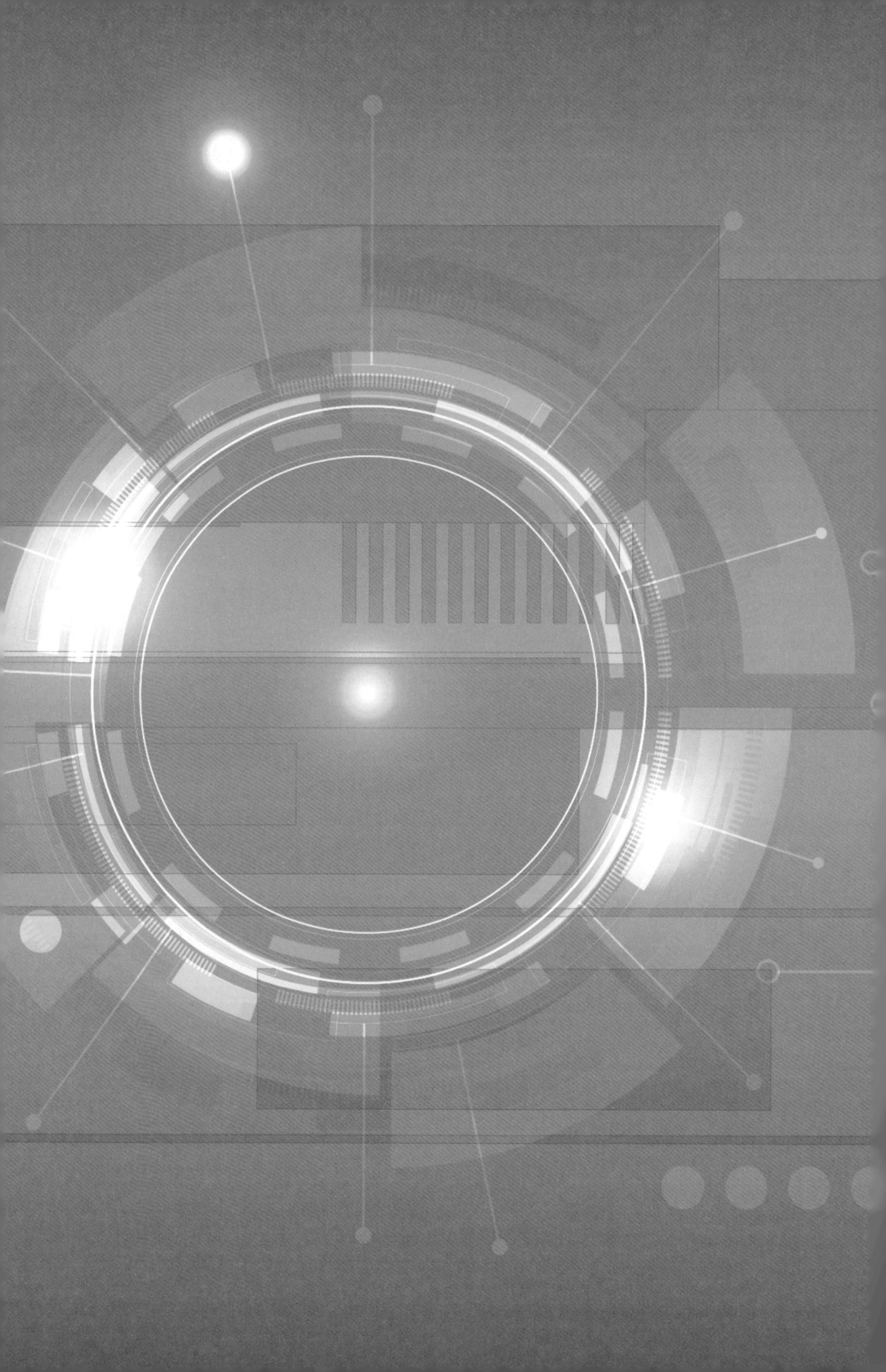

第三章 战场目标与环境讨论——“说矛盾”

大家都知道，矛和盾是冷兵器时代的两种武器，现在已经上升为哲学概念。可以说，矛盾无时不在，无处不在。本章将从技术的角度出发，剖析精确制导武器与作战对象、战场环境这对矛盾是如何斗争和如何发展的。

第二章给出了精确制导技术的定义，在这个定义中有三个重要的技术成分：一是发现、识别与跟踪目标，这类技术称为“感知”技术；二是利用惯性和信息支援保障获取自身的导航信息，这类信息称为“导航”技术；三是控制和导引制导，这里又涉及两类技术，分别是“导引”技术和“控制”技术。讲述制导的本质与模型，对于理解复杂战场环境下制约精确打击的主要因素及其影响具有重要的意义。

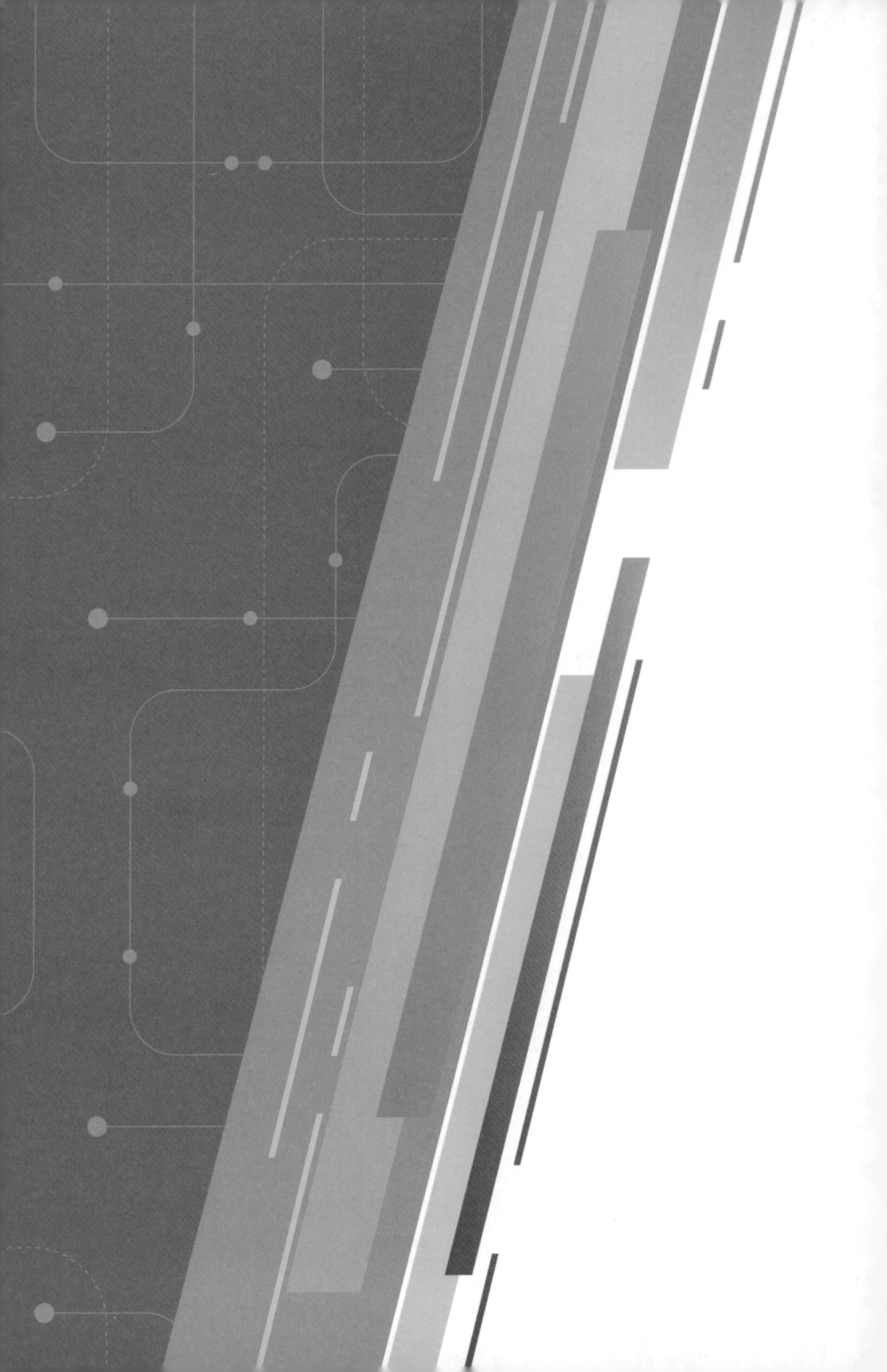

一、概念本质与模型演化

（一）概念本质

下面对这四方面的技术，即“感知”技术、“导航”技术、“导引”技术和“控制”技术作形象的解释。

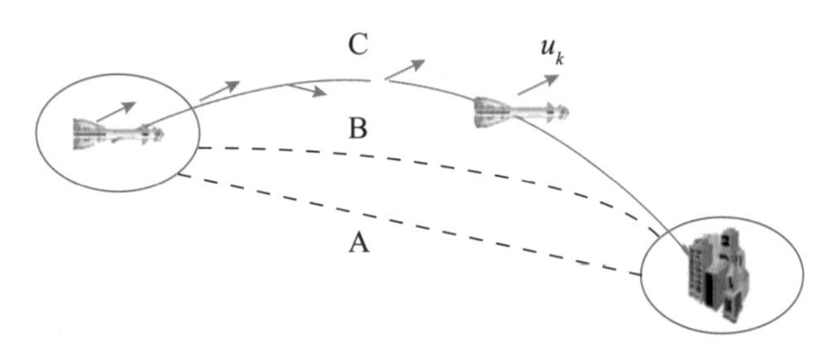

精确制导技术分解示意图

“感知”技术解决的是导弹去哪里的问题，一般由导引头来完成这个工作。“导航”技术解决的是导弹现在在哪的问题，一般由惯性或其他导航设备来完成。实际的导航设备除输出导弹的当前位置外，通常还可输出速度和姿态等信息。在知道当前位置状态与目的地后，下一个重要问题就是 A、B、C 三条路应走哪一条？这正是“导引”技术的主要任务，根据一些最优化指标（如飞行时间最短、脱靶量最小等）选择最优路径，通常由制导单元来完成这个工作。“控制”技术解决的是怎么去的问题，它将制导单元给出的指令转换为制导武器的实际控制量，使制导武器按要求的轨迹和速度飞行，在制导武器系统中由飞控单元来完成。

通过上面形象的类比和解释，对精确制导技术有了一定深入的认识和理解。可以说，精确制导技术是感知、导航、导引与控制的综合体。精确制导系统的一种典型结构如图所示，清晰地描述了这四种技术的关系。

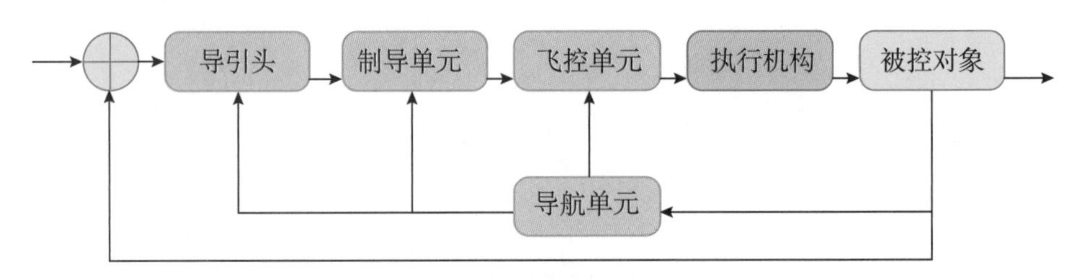

精确制导系统典型结构

前面提到这四方面的技术，此外，在精确制导定义中，还有一个重要的目的状语，即使制导武器准确命中目标，这解释了制导武器和精确制导技术的本质。

就制导武器而言，其本质是一种毁伤能量传递的工具，而制导技术只是传递这种毁伤能量的一种手段。精确制导武器最关键、最重要的特质就是“精”和“确”，缺一无以成“精确制导”。如果说正确但“不准”，则称为“确而不准”，不可谓之“精”；再有一个就是准而“不确”，“准”也是徒劳。

课程测试 Quiz 3-1:

【单选题】精确制导技术是感知、导航、导引与（　　）技术的综合。

A. 控制　　B. 毁伤

C. 推进　　D. 引信

（二）模型演化

目前，以精确制导武器为载体（或者以精确制导技术为手段）来传递的毁伤能量主要有动能、化学能、原子能、光能、电磁能和信息能等，如图所示。动能作为一种毁伤能量，从最原始的石器时代一直到现在最先进的动能拦截器（KKV）武器，贯穿人类社会的整个发展史。下面以动能为例，解析精确制导技术“求精求确”过程中的模型演变。

毁伤能量的存在样式

首先从疯狂的石头说起。扔石头可以说是人与生俱来的本能，但是如果扔得很准，那么它就是一项不凡的本领，成语“一石二鸟”就是来形容这样一项高超的技艺。

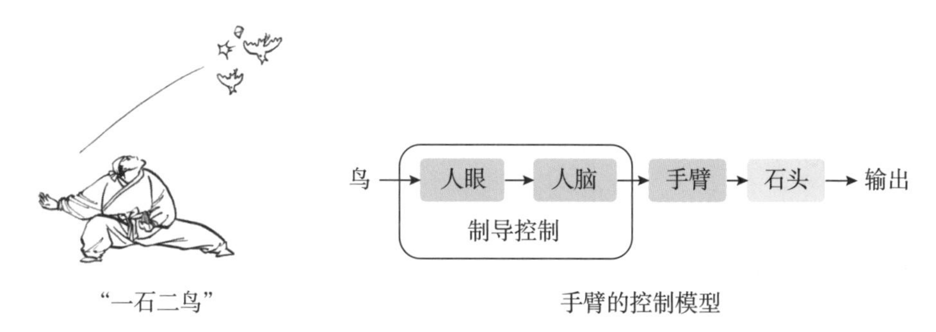

“一石二鸟”　　手臂的控制模型

水浒里有一个英雄好汉叫“没羽箭”张清，他就是以石块作为武器，达到弓箭的效果。石头是没有羽毛的箭，所以张清得其绰号：没羽箭。那么“一石二鸟”控制的模型可以概括为石头是被控对象，手臂是执行机构，鸟是目标，人“眼”和人“脑”一起构成制导控制系统。从该模型来看，石头作为被控对象，它的飞行轨迹不太好控制，毁伤能量也是有限的；手臂作为执行机构，射程有限，方向也不好控制，力量和精确度难以同时兼顾；最重要的是该模型为一种开环式的控制结构，缺少一种误差反馈的机制。

成语“百步穿杨”用来形容高超的射箭技艺，我国古代“飞将军”李广和水浒传的花荣等都是赫赫有名的射箭高手。弓箭的控制模型如图所示。

“百步穿杨”

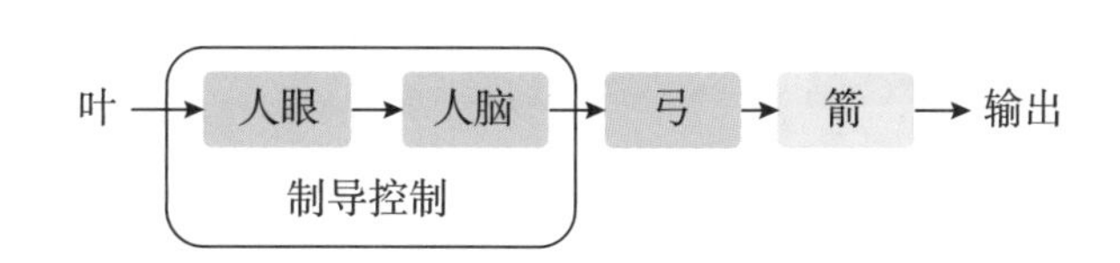

弓箭的控制模型

箭作为被控对象，它有羽毛，而且“头部”多为流线型，具有更好的气动力学特性，方向更好掌握。以弓作为执行机构，与用手臂来扔石头相比，借助于器物具有以下几个优势：第一，力量可以更大（“林暗草惊飞，将军夜引弓。平明寻白羽，没入石棱中”可对此形象地说明）；第二，精度更高。但弓有一个致命的弱点，它仍然不好控制，需要人们兼顾力量和精度，仍然是一种开环结构。

从精确制导的角度来看，从弓到弩的发明是一项非常了不起的创新，甚至比枪炮的发明更具里程碑的意义。其主要的创新表现在：第一，它引入了扳机作为执行机构，将需要力量的引弓过程和需要精确的发射过程分离，精度和力量都比较好控制；第二，它引入了瞄具，三点一线的辅助瞄准工具有利于确定最佳的射击路线，也就是制导轨迹；第三，古人非常聪明，他们甚至还发明了“连弩”，可以连发。张艺谋电影《英雄》中的秦军箭阵中，“大风大风”口号可以说是威武雄壮、气势恢宏。

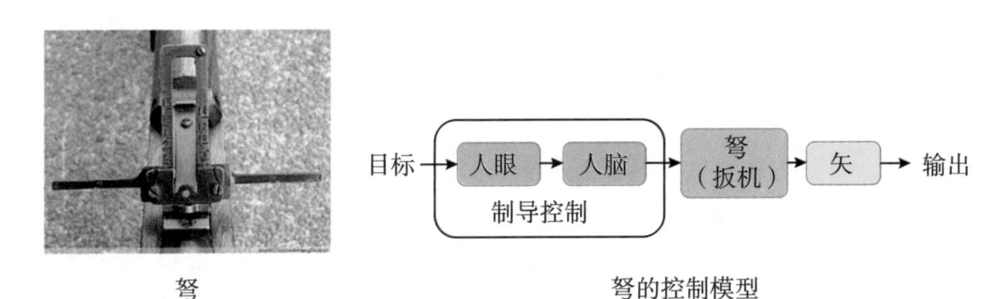

弩　　　　弩的控制模型

从弩的控制论模型来看，其制导控制结构仍为一种开环式。以弓弦、弹簧等作为发射装置产生的推力和杀伤力仍然是比较有限的（古语云：“强弩之末，势不能穿鲁缟”）。这就导致了枪炮的诞生，枪炮的发明较好解决了射程精度、杀伤力等问题。在弩的基础上，枪炮采用更先进的瞄具和火药等更为强劲的推进装置。枪的控制模型如图所示。由图可见，其制导控制仍为开环模式。

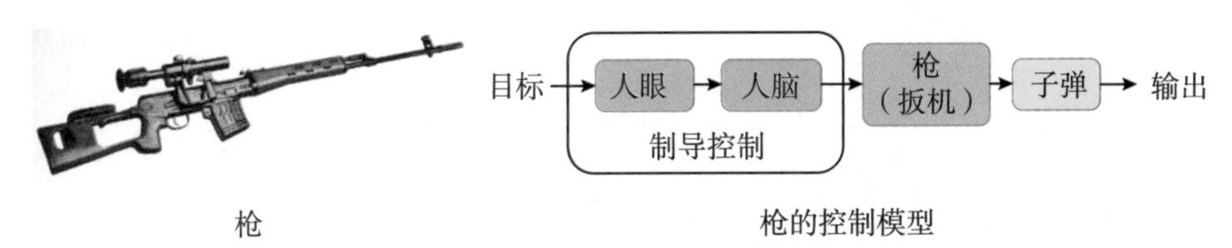

枪　　　　枪的控制模型

下面简单做一个小结：从石器时代的石块到第二次世界大战之前的现代枪

炮，所有射击型动能武器的形式和威力可以说是千差万别，但几乎具有完全统一的控制论模型，即图示的开环式的制导控制结构。

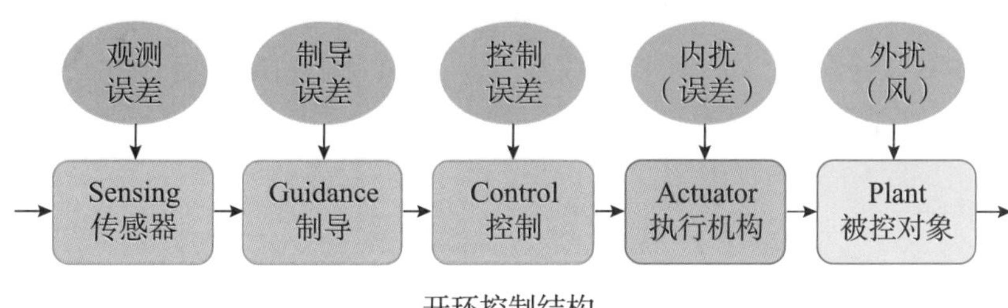

开环控制结构

在这种架构下，影响精度的主要误差有观测误差、制导误差和控制误差。主要因素有系统内部扰动和外部扰动，如风等因素的影响。由于采用了开环控制结构，所有的误差都会叠加到一起。

对于每发子弹，射击是一种开环控制。但如果考虑多次射击，那么实际上它存在一种隐含的反馈路径。可以根据射击的偏差来自动修正自我感知、制导以及控制的模型，逐步提高射击精度。

维纳在研究火炮的自动控制问题时意识到了这一点。1943 年，他在编著的《行为、目的和目的论》一书中认为，一切有目的的行为都可视作需要负反馈的行为。1948 年，他编著了《控制论》，这本书的副标题就是“关于在动物和机器中控制和通讯的科学”。这本书奠定了现代自动控制的基本架构，该理论在制导领域的应用随即催生了精确制导武器和技术，逐步演化出现代的制导控制模型。

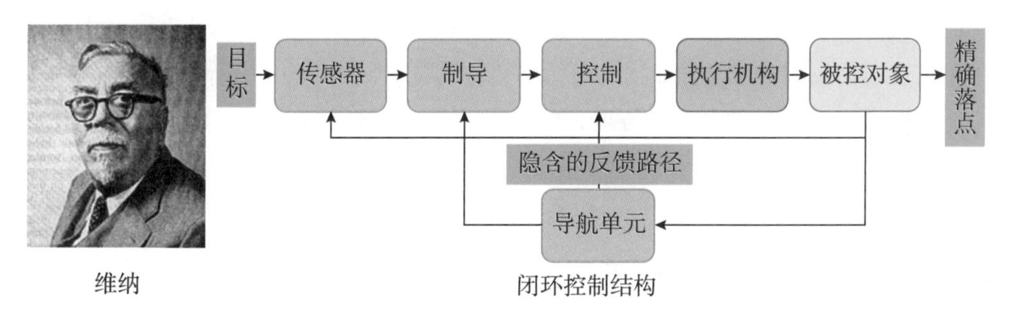

维纳　　闭环控制结构

为了加深对开环和闭环概念的理解，下面对开环和闭环控制的效果做一些简单的对比。这里仍以射击为例。

首先来看开环。假设用枪射击一只小鸟，一般会预判鸟的飞行方向，确定最佳的瞄准和射击路线。但是，一般有两个无法预料的因素：一是鸟的突然变向；

二是外部随机的强侧风。在这两个因素的影响下，就会出现一定的射击偏差，导致一定的脱靶量，这就是开环模式。

鉴于这样一种缺陷，研究者希望在子弹上采用控制技术，让它实时测量并修正这种瞄准的误差，实现闭环控制方式。这样就有可能在目标机动和强侧风的条件下做到比较小的脱靶量，甚至是零脱靶。

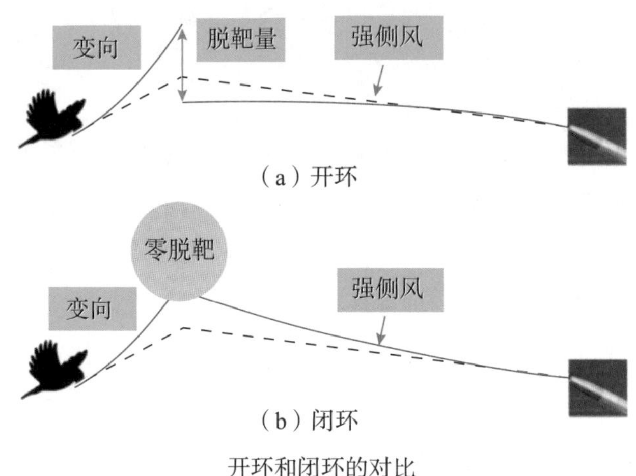

（a）开环

（b）闭环

开环和闭环的对比

自维纳的《控制论》出版以来，现在自动控制理论日趋成熟，应用日趋广泛。可以说，从最初的火炮自动控制问题，已经扩展到航空航天、工业现场控制、家用电器、车辆交通等各行各业的应用。自动控制理论的发展成熟也逐步衍生出了一些理论分支，如“鲁棒”控制理论、最优控制理论等。

自动控制理论在精确制导领域的应用，相关理论和技术经过几十年的发展，正像在第二章中提到的那样，感知手段多种多样，如激光、红外、可见光、微波等；导航技术的发展也比较全面，如卫星导航、惯性导航、磁导航等；制导方式更是灵活多样，如遥控制导、寻的制导、匹配制导、惯性制导等；控制方式日益先进，如飞行器的气动力控制、直接力控制，还有气动力直接力的复合控制等。在这些技术的支撑下，精确制导技术和武器正在朝着“耳聪目明”“高智商”“手脚麻利”这样一种境界大步迈进。

课程测试 Quiz 3-2:

1.【判断题】扔石头、射箭、打枪等打击样式具有相似的控制论模型，其特点表现为开环式控制结构。（ ）

A. 正确　　B. 错误

2.【单选题】维纳认为，一切有目的的行为都可表现为需要负反馈的行为。其代表作《控制论》奠定了现代自动控制的基本架构，该代表作发表时间是（ ）。

A. 1938 年　　B. 1948 年　　C. 1958 年　　D. 1968 年

3.【多选题】自动控制理论的应用范围日趋广泛，如（ ）。

A. 工业机器人　　B. 家用电器

C. 导弹武器　　D. 小孩扔石头

二、复杂战场环境的挑战

视频

任何事物都是一分为二的，有矛必有盾。精确制导武器也存在对立面，战场环境日趋复杂，作战对象也在发展生存本领，这些都对制导武器的效能发挥产生制约。复杂战场环境是指在一定的空间内对作战有影响的电磁活动和自然现象的总和，主要包括自然环境、电磁环境、作战对象等多种类型的因素。当前，复杂战场环境下的适应性已经成为检验武器实战效能的重要指标，下面从三方面分析这些因素是如何影响制导武器“求精”“求确”的。

（一）作战对象及其影响

目前，精确制导武器的作战对象遍及陆、海、空、天几乎所有的战场空间。从水下的潜艇到水面的舰只，从地下的指挥所到地面的作战单元，从空中的飞机到临近空间的侦察平台甚至是太空的卫星，都成为精确制导武器的打击目标。为了应对精确制导武器的打击，这些目标进化出了各种各样的本领：有的借环境遁于无形，有的借电磁干扰令制导武器不知所踪，有的则依靠自己的矫健身手摆脱追击。这里，首先抛去自然环境和电磁环境等影响因素，单看作战对象自身对精确制导武器的影响。

下面以空中目标为例展开，主要涉及隐身目标和高速大机动目标。

1. 隐身目标

一些著名的隐身兵器如图所示。

“夜鹰”F–117

B–2 轰炸机

“风暴阴影”隐身巡航弹

“独立”号濒海战斗舰

“夜鹰”F1–17、B–2 轰炸机、“风暴阴影”隐身巡航弹和“独立”号濒海战斗舰分别运用了多种隐身技术。

隐身技术又称为目标特征信号控制技术，通过控制武器系统的信号特征，使其难以被发现、识别和跟踪。根据技术原理，隐身技术可以分为雷达隐身、红外隐身、电磁隐身、声隐身、视频隐身等。其中，雷达隐身主要通过外形设计和涂覆吸波材料来实现，红外隐身是通过降低发动机尾焰的温度等技术措施来实现。在现代战争中，雷达仍然是远距离探测的有效手段，因此隐身技术的研究重点是雷达隐身。下面来看隐身技术对雷达制导型导弹的影响。

雷达散射截面积（RCS）是衡量雷达对目标可探测性能的重要指标，与探测距离的四次方成正比。常规的三代机与四代隐身战机 RCS 的变化情况如图所示。

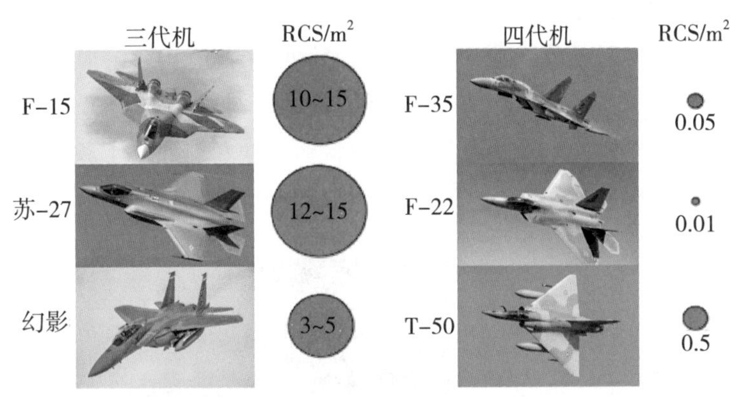

常规的三代机与四代隐身战机 RCS 的变化情况

由图可见，四代隐身战机的 RCS 比三代机缩减了将近 20~30dB(1%~1‰)，这将使雷达导引头的探测距离大幅下降。这里给出一组由澳大利亚国防部提供的评估数据，为俄制 R77 导弹对三代机和四代隐身战机的捕获距离对比。

捕获距离对比

目标（正面）	R77 导弹导引头 9B-1103M	
	跟踪距离 /km	锁定距离 /km
F-15	70~80	15~20
F-18C	45~55	10~15
F-22A	5~6	1~2

隐身目标主要影响精确制导武器系统的感知系统，使其探测距离下降，也就是说使制导武器变成“近视眼”，进而影响制导性能，使捕获区减小，制导精度下降。严重的时候，目标可能会逃逸出导引头的雷达波束，制导武器将丢失靶标，“确”也就无法保证。

隐身技术的最新动态——“超材料”，是指一些具有天然材料所不具备的超常物理性质的人工复合结构或复合材料。通过在材料关键物理尺度上的结构有序设计，可以突破某些表观自然规律的限制，获得超出自然界固有的普通性质的超常材料功能。

近年来，“左手材料”（负折射率材料）引起了学术界的广泛关注，曾被美国《科学》杂志评为2003年的“年度十大科学突破”之一。

自古以来，人们一直在幻想拥有超级材料制成的隐身衣。《淮南子》中的地主想借助隐身草去市场上公然行窃，结果是行径败露，被官府缉拿归案。哈利·波特披隐身斗篷即可遁于无形，这似乎是一种有悖科学的魔法幻想。2006年美国杜克大学和英国帝国理工学院的研究者成功挑战传统的概念，使用超材料让物体在微波射线下隐身，这项研究的资助者是美国国防高级研究计划局（DARPA）。同样的技术也可支撑光学超材料，彻底消除影子和反射。总之，科学让我们离梦想越来越近，但是，对于精确制导武器而言绝非好事。

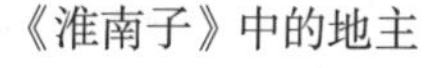
《淮南子》中的地主

哈利·波特和他的隐身斗篷

课程测试 Quiz 3-3:

1.【多选题】下面哪些美军飞机是隐身目标？（　）

A. F–117 战斗机　　B. B–2 轰炸机

C. F–22 战斗机　　D. U–2 侦察机

2.【判断题】隐身技术又称为目标特征信号控制技术，是通过控制武器系统的信号特征，使其难以被发现、识别和跟踪。（　）

A. 正确　　B. 错误

3.【判断题】雷达隐身技术使得目标被雷达发现的距离（探测距离）大幅下降。（　）

A. 正确　　B. 错误

2. 高速大机动目标

很多男孩子小时候玩过“警察抓小偷”的游戏，一组人扮演警察，另一组人扮演小偷，在规定的时间内警察需将小偷抓住，就算完成任务。与精确制导问题一样，这是一个典型的“追逃对策”问题。在该游戏里，扮演警察的一方肯定不愿意去抓跑得又快又灵活的“小偷”，多半会无功而返，以失败告终。同样，在自然界猎豹以速度、灵活性和爆发力著称，是自然界中的捕猎高手，但是遇到同样以速度和灵活性著称的成年羚羊时，猎豹多数时候也会无功而返。这两个例子中，如果把猎豹和警察比作制导武器，把小偷和羚羊比作目标，当目标的灵活性和速度可与制导武器匹敌时，导弹的精确拦截就非常困难。这里“跑得快又灵活”的目标就是下面要讲的“高速大机动目标”。

从上面的例子来看，高速大机动是一个相对的概念，均是相对拦截器的能力而言。自防空导弹诞生以来，它们攻击的目标类型就在不断地发生变化。起初它的打击对象主要是各种轰炸机、侦察机等。与这类目标相比，导弹在机动性和速度方面具有绝对优势，拦截的难度相对较小。然而，在新材料、先进推进技术等一批新技术的支撑下，航空飞行器得到了突飞猛进的发展，飞行器可以飞得更快，从以前的亚声速到超声速再到高超声速；它可以更加灵活，从简单的逃逸机动到现在可以做各种复杂的战术动作。无人机的出现彻底突破了有人飞行器对人体过载的限制，从而将飞机类目标的机动性能提高了一个新的台阶。在海湾战争中，战术弹道导弹（TBM）正式成为防空导弹拦截的对象。其他导弹类目标，如巡航导弹、反舰导弹、反辐射导弹都已成为防空导弹的拦截对象。高速大机动目标的例子如图所示。

（a）X–47B 无人机

（b）可机动的有翼弹头

（c）“白蛉”反舰导弹

高速大机动目标

美国航空母舰上的 X–47B 无人机高速大机动目标的例子 2012 年 12 月完成了首次海测，无人机将是未来空战的重要组成部分，其最大过载可达 10~20g；

俄罗斯的有翼弹头，可在再入段进行机动；“白蛉”反舰导弹号称航空母舰克星，其速度可达马赫数2.5~8，巡航高度距海面7~20m，过载可以达到10~15g，机动的样式多样，可以低空掠海飞行，水平面蛇形机动，末端跃升俯冲攻击等。相比这些高速大机动目标，导弹的速度和机动性能已经不再具有绝对的优势，在某些方面甚至处于劣势。对高速大机动目标的拦截就成为防空精确制导武器的一个难题。

下面以光学成像系统为例，解释高速大机动对感知系统的影响。为了拦截高速大机动目标，导弹也需要很快的速度。目标和导弹相对高速运动，对光学传感器的影响主要有两方面：

❶ 导弹自身运动引起，称为气动光学效应。气动光学效应是指带有光学成像探测的飞行器在大气层内高速飞行时，光学头罩与气流间发生剧烈的相互作用，头罩周围的气体密度引起光的波前激变，从而引起目标图像的偏移、抖动、模糊等物理效应。

人们在日常生活中，对这个气动光学效应有切身的体验，比如，夏天中午在烈日的曝晒下，柏油马路表面的高温就会引起气动光学效应，使人们在视觉上感觉到马路表面好像在晃动，实际上它根本没有动。

❷ 导弹和目标的相对运动。当目标运动或者摄影员的手在晃动时，会导致相机图像的模糊。导弹和目标高速运动对光学传感器的影响也是同样道理，它会引起图像的偏移和模糊。下图为高速机动飞行中的F-22战斗机光学图像。

高速机动飞行中的F-22战斗机光学图像

雷达传感器在高速机动目标拦截的场景下也会受到同样的影响，如相参处理间隔（Coherent Processing Interval，CPI）时间变短、包络走动、信噪比下降等。总之，图像的这种抖动、偏移和模糊将严重影响测量精度和探测距离。而且高速大机动目标对制导控制系统也有较大的影响。

小结:

高速大机动目标同时影响感知、制导与控制系统，主要是影响制导精度。

下面介绍高速大机动飞行器方面的技术新动态 —— 高超声速飞行器。高超声速飞行器一般是指采用先进的推进技术，速度超过马赫数 5 的飞行器。

美国空军的 X-37B 空天飞机于 2010 年 4 月首次升空试飞，其功能和任务均被列为美国最高机密。有军事专家评论，X-37B 空天飞机的飞行速度为马赫数 6~8，现有的雷达探测技术根本无法捕获到它。2013 年 5 月，美国的高超声速巡航导弹 X-51A“驭波者”成功进行了最后一次试飞，达到了马赫数 5 以上速度，具有持续飞行 200s 以上的能力。

美国空军的 X–37B 空天飞机

课程测试 Quiz 3–4:

1.【判断题】相对于传统类型目标，如早期的轰炸机和侦察机，导弹在速度和机动性能上都不具有优势。（　）

A. 正确　　　B. 错误

2.【判断题】无人机突破了有人飞行器的人体过载限制，机动性可以很强。（　）

A. 正确　　　B. 错误

3.【多选题】下面哪些飞行器的高速机动性能很强？（　）

A. F–22 战斗机　　B. X–47B 无人机

C. U–2 侦察机　　D. B–52 轰炸机

4.【判断题】高速大机动目标同时影响导弹武器的感知、制导与控制系统，使制导系统的制导精度下降。（　）

A. 正确　　B. 错误

5.【单选题】2013 年 5 月 1 日，美国“驭波者”X–51A 试验飞行器成功试飞，飞行速度达到（　）。

A. 马赫数 3　　B. 马赫数 5

C. 马赫数 10　　D. 马赫数 15

（二）自然环境及其影响

自然环境对精确制导武器的影响从地理环境和气象环境两方面进行阐释。在地理环境部分，将重点以低空突防飞行器的拦截为例，解释相关的概念和影响。在气象环境部分，从实战的统计数据出发，剖析制导武器为什么会受气象的影响。

1. 地理环境的影响

低空 / 超低空突防是现代航空兵惯用的一种行之有效的突防战术。根据定义，在距离地 / 海面 100~1000m 高度飞行称为低空飞行，距地 / 海面低于 100m 高度飞行称为超低空飞行。自有地面雷达以来，航空兵器便通过低空、超低空飞行，利用地形的掩护，躲进雷达的盲区，避开雷达的监视与跟踪。例如“飞鱼”导弹掠海飞行，躲过舰载雷达的监视，成功击沉了“谢菲尔德”号驱逐舰。

低空和超低空突防的目标也给精确制导武器的末制导系统提出了严峻的挑战。在拦截低空慢速小目标时，地理环境产生的一个最重要的影响是地海杂波。精确制导武器发射的电磁波除了照射到目标之外，还会照射到地面或者海面。如果目标的飞行高度很低，则其回波在时域上将被地 / 海杂波淹没。另外，若处于尾追态势或者目标的多普勒速度非常小，那么在频域上也将

被地 / 海杂波所淹没，这就是 “低小慢” 目标。它的精确打击是一个非常困难的问题。

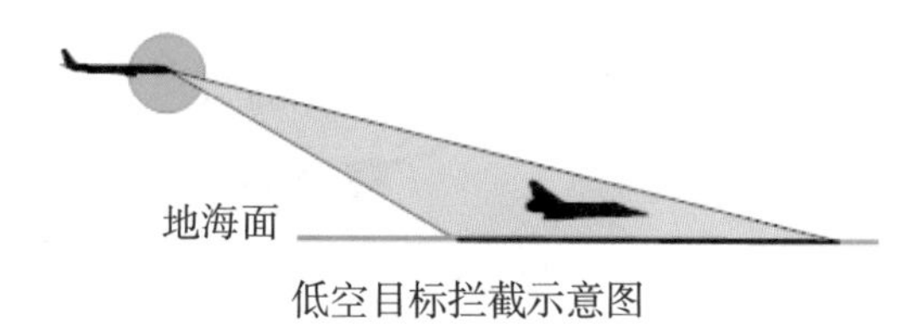

低空目标拦截示意图

地理环境产生的另一个重要影响是多路径。对低空的小目标拦截而言，多路径如图所示。形象地讲，就相当于雷达可以同时看到目标以及它在水中的影子。如果这种直达波信号和多路径信号在时频域上是可以分离的，那么多路径效应主要影响目标选择，即影响“确”这个方面。如果在时频域上这两个信号是不可以分离的，那么多路径信号和目标的直达波信号将会相互干涉，影响目标的参数测量，也就是说“精”会受到影响。

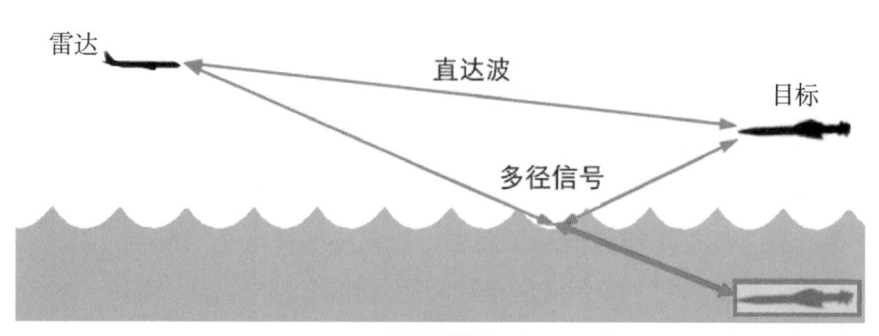

多路径效应

小结：

地理环境对低空突防小目标拦截的影响主要是体现在对感知系统的影响上，具体来讲主要有两方面：一是背景杂波信号影响目标检测，具体影响与攻击态势和目标多普勒速度有关；二是多路径信号影响目标选择与测量，即感知系统的“精”和“确”，具体与传感器分辨力和目标高度有关。

此外，地理环境对其他应用下的一些制导武器也有重要的影响。比如，地形匹配制导的精确制导武器，地形轮廓特征将影响匹配制导的性能。又如，空地导弹在复杂地物背景下找到攻击的目标绝非易事。

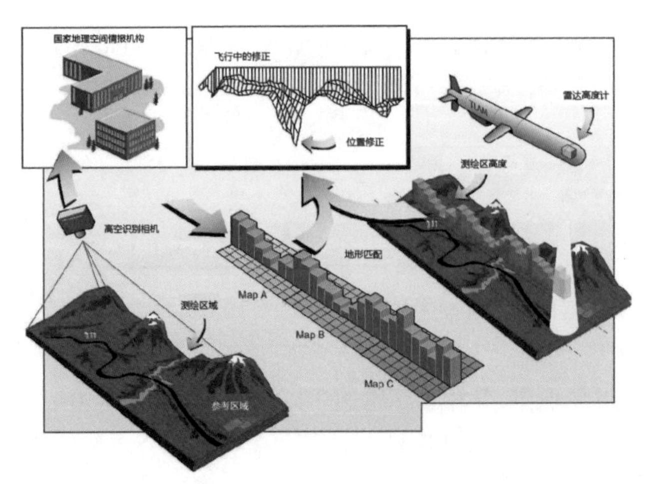

地形匹配制导的精确制导武器

课程测试 Quiz 3-5:

1.【单选题】低空突防是现代航空兵惯用的一种行之有效的突防战术手段。一般而言，在距地 / 海面（　　）高度飞行，称为低空飞行。

A. 100~1000m　　B. 1000~3000 m

C. 3000~5000 m　　D. 5000~7000 m

2.【单选题】地理环境对低空突防目标拦截主要体现在对制导武器（　　）的影响上。例如，地 / 海杂波信号影响目标检测。

A. 推进系统　　B. 感知系统　　C. 战斗部　　D. 电源系统

2. 气象环境的影响

据统计，美军对南联盟军事行动中，70% 的作战时间有 50% 的地区都被云雾覆盖，激光制导武器的使用大大受限，使用比例仅占所有制导武器的 4.3%；阿富汗战场上，红外制导的“陶”式反坦克导弹在良好天气下命中精度为 81%，在不良天气下只有 40%；沙尘天气也令激光制导炸弹作用距离降为晴朗天气下的 1/12，命中概率也降至 20%~30%。由此可见，气象环境对光学（特别是激光）制导武器的使用具有重要的影响。

透过数据和现象分析其中的原因。

云的影响。一方面，云内含有大量的水蒸气，它会吸收和散射可见光、红外和微波的传输能量，使导引头接收信号变弱、探测距离下降，某些情形下会使制导武器失明；另一方面，剧烈运动的云内气体分子含有丰富的红外能量，当与目标辐射能级相当时，会使红外制导武器无法从自然背景中区分出目标。

雾的影响。雾是由水蒸气、气溶胶、灰尘等各种小微粒组成，这些微粒的尺寸通常比可见光和红外波长要大很多，因此会产生非选择性的散射。它不仅会影响可见光的能见度，还会影响红外的传输，也会对毫米波和亚毫米波造成一定的影响。晴朗天气下和雾天下光学图像的对比如图所示。

（a）

（b）

晴朗和雾天下可见光图像的对比

风的影响。主要有三方面：一是风会引起地面植被以及海浪的剧烈运动，扩展地海杂波的谱宽度，影响其统计特性，对雷达制导武器的动目标捕获性能具有很严重的影响；二是风会影响海洋表面及表面气流的复杂运动，这会对低角度的大气传播特性，产生重要的影响；三是强风，尤其是强侧风会影响制导武器的稳定飞行，增加制导控制系统的误差。

雨的影响。主要有两方面：一是衰减，雨水会衰减可见光、红外和微波的传输能量；二是雨杂波，雨会对电磁波产生较强的后向散射，形成气象杂波，从而影响目标的检测。表给出了 8mm 电磁波的雨衰数据。

8mm 电磁波（35GHz）雨衰数据

降雨强度 /（mm/h）	0.25	1.0	4.0	6.0
电磁波单程损耗 /（dB/km）	0.07	0.24	1.0	4.0

由表可见，重雨（如 6mm/h）对于 1km 处的目标，双程的雨衰可以达到 8dB，对于探测性能而言这种影响是非常严重的。此外，雪、沙尘暴、日光等气象条件也会对制导武器产生重要的影响。

被雪覆盖的目标

沙尘暴

日光

课程测试 Quiz 3-6:

【多选题】气象环境对精确制导武器的探测系统有一些影响，这些气象因素包括（　）。

A. 雨　B. 雾　C. 云　D. 沙尘暴

（三）电磁环境及其影响

如果自然环境是制导武器与作战对象“斗法”的物理空间，那么还有一种看不见也摸不着的博弈空间，这就是电磁空间。

无线电技术的发明和应用使电磁环境成为战场环境新的组成部分。复杂电磁环境是指在一定的时间、空间和频段范围内多种电磁信号密集分布拥挤、交叠，强度动态变化，对抗特征突出，对电子信息系统、信息化装备和信息化作战产生显著影响的电子环境。从这个概念来看，复杂电磁环境具有两个基本特点：一是动态性，战场电磁环境随交战双方在电磁频域斗争态势的变化而动态地变化；二是相对性，同一战场环境下的不同电子装备所感受复杂环境的复杂度有所不同，同一战场环境对不同装备的作战效果也不尽相同。

目前，电子对抗装备的频率覆盖范围几乎是全频谱，其构成和样式千变万化。从目的和意图上可分为有意干扰和无意干扰，从干扰特性上可分为有源和无源，从干扰的波段上来看有微波、毫米波、红外、可见光、激光等，按照干扰的原理可分为压制性干扰和欺骗性干扰。

下面按照干扰的原理来解释电子对抗对精确制导（特别是末制导）系统的影响。压制性干扰是指干扰信号远强于目标信号，甚至可使制导武器的感知系统饱和，从而使其难以发现或者可靠地捕获目标。其效果类似强的地海杂波，这是一种比较“粗糙的”“野蛮的”干扰技术。但压制性干扰有时候反而会弄巧成拙，成为寻的导弹的靶标。干扰前后 SAR 图像的效果对比如图所示。

（a）干扰前

（b）干扰后

干扰前后 SAR 图像的效果对比

欺骗式干扰是利用某些装置产生与目标相似的假信号，用以欺骗或者诱惑制导武器的感知系统。它是一种精妙的干扰技术，重在以假乱真，影响制导武器的“确”，常用来对付精确制导武器，也是下面要重点展开讲的。

目前，根据不同的战术目的欺骗干扰主要有以下四种样式：

❶ 迷惑式干扰：围绕真目标放置多个假目标，使敌方的探测制导系统难辨真伪，达到欺骗的目的。假目标的坦克集群及弹道导弹突防中的诱饵和假目标如图所示。

（a）坦克集群

（b）美国民兵洲际导弹弹头诱饵

迷惑式干扰

❷ 冲淡式干扰：在制导系统开机前，围绕真目标释放多个假目标，从而使制导系统捕获真目标的概率降低。飞机释放红外诱饵弹的情形和舰船打出的冲淡式箔条云如图所示。

(a) 红外诱饵弹

(b) 冲淡式箔条云

冲淡式干扰

③ 转移式干扰：在末制导的波束内释放无源假目标，或者用有源欺骗方式形成干扰，使制导武器转而攻击假目标，达到欺骗的目的。飞机释放的有源拖曳式诱饵和舰载的舷外有源干扰如图所示。

(a) 拖曳式诱饵

(b) 舷外有源干扰

转移式干扰

④ 质心式干扰：在末制导波束内，释放散射特性强于真目标的假目标，使制导系统跟踪真目标和假目标的等效散射中心，从而偏离真实目标，最后进而转向跟踪假目标。舰船打出的质心式箔条和舰船拖曳的无源式角反射器阵列如图所示。

（a）质心式箔条

（b）角反射器阵列

质心式干扰

课程测试 Quiz 3-7:

1.【判断题】复杂电磁环境是指在一定的时间、空间和频段范围内，多种电磁信号密集分布、拥挤、交叠，强度动态变化，对抗特征突出，对电子信息系统、信息化装备和信息化作战产生显著影响的电子环境。（　）

A. 正确　　B. 错误

2.【多选题】复杂电磁环境的基本特点是（　）。

A. 动态性　　B. 相对性　　C. 可视性　　D. 连续性

3.【判断题】欺骗式干扰重在以假乱真，用以欺骗或诱惑制导武器的感知系统。（　）

A. 正确　　B. 错误

小结:

复杂战场环境主要影响制导武器的感知系统，或以假乱真，或掩盖真相，使其探测距离下降；同时，气象、地形、高速大机动目标等情形也会影响制导武器的制导控制系统。

视频

三、精确制导技术应对措施

从上一节我们认识了精确制导武器的对立面——复杂战场环境与作战对象。在复杂战场环境下，隐身、杂波、干扰等可以说是混淆视听，多路径、欺骗等因素可以说是在考验智商，高速、大机动目标可以说是在和精确制导武器比敏捷。如果精确制导武器不能适应复杂战场环境的挑战，无疑将变成“瞎弹”“傻弹”“笨弹”。为了适应复杂战场环境的考验，制导武器又有哪些应对措施？本小节重点介绍隐身目标的打击、高速大机动目标的拦截。

（一）隐身目标的精确打击

首先来看隐身目标精确打击。目前，雷达隐身技术主要依靠涂覆吸波材料和外形隐身两种技术途径。其主要弱点：①全波段隐身比较困难；②全方位隐身比较困难；③外形隐身的设计主要是针对单站雷达，难以应对双站/多站雷达。国外某战斗机 RCS 的计算结果如下左图所示，由图可知，其翼展方向的 RCS 要远远大于鼻锥方向。双站散射示意图如下右图所示，F-117 战斗机鼻锥方向后向散射是非常弱的，这是隐身技术的特点；但是，对于下方的雷达来说，该方向上的散射会很强。

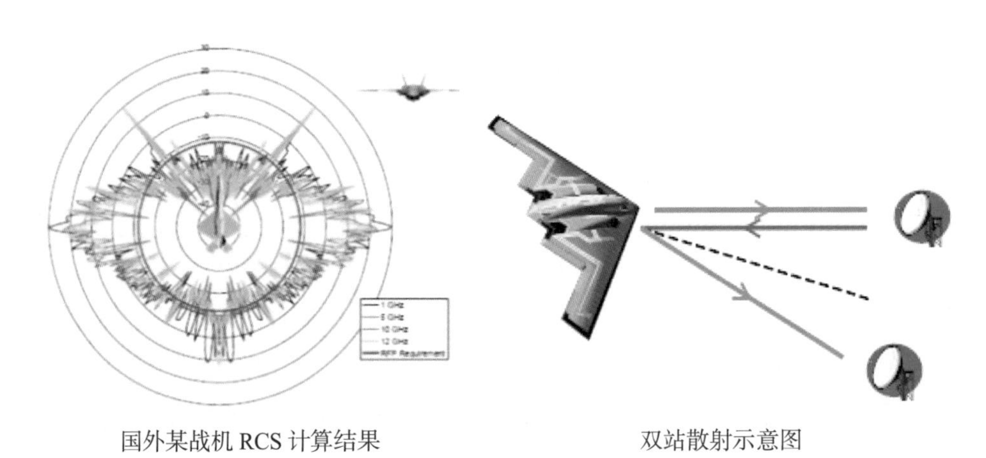

国外某战机 RCS 计算结果　　　　双站散射示意图

针对这些技术弱点，可采用米波雷达、双/多站雷达、量子雷达、MIMO 雷达等应对措施：

❶ 米波雷达。在科索沃冲突中，南联盟用近退役的米波雷达成功探测并击

落了 F-117 战斗机，破灭了“夜鹰”不可击落的神话。可以说，在反隐身斗争中，这位沙场“老将”又重新焕发了新的生机。

（a）

（b）

米波雷达

❷ 双 / 多站雷达。利用卫星、广播电视信号可构成双 / 多站无源相干雷达，其隐蔽性好，具有很强的隐身目标探测能力，是当前雷达领域非常活跃的研究方向。

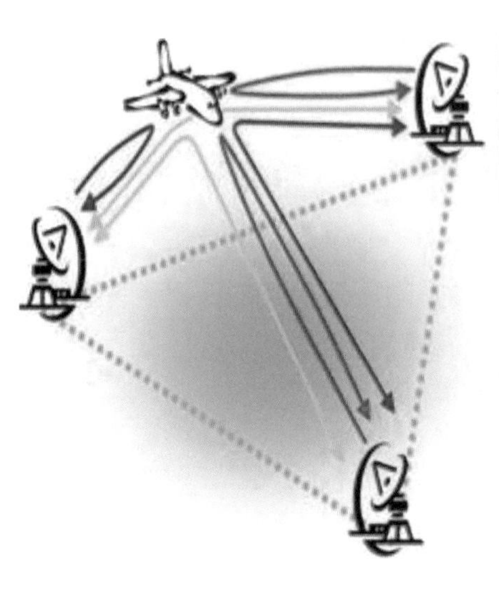

双 / 多站雷达

❸ 量子雷达。美国学者 Marco 于 2010 年在 SPIE 会议上提出了量子 RCS 的概念，并与常规 RCS 进行了对比，结果如图所示。从图中可以看到，对于同样

的平板，量子 RCS 要大于常规 RCS，在平板的非镜面反射方向甚至超过 10dB。对于隐身飞机，沿鼻锥方向探测时，即工作于两翼的非镜面方向，量子雷达可有效提高隐身目标的探测能力。2012 年末，美国罗彻斯特大学利用偏振光子探测物体并进行成像，表明量子成像雷达具有极强的反隐身与抗干扰能力。目前，量子雷达的研究是一个极富挑战性的前沿交叉领域。

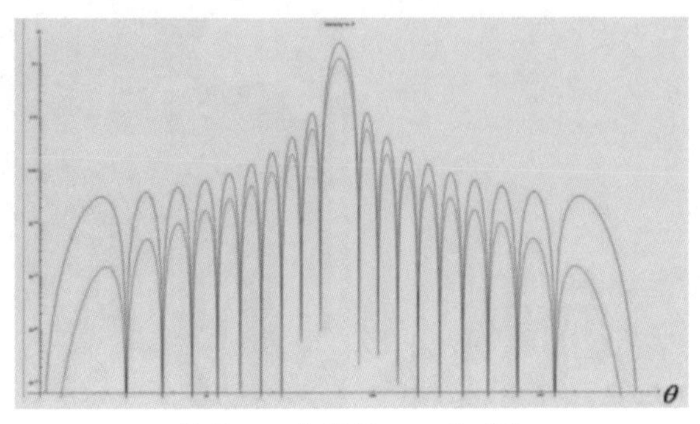

量子 RCS 与常规 RCS 的对比

小结:

隐身与反隐身的技术对抗是矛盾在探测感知领域的具体体现，充分体现了有矛必有盾，同生共长的哲学思想。相关的技术应对措施可以概括为“老将新锐齐上阵，横岭侧峰强心智”。

课程测试 Quiz 3-8:

1. 【多选题】对于雷达隐身目标的打击，可利用的探测手段包括（　）。
   A. 米波雷达　　B. 双 / 多站雷达
   C. MIMO 雷达　　D. 量子雷达

（二）高速大机动目标的拦截

末制导问题可表述为导弹和目标在零控拦截曲面上展开的一场博弈。对于高速大机动目标拦截，主要困难是由于目标飞得更快、更加灵活，导弹的速度和过载优势相对不太明显。因此，这场博弈可以说是一场势均力敌的博弈。

武侠电影截屏

在高手博弈中做到“无招”和“料敌先机”是获胜的不二法门。在导弹与目标的这场博弈中，如果目标的逃逸行为完全随机，而导弹又无法测量其加速度，则可以说目标就是一个无招的“高手”。此时，导弹的最佳策略就是去追求最坏情形下的最好结果，也就是对策问题的“鞍点”。如果导弹能实时预知目标加速度，也就是说导弹可以“料敌先机”，那么它便有可能采用更好的对策，可想而知，制导性能必会有所改善。下面来看相关研究的情况。

在海湾战争以后，以色列学者开始重视高速大机动目标的拦截问题，提出了若干微分对策导引律。对于“无招”目标，他们采用“DGL/0”制导律（无需目标加速度信息）。实际上，飞行器运动服从气动力学和运动定律的约束，其“招式”是有规可循的。如果导弹能够有目标横向加速度的信息，则有可能提升拦截性能，这就是“DGL/1”制导律。将这类措施概括为“无招化有招”。但目前目标横向加速度主要是通过状态估计，而非直接测量得到。因此，相对实际的目标机动，估计所得的信息会有一定的延迟。也就是说，虽然可以了解目标招式，却无法料敌先机。为了能够料敌先机，以色列学者利用成像导引头中目标姿态信息来推断目标加速度的方向和大小，提出了“DGL/S”微分对策导引律。下图给出了几种现代制导律的性能。

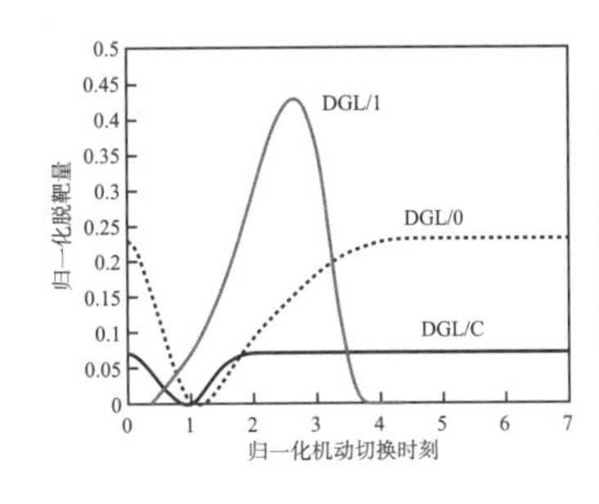

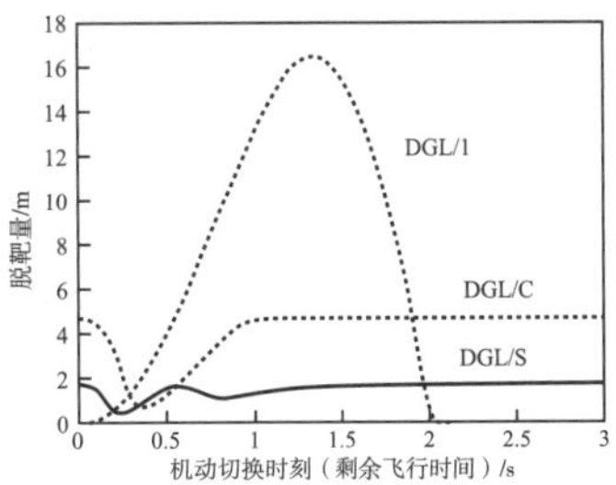

几种现代制导律的性能

从上可以看出它们是如何一步步地提升拦截性能的。然而，当导弹和目标势均力敌甚至导弹在某方面要明显弱于对手时，料敌先机可能也无济于事。此时有什么好的对策方法？下面来看几个例子。

防守乔丹。乔丹是非常出色的篮球运动员，如果采用盯人战术，这个星球上可能没有人能防住他。但是，如果是采用国际篮联所允许的区域联防，那么在很大程度上可以限制他的发挥。

盯人防守

捕鱼的问题。鱼叉与渔网相比，鱼叉肯定更加锋利，但在捕鱼效率上渔网肯定要优于鱼叉。

追捕羚羊。如果一只猎豹追捕羚羊，成功的概率并不十分大。但是，如果换成两只猎豹或者是多只猎豹围捕羚羊，那么羚羊几乎是难逃厄运。

从这些案例中可以得到启示：在势均力敌或者是遇到更强的对手时，集寡成众、团队配合有可能会赢得博弈的胜利。因此，我们给出一种高速大机动目标拦截的设想。对于高速目标，既然追不上，速度没它快，就别追了，在前面等，这就是顺轨拦截思路。如图所示，在顺轨拦截下，由运载工具将末制导拦截器送至目标的前方并抛洒出去。

高速目标其变向能力相比于同样加速度的低速目标要弱很多。如果在其前方设置这样一道密不透风的铁墙，那么它肯定会躲闪不及而撞上去。现实中，构筑这样的铁墙既不现实也不可能，可以采用由多个拦截器组成的拦截网。如

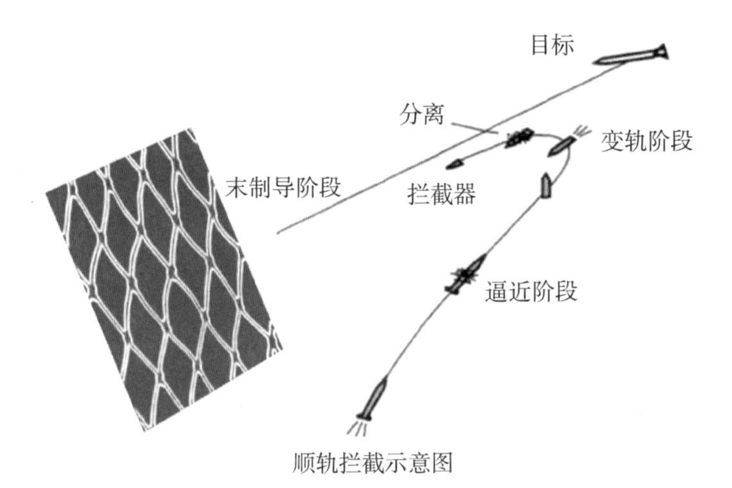

顺轨拦截示意图

图所示，网中的每个结点即为一个拦截器。每一个拦截器可以根据目标的运动状态动态地调整自己的位置。相对于单个拦截器而言，这种组网式的多拦截器方案不就是篮球上由盯人防守到区域联防的转化。这种拦截方案在高速大机动目标的拦截上有三个优势：一是对拦截器的速度要求降低，而且后视传感器气动光学效应影响减少；二是每个拦截器设计复杂度降低，质量减小，相同侧向力下可产生更大的加速度；三是多个拦截器可采用 MIMO、信息融合等先进的感知技术，增强信息获取与抗干扰的能力。当然，这里给出的仅仅是一种设想。

小结：

对于高速大机动目标的拦截，提高速度和过载优势是赢得追逃微分对策的关键因素；当优势不明显时，增强感知、料敌先机非常关键；势均力敌或处于弱势时，集寡成众、团队配合是一种可能的获胜途径。在这些方面，实时的加速度估计、微分对策导引律、协同感知与制导控制是重要的研究课题。相关的应对措施可概括为“区域联防撒天网，微分对策显神通”。

课程测试 Quiz 3-9:

1.【单选题】海湾战争后，以色列学者针对高速大机动目标的拦截问题，提出了（　）导引律。

A. 微分对策　B. 三点法　C. 追踪法　D. 比例导引法

视频

四、开放式问题

本小节中就精确制导技术应用谈一下个人的观点，然后提出一些开放式的问题，供大家思考。

先来看一则报道——森林灭火导弹。自地球上出现森林以来，森林火灾就相伴而生。我国每年平均发生森林火灾 1 万多次，毁林面积占全国森林总面积的 0.5% ~ 0.8%，社会危害极大。

最近，德国科学家发明了一种可回收的巡航型灭火导弹，可携带泡沫灭火剂，带有电视摄像头，能回传火灾区域的图像。我国也有类似功能的导弹，具有自动寻找着火点，并进行快速灭火的能力。

（a）　　（b）

巡航型灭火导弹

因此，我们的观点是：与核技术等高新技术一样，精确制导技术也是通用的，不仅可用于摧毁性武器，也可以用来造福人类，关键在于掌握它的人。

下面再提几个开放式的问题：

❶ 导弹和目标的博弈通常都是在空间域展开。在信息域主要是和一些无意的噪声、扰动作斗争。现在，随着隐身、干扰等技术的运用，导弹和目标在信息域展开了激烈的博弈。也就是说，博弈空间扩展了，同时包含信息域和空间域。对于这样的博弈问题，精确制导理论和技术如何发展还有很多需要研究的问题。

❷ 以前精确制导技术和武器主要是针对二人追逃问题。正如前面提到的为了增强突防能力或者拦截能力，或采用多弹头，或采用多拦截器协同方式。对于这些应用，精确制导博弈问题已由二人微分对策，发展为多对一、多对多的博弈问题。多人微分对策问题远比二人微分对策问题更为复杂，目前主要基于

多智能体和多人微分对策理论，但仍有许多理论和技术问题尚待解决。

③ 以前 “感知—导引—控制” 都是集成在一个导弹上，它是一种紧耦合的方式。然而，在信息化作战的大背景下，在指令、驾束、人在回路、多弹协同等应用下，“感知—导引—控制” 呈现出一种松耦合的趋势，信息链路存在延迟、丢失、被篡改等不确定性。在这些应用下，制导理论和技术应该如何解决这些问题?

④ 目前制导控制技术的被控对象多种多样，大到飞机导弹，小至微型电子苍蝇等。这类被控对象有一个共同点，都是人造的非生命体，自主意识较差。目前即使是最先进的人造飞行器，在飞行技巧和能力上比甲虫、蜻蜓等飞行高手要逊色得多。最近，由加州大学伯克利分校和麻省理工学院（MIT）等研制成功了一种昆虫机械混合系统，它们以活体甲虫为载体，通过 MEMS 技术、先进刺激方法和控制电路实现了对甲虫的远程控制，目前可以控制甲虫起飞、降落、转向的简单动作。甲虫飞行的画面如图所示。

甲虫飞行的画面

这种有意识生命体的制导控制是一个多学科交叉的前沿领域，有许多未知的问题待去发现和解决。

20 世纪 40 年代，在航空航天等军事需求推动下，信息与控制领域出现了两位大师级的人物，一位是“控制论之父”维纳，另一位是“信息论之父”香农。信息与控制学科正是精确制导技术的两大支柱。

随着新军事需求的不断涌现，精确制导技术中相关信息与控制理论如何发展？是继续完善，还是开辟全新的理论与技术？可以说，一切皆有可能。

维纳（控制论）

香农（信息论）

在此重申本章的主题：“有矛必有盾，同生共长。”从这节课讲授可以看出，攻防这对矛盾同生共长，相生相克。对立统一中，武器与技术灵活运用是关键所在，它可使彼此优势相互转化。

课程测试 Quiz 3-10:

1.【多选题】信息与控制学科是精确制导技术的两大支柱，其学科代表人物有（   ）。

A. 维纳　　B. 香农　　C. 牛顿　　D. 爱因斯坦

2.【判断题】由制导武器与作战对象、战场环境攻防对抗的例子，可说明矛盾同生共长，共同促进事物发展的普遍规律。（   ）

A. 正确　　B. 错误

精确制导
器术道

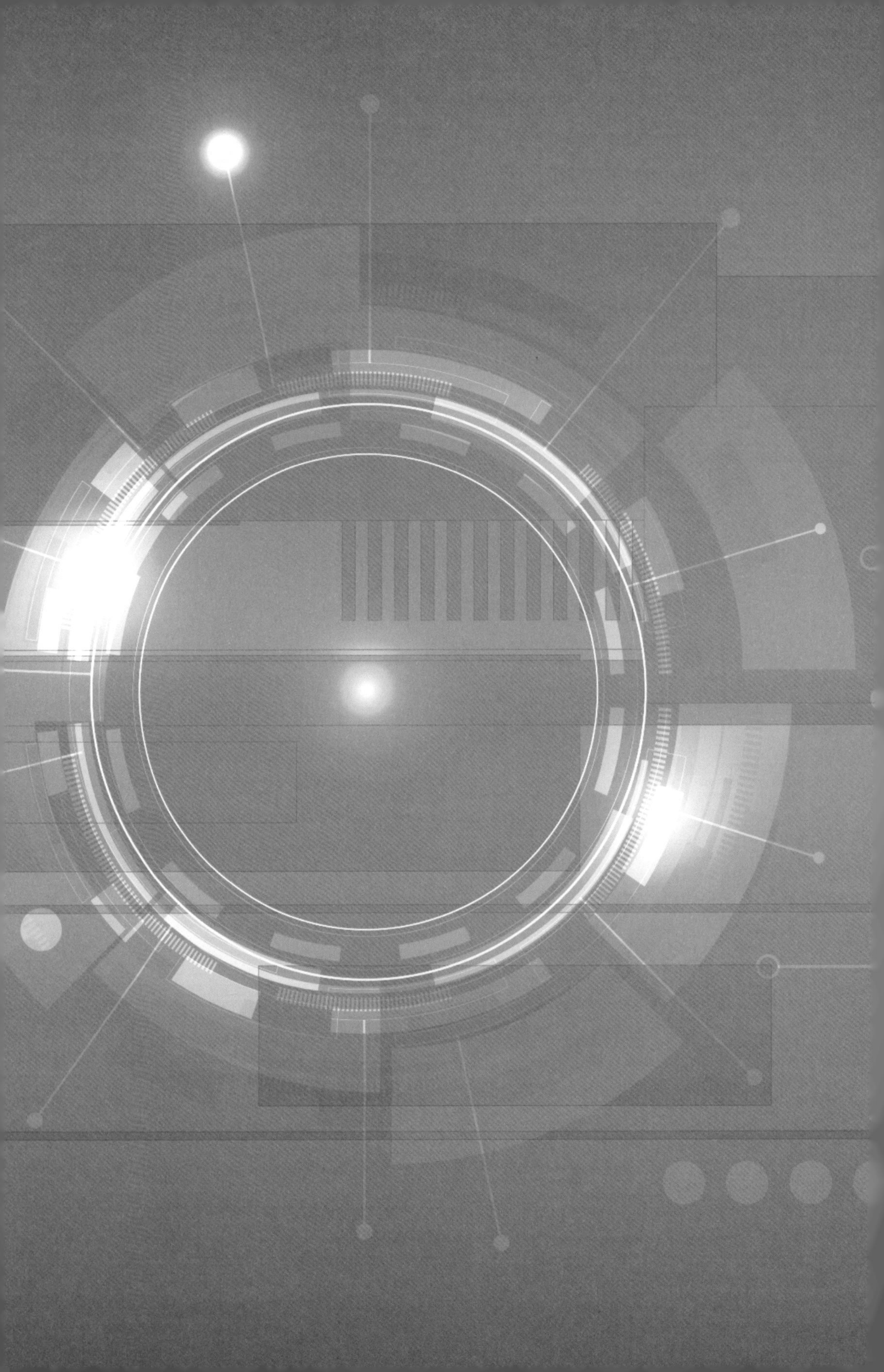

第四章
实战检验与试验研究
——“说实践”

前面几章由浅入深地介绍了精确制导技术原理、制约精确打击的一些因素。第四章着重剖析几个典型案例，分析各类精确制导武器在实战中的表现，以及如何通过实验检验其性能。

第四章分为两部分：第一部分侧重从技术原理的角度分析一些典型装备在实战中的应用效果；第二部分主要了解实验研究，包括系统仿真与外场试验。

战争中决定胜负的因素很多，与许多军事专题片围绕一个具体的战争故事展开不同，我们围绕一种具体的精确制导武器，将一些相关案例进行组织整理，着重分析战争背后的技术 / 战术原因。实战案例分两个专题展开，分别是对地打击和长空论剑。

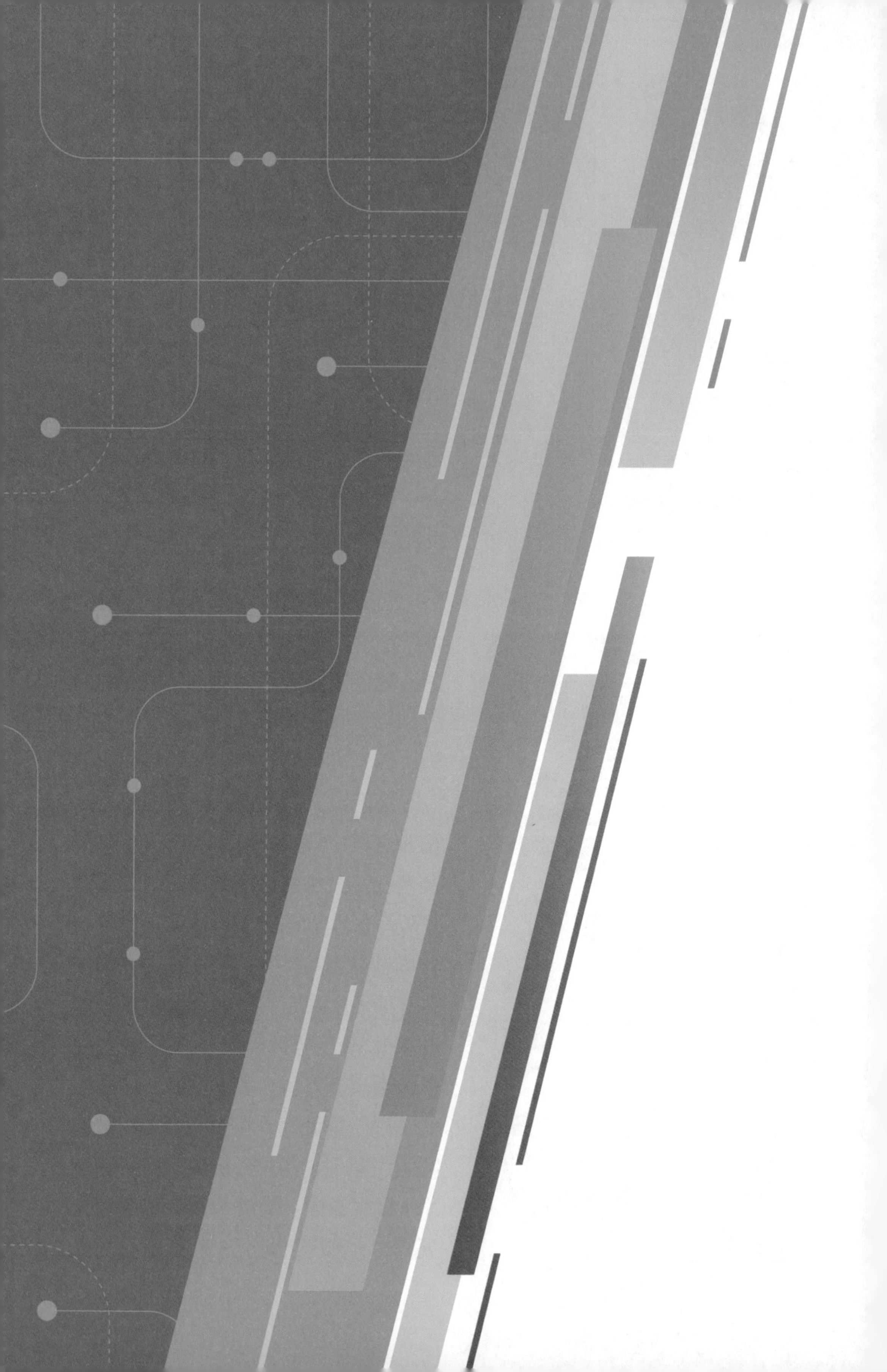

一、对地打击——空地制导武器的发展与应用

视频

第二次世界大战中，空军作为后起之秀，大大改变了传统战争的模式和进程。轰炸是空军打击地面 / 海面目标的主要手段，追求轰炸的精确性一直是空地作战的目标。

首先了解制导炸弹的产生背景。制导炸弹是德国人最先提出来的，但其技术一直保密，1943 年首次用于作战，战绩非常惊人。

最初的制导炸弹采用遥控制导，在提高命中精度的同时也带来了被敌方干扰的隐患。任何事物都有两面性，技术进步了，同时会产生新的问题。我们需要抱着辨证的观点来看待，这也是后面分析问题的一个基本态度。

下面介绍第二次世界大战之后的对地打击。

朝鲜战争中，美军感觉到普通炸弹很难对桥梁进行空袭，于是美国空军用名为“拉松”的控制组件来改装炸弹。这种控制组件的尾翼可以活动，接收 B–29 轰炸机的无线电指令，从而改变航向，以便精确轰炸。

美国还将“拉松”控制组件安装在一种 12000lb（1lb=0.45kg）的炸弹上，这种巨型炸弹又称为“塔松”。美国使用 B–29 轰炸机，在朝鲜投掷了 30 枚“塔松”炸弹，平均精度为圆概率误差 85m。

“塔松”炸弹

第一枚真正意义上的灵巧炸弹是美国海军在 1967 年研制的“白星眼”电视制导炸弹，后投入越南战场使用。

实战暴露出来的问题是，这种制导炸弹需要目标与背景具有较强的对比度，而越南的天气状况常常使它失效。从制导原理可以推测，在夜间无法使用这类电视制导炸弹。

美国空军在越南战争开始时，轰炸的圆概率误差大于 125m，他们希望能够找到精度达到 10m 的制导武器。

在技术方面起到关键作用的是工程师沃德。沃德的工程师团队考虑研制周期、成本等因素，提出发展一种成本在 10 万美元以下的激光制导组件，包括寻的器和控制组件，将其安装在普通航弹上，形成激光制导滑翔炸弹。除导引头外，制导组件的其他部分都可以采用现成的产品。

实践证明，这条技术路线是可行的。

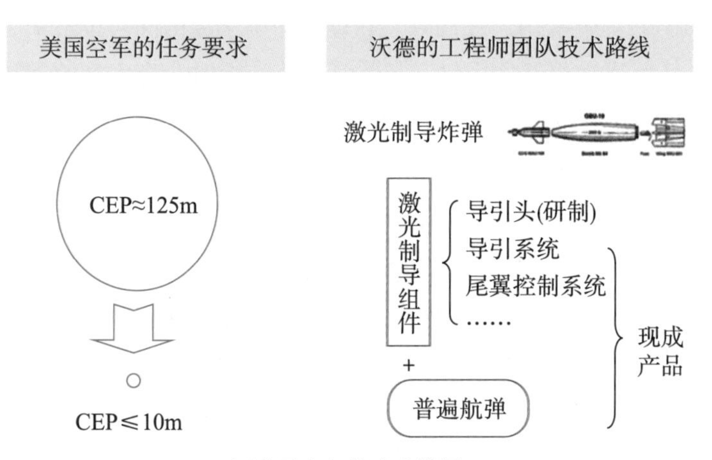

军事需求与技术路线图

当时，激光制导炸弹的作战方案：出动两架飞机，负责目标指示的飞机将激光束对着目标连续照射，使目标的反射光形成一个向外的圆锥体；负责投弹的飞机将激光制导炸弹投入激光反射区中，导引炸弹命中目标。

越南成为美国人试验激光制导炸弹的靶场。

美国空军最先选定的是“宝石路”激光制导炸弹，其中一个型号是将激光制导组件安装在 2000lb 的 MK–84 炸弹上。

此后，美国又研发了“铺路刀”目标指示器，使得一架飞机就可以完成轰炸任务。

GBU-10 系列激光制导炸弹

美国早期发展的激光制导炸弹

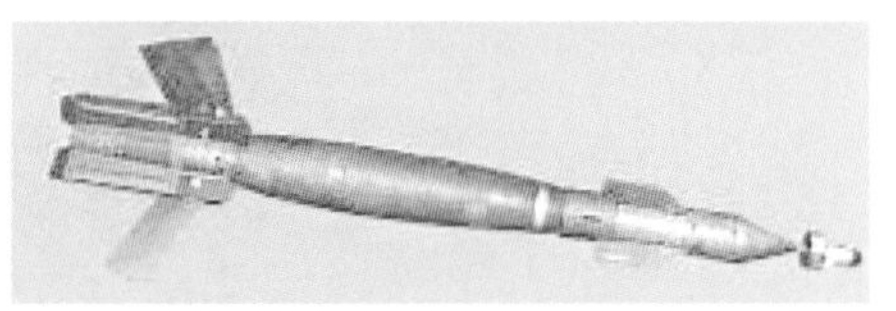

“宝石路”Ⅱ GBU-10 907kg 炸弹

美军继续在实战中不断检验并改进激光制导炸弹，并且积累了大量的作战经验，1972 年对越南清化大桥进行轰炸。

越南清化大桥实景

再现越战中摧毁清化大桥场景的油画。清化大桥是一座小桥，但由于它成为制导武器的实战靶标，因此在世界战争史上拥有很大名气

美军对清化大桥的轰炸

下面根据查阅的资料做一些补充说明：

清化大桥其实是一座小桥，但由于成为制导武器的靶标而出名。1972 年 4 月 27 日，美军出动战斗机，当飞抵清化大桥上空时，云层妨碍了激光对目标的照射。攻击机不得不改用电视制导炸弹攻击目标，虽然给大桥造成重创，但没有坍塌。5 月 13 日，天气良好，清化大桥难逃厄运。美军用一架战斗机照射清

化大桥，之后8架攻击机先后投下26枚激光制导炸弹，其中有几枚是2000lb的。

美国空军的战斗日记中写道：“大桥西段完全和40英尺的混凝土桥台断裂脱落，桥的上部结构完全变形、扭曲，铁路交通在未来几个月内无法通行。”

据统计，从1972年1月到1973年1月，美国空军共投掷了10500多枚激光制导炸弹，其中大约5100枚直接命中目标，4000枚圆概率误差小于6m。

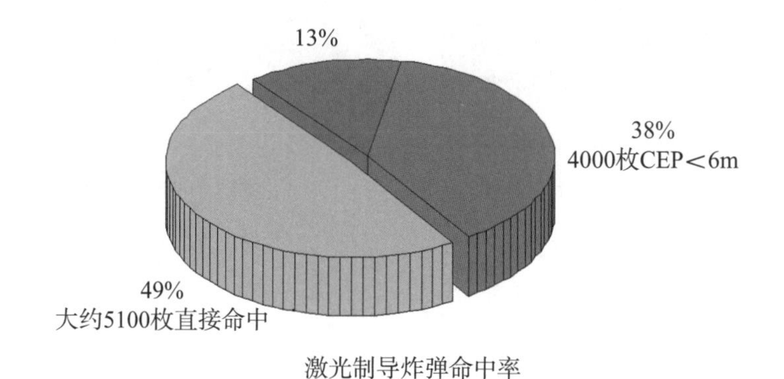

激光制导炸弹命中率

课程测试 Quiz 4-1:

1.【单选题】制导炸弹最先提出来的国家是（　　），其原理是用无线电信号遥控炸弹，校正飞行方向，1943年首次用于作战。

A. 美国　　B. 英国　　C. 法国　　D. 德国

2.【单选题】第一枚真正意义上的灵巧炸弹命名为（　　），是美国海军在1967年研制的电视制导炸弹，后投入越南战场使用。

A. “白星眼”　　B. “爱国者”　　C. “民兵”　　D. “战斧”

3.【单选题】美国空军在越南战争开始时，对地轰炸圆概率误差还在125m左右，美军希望能够把精度提到10m。工程师沃德研发了一种激光制导组件（包括寻的器和控制组件），将其安装在普通航弹，形成激光制导滑翔炸弹。改装的激光制导组件成本低于（　　）。

A. 10万美元　　B. 20万美元　　C. 100万美元　　D. 200万美元

尽管激光制导炸弹在越南战争中表现良好，美国空军并未对其依赖，又开发了电视制导和红外制导的“小牛”导弹，装备A-10攻击机，主要用于打击坦克等移动目标。“小牛”又名“幼畜”，是第三代空地导弹的代表，它有不同制导方式的六种型号，包括电视制导、激光制导和更先进的红外热成像制导。红外成像制导从捕获目标到发射导弹只需 2~4s，射程范围 600m~48km，发射后不管，“小牛”可以自己寻找出目标。

“小牛”空地导弹

1991 年的海湾战争中，美军共部署了 136 架 A-10“雷电”攻击机，共发射了 5296 枚“小牛”空地导弹，使用最多的是红外成像制导导弹。

小结：

目前，机载对地打击的精确制导武器主要是制导炸弹和空地导弹。常见制导方式有电视 / 红外成像制导、半主动激光制导、惯性制导和 GPS 制导等，这几类制导方式的特点在第二章中已经介绍过。

老师：讲到这里，我们已经对制导炸弹和空地导弹有了初步了解。同学们有什么问题？

学生：第一课老师曾经讲过，导弹自身有动力装置，弹药自身没有动力装置，这是导弹与弹药的根本区别。那么我想问，除了自身有无动力装置之外，制导炸弹和空地导弹还有什么区别？

老师：这个问题提得很好。空地导弹与制导炸弹在飞行弹道、攻击的目标上都有所区别。我想借助几幅图片来详细解释。

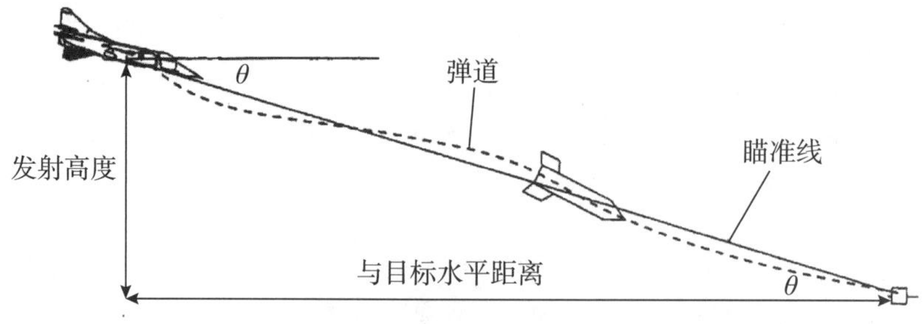

（a）低成本制导武器（炸弹）的弹道示意图

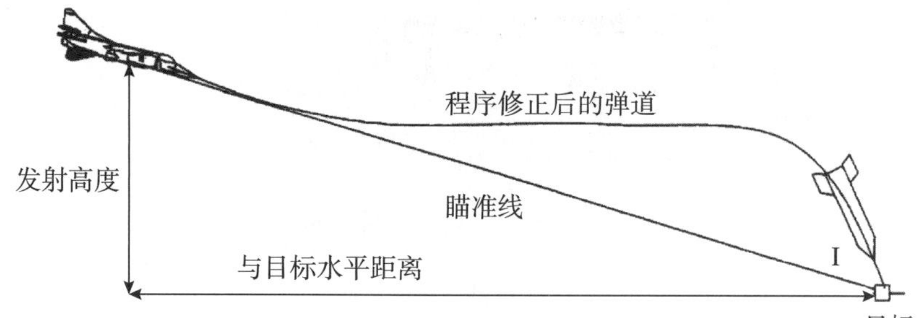

（b）弹道修正使空地导弹能按期望的碰撞角度攻击目标

空地导弹攻击示意图

典型的制导炸弹从投放到命中的飞行过程如图所示。在这一过程中，加装的控制系统试图将炸弹保持在瞄准线上。制导炸弹大多采用的是成本不高的控制器，产生的偏移量也会比较大，这导致了撞击角 θ 很不确定。

空地导弹相对于炸弹要昂贵许多，一般采用更为精确的比例控制系统。一些空地导弹还能够在某一高度变轨，从而按照希望的入射角冲击目标，提高侵彻力。

除了飞行弹道上的差异，导弹和炸弹攻击的目标也有区别。

目前小型空地导弹主要采用电视或红外成像制导，用来攻击低速运动的车辆、坦克等目标，要求目标有较为明显的轮廓、与背景在图像特征上有所区别。因此，在打击没有明显特征的建筑、人员等目标时主要采用制导炸弹。

（a）

（b）

没有明显特征的建筑

例如，2006 年美军在对伊拉克的扎卡维斩首行动中，使用的就是激光制导炸弹和

GPS 制导炸弹。行动中，美军先利用激光制导炸弹 GBU-12 精度高的特点进行首次攻击，观察后发现需要再次打击，然后采用不受烟雾影响的 GPS 制导炸弹 GBU-38 加强打击效果。

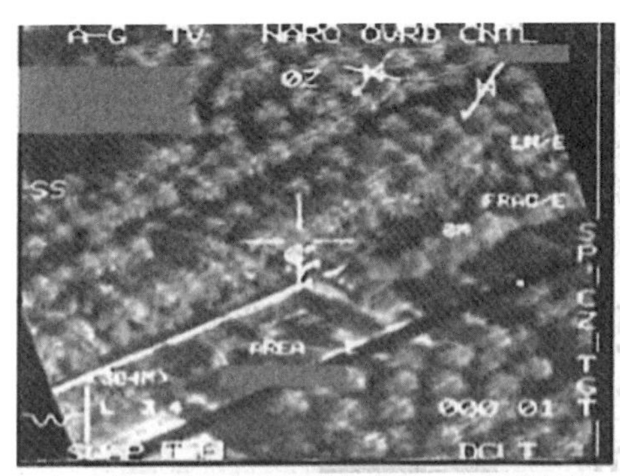

（a）对扎卡维的打击视频画面，F-16目标指示器上为激光制导炸弹GBU-12照射目标

（b）激光制导炸弹GBU-12命中目标

（c）GBU-12爆炸后的尘土和烟雾使再次用激光制导武器攻击目标非常困难

（d）第二次攻击用了GPS制导的GBU-38命中目标

斩首行动视频截图

老师：刚才那个同学的提问，我就回答到这里。好，我们继续上课。

前面主要讲了制导炸弹和空地导弹，这两类武器在打击地面目标时需要飞机平台来发射，因此载机存在一定的风险。

相比之下，可以实施远距离精确打击的巡航导弹显得更加安全，这就是“防区外打击”。大纵深、高精度的巡航导弹已成为世界军事强国实施精确打击的重要手段。

飞航导弹分类如图所示。以前将飞航导弹与巡航导弹等同，但是现在飞航导弹涵盖的范围更广一些。飞航导弹的英文是 Aerodynamic Missile，指依靠翼面

所产生的气动力与制导控制系统来支持自身质量和控制其飞行轨迹的导弹，习惯分为巡航导弹、反舰导弹、反辐射导弹、空地导弹等。

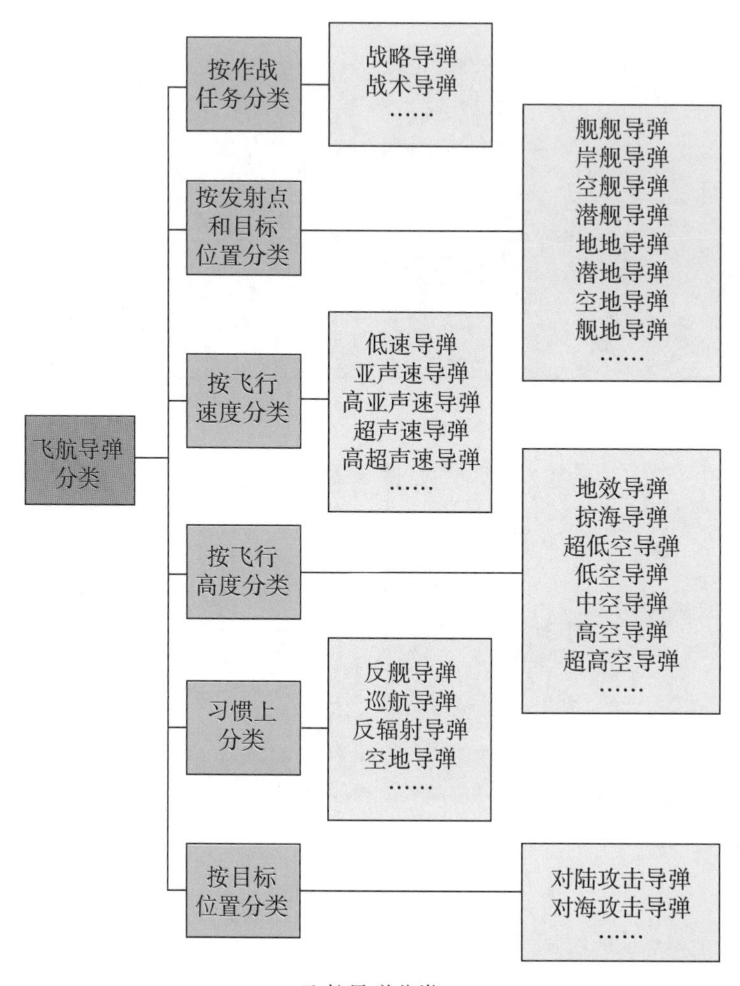

飞航导弹分类

巡航导弹的英文是 Cruise Missile，典型代表是美国的 BGM-109“战斧”巡航导弹。

“战斧”巡航导弹是一种多平台发射、兼有战略和战术双重作战能力的多用途导弹，先后发展了 12 个型号。其中，BGM-109A 和 BGM-109G 是带核战斗部的战略巡航导弹；BGM-109B 和 BGM-109E 是常规反舰型导弹；而 BGM-109C、BGM-109D 和 BGM-109F 是常规对陆攻击型导弹，各类媒体经常报道的就是从舰船或潜艇上发射的对陆攻击型的“战斧”巡航导弹。

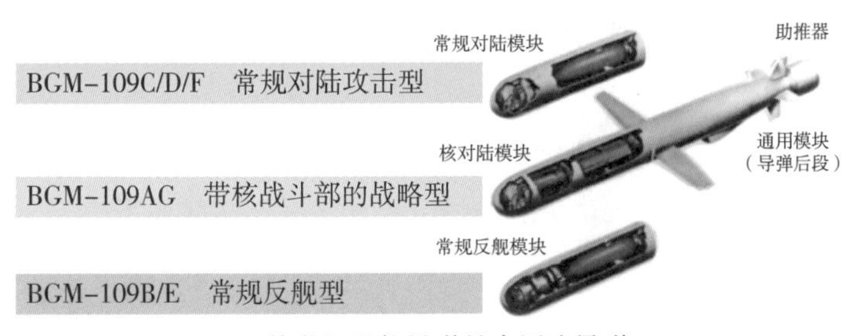

“战斧”巡航导弹是多用途导弹

对地打击经历了从狂轰乱炸到精确打击、从打击固定目标到打击移动目标、从机载平台发射到防区外远程打击的发展过程。可见，对地打击精确制导武器的产生和发展与其他武器一样都始于战争的迫切需求，也就是我们常说的“需求牵引”。“技术推动”、“需求牵引”和“技术推动”使装备得到了快速发展。

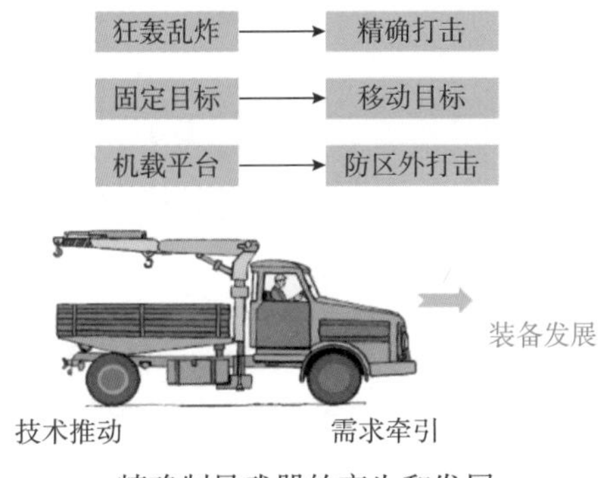

精确制导武器的产生和发展

课程测试 Quiz 4-2:

1.【单选题】“小牛”空地导弹有不同制导方式的多种型号，包括电视、激光和红外制导。在海湾战争中使用最多的是（　）型号。

A. 电视制导　　B. 激光制导

C. 红外成像制导　　D. 雷达制导

2.【多选题】目前，机载对地打击的精确制导武器主要是制导炸弹和空地导弹，常见的制导方式有（　）。

A. GPS 制导　　B. 惯性制导

C. 半主动激光制导　　D. 电视、红外成像制导

3.【多选题】飞航导弹是指依靠翼面所产生的气动力与制导控制系统来支持自身重量和控制其飞行轨迹的导弹。（　）属于飞航导弹。

A. 巡航导弹　　　　B. 反舰导弹

C. 反辐射导弹　　　D. 空地导弹

4.【单选题】“战斧”巡航导弹是一种多平台、兼有战略和战术双重作战能力的多用途导弹，先后发展了 10 多个型号。“战斧”的正式命名是（　）。

A. BGM–109　　　　B. AIM–120

C. AGM–65　　　　D. BGM–71

二、长空论剑——空空导弹的发展与使用情况

视频

在第一章中提到过德国的 V–1 巡航导弹，大家比较熟悉。最早的空空导弹同样产生于德国，典型代表是 X–4，最大飞行速度为 900km/h，最大射程为 2.7km。X–4 空空导弹采用有线制导，发射后导线随之放出。驾驶员通过驾驶舱内的控制手柄操纵，机动追踪空中目标。X–4 空空导弹尚未来得及装备德国空军，第二次世界大战就结束了。

X–4 空空导弹

空空导弹的出现改变了空战样式，各国加紧研制新型空空导弹，以占据空战中的技术优势。射程在 20km 以下的为近距空空导弹，20~50km 的为中距空空导弹，50km 以上的为远距空空导弹。1946—1956 年，当时的轰炸机配有很强的自卫武器，第一代空空导弹就是为了使歼击机能击毁轰炸机而设计的，它们的战术基本上都是尾追攻击。1957—1966 年出现了超声速轰炸机，只能从尾后攻

击目标的空空导弹就失去了作用。于是出现了最大射程为 22km，最大使用高度为 25km，最大飞行速度为马赫数 3 的第二代空空导弹，其性能有了明显提高。1967 年以后，几次局部战争的实践使用表明，第二代空空导弹并不能适应近距空战和夺取制空权的战术使用要求，因此远距拦射和近距格斗的第三代空空导弹应运而生。20 世纪 80 年代中期以后研制并服役的导弹属第四代，这一代空空导弹具有发射后不管、全向攻击、多目标、全天候作战和敌我识别能力，它精度高、机动性好、抗干扰能力强，目前装备的先进远距空空导弹最大射程已超过 200km。

空空导弹使用时，天空背景比较“干净”。“干净”是从探测角度出发，指的是探测区域内介质单一、干扰物少。而现代喷气式战斗机又存在热辐射的特点。因此，空空导弹一般采用雷达制导或红外寻的制导。

中、远程的空空导弹一般采用主动或半主动雷达寻的制导，美军这类导弹比较出名的有 AIM-120 系列、AIM-54“凤凰”系列等。西方传说中“凤凰”可以浴火重生，因而 AIM-54 导弹也翻译成“不死鸟”导弹。

“不死鸟”（“凤凰”）空空导弹

近距空空导弹多采用红外制导方式，最出名的是 AIM-9“响尾蛇”系列。

“响尾蛇”导弹

“响尾蛇”导弹于1948年开始研制，1956年装备部队。首批服役的是B型，A型没有批量生产。该系列导弹历经四代，进行过10多次大的改进，除了C型采用半主动雷达制导，其余的型号都采用红外寻的制导。

第一、二代的“响尾蛇”导弹的型号，以及各自的技术特点见表。

AIM-9“响尾蛇”空空导弹（第一、二代）

型号	技术特点
AIM-9B	红外寻的（发射前导引头不能转动）
AIM-9C	半主动雷达制导（效果较差而很快退役）
AIM-9D	提高探测灵敏度（射程增长至18.53km）
AIM-9E	视角提高到40°（射程降至4.2km）
AIM-9F	太阳盲区减少至5°（特许德国生产）
AIM-9G	D型改良版，扩大对目标的截获范围
AIM-9H	跟踪角速度40°/s，初具离轴截获和跟踪能力
AIM-9J	换装了固体电路、采用类似边条翼的操作舵面，提升了机动和寻的性能
AIM-9N	大量采用固体电路和操作舵面，改进了制导和控制舱，安装更可靠的近炸引信

下面举一个第二代空空导弹战胜第一代空空导弹的例子。

说起这个战例，可以先从一部好莱坞大片说起。影片“TOP GUN”（《壮志凌云》）是以1981年美国与利比亚的亚锡拉湾空战为背景。电影银幕上双方的交锋可谓惊心动魄，但实际的战斗过程非常短暂。

电影《壮志凌云》宣传广告

整个战斗过程大致如下：

在预警机的引导下，美军两架 F-14 战斗机迎着两架利比亚战机飞去。双方相距 6000m 时，利比亚战机抢先发射了一枚苏制 AA-2“环礁”式红外制导的空空导弹。美军长机迅速机动规避，同时实施干扰，使得机动性和抗干扰能力均较差的 AA-2 导弹丢失目标。

摆脱导弹攻击后，美军开始反击。美军长机飞行员发现一架利比亚战机正向着太阳飞行，没有急于发射导弹，而是咬住目标不放尾随其后，待其偏离太阳方向后发射了一枚 AIM-9D“响尾蛇”导弹，直接命中。同时，美军僚机也抓住机会击落了另一架利比亚战机。这次空战仅用时 1min 左右。

（a）

（b）

作战过程的视频截图

简要分析这场空战背后的技术因素：

阳光中有丰富的红外能量，一旦进入光学视场，就形成了强大的干扰，致使红外导引头无法工作。因此，红外制导的空空导弹是不能逆光发射的。同样，如果敌机发射红外干扰弹，也会给导引头的跟踪造成很大影响，不具备抗干扰能力的导弹很可能丢失目标。

美军长机实施红外干扰，是对抗 AA-2 这种抗干扰能力差的第一代红外空空导弹的有效手段。AIM-9D 同样存在太阳盲区，不能逆光发射，利比亚战机选择向着太阳飞行，应该说也是正确的战术行为，只是后来没有办法摆脱尾追而被击落。

第三代和第四代“响尾蛇”导弹见表。

AIM-9"响尾蛇"空空导弹（第三、四代）

型号	技术特点
AIM-9L	改进制导控制系统，安装不易受干扰的主动激光引信，提高传感器灵敏度，攻击角≥ 90° ，又称"超级响尾蛇"
AIM-9M	AIM-9L 型的升级版，进一步提高格斗和抗干扰性能
AIM-9P	AIM-9J 型基础上改良的格斗出口型
AIM-9S	提高了对电磁环境的适应性
AIM-9X	采用焦平面阵列导引头和凝视成像技术，气动力 / 推力矢量控制方式，具备越肩发射能力

AIM-9L 改进了制导控制系统，安装不易受干扰的主动激光引信，提高了传感器的灵敏度，攻击角大于 90° ，因此又称为"超级响尾蛇"导弹。

AIM-X 是第四代空空导弹，它采用了焦平面阵列导引头和凝视成像技术，气动力 / 推力矢量控制方式，具备越肩发射能力。

下面给出 "超级响尾蛇"导弹在实战中的统计数字。

1982 的英阿马岛之战中，英国空军共发射了 27 枚 AIM-9L"超级响尾蛇"导弹，击落了 24 架阿根廷战机，摧毁概率达到 89%。

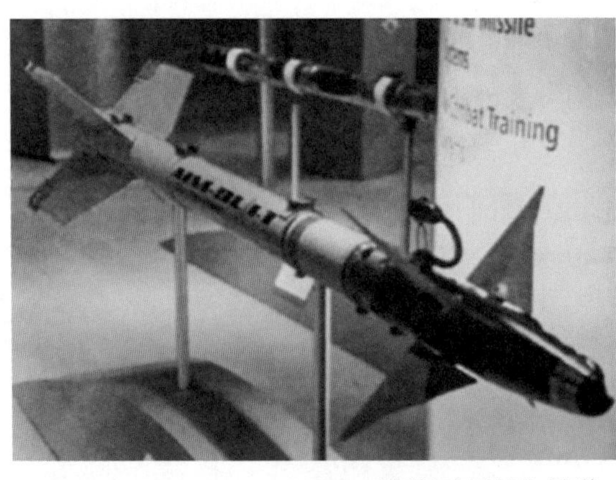

弹长：2.87m
弹径：0.127m
翼展：0.63m
质量：86.2kg
射程：18km
速度：马赫数 2.5

AIM-9L"超级响尾蛇"导弹

上面以"响尾蛇"导弹为例简要分析了红外空空导弹的技术特点和发展历程，典型红外制导空空导弹的主要技术特点见表。

典型红外制导空空导弹的主要技术特点

	服役年代	攻击方式	弹速 / Ma	射程 /km	抗干扰性	传 感 器	典型代表
第一代	20 世纪 50 年代中	尾后攻击	2	2	无	近红外非制冷单元硫化铅光敏元件	AIM–9B
第二代	20 世纪 60 年代中	后半球寻的攻击	2.5	3	一般	单元制冷探测器，敏感波段延伸至中红外	AIM–9D/E/J
第三代	20 世纪 70 年代中	全向攻击	2.5	9	较好	高灵敏单元或多元锑化铟探测器	AIM–9L/M
第四代	20 世纪 80 年代中后期至今	全向攻击	2.5	10	好	红外成像	AIM–9X

由表可以看到：第一代红外制导空空导弹主要采用尾后攻击的方式，抗干扰能力很差或者没有，典型代表是 AIM–9B；第二代的红外制导的空空导弹具备了后半球寻的攻击能力，抗干扰性能一般，典型的代表是 AIM–9D/E/J 型；第三代的红外制导空空导弹初步具备了全向攻击能力，抗干扰性能比较好，典型代表是 AIM–9L/M 型；第四代的红外制导空空导弹具备了全向攻击能力，抗干扰性能较好，典型代表是 AIM–9X。

典型雷达制导空空导弹的主要技术特点见表。

典型雷达制导空空导弹的主要技术特点

	服役年代	弹速 /Ma	射程 /km	抗干扰性	制导体制	导引系统雷达体制	典型代表
第一代	20 世纪 50 年代初	3.8	8	差	波束制导	无线固定接收	“猎鹰”AIM–4
第二代	20 世纪 60 年代初	3	26	一般	半主动寻的	隐藏式圆锥扫描，脉冲体制	“麻雀”AIM–7E
第三代	20 世纪 70 年代初	4	40	较好	半主动寻的 + 跟踪干扰源	单脉冲测角，连续倒置接收	“麻雀”AIM–7F/M

续表

	服役年代	弹速 /Ma	射程 /km	抗干扰性	制导体制	导引系统雷达体制	典型代表
第四代	20 世纪 80 年代初至今	4	90	好	惯性制导 / 数据链修正 + 主动雷达寻的	单脉冲测速，脉冲多普勒	AIM-120

由表可以看到：第一代的雷达制导的空空导弹主要采用波束制导，抗干扰性能很差，典型代表是“猎鹰”AIM-4；第二代的雷达制导空空导弹一般采用半主动寻的制导，抗干扰性能一般，典型代表是“麻雀”AIM-7E；第三代的雷达制导的空空导弹，采用半主动雷达寻的制导，另外还可以跟踪干扰源，具有较好的抗干扰能力，典型代表是“麻雀”AIM-7F/M 两个型号；第四代的雷达制导空空导弹，制导体制一般是惯性制导 / 数据链修正再加上主动雷达寻的，抗干扰能力较好，典型代表是 AIM-120 系列导弹。

小结：

科学技术的发展是无止境的，精确制导武器技术的发展也有其螺旋上升的规律性：一是技术的发展总是由低到高，处于不断变化和发展中；二是周期性发展，即由量变到质变，再由质变到量变，量变是逐渐变化的，体现为武器改进的一型又一型；而质变是革命性变化，体现为装备发展的一代又一代。

课程测试 Quiz 4-3:

1.【单选题】最早的空空导弹是德国 1944 年开发的（　　），最大飞行速度为 900km/h，最大射程为 2~7km。

A. X-1　　B. X-2　　C. X-3　　D. X-4

2.【多选题】20 世纪 80 年代以后研制的空空导弹具有的特点是（　　）。

A. 发射后不管　　B. 全向攻击

C. 多目标攻击　　D. 敌我识别能力

3.【单选题】近距空空导弹多采用（　　）制导方式，如 AIM-9 系列“响尾蛇”导弹。

A. 红外　　B. 主动雷达　　C. 半主动雷达　　D. 被动雷达

4.【判断题】精确制导武器技术的发展有其螺旋上升的规律性，符合辩证法。其中武器改进的一型又一型体现了事物发展的量变，装备发展的一代又一代体现了事物发展的质变。（　）

A. 正确　　　B. 错误

视频

三、系统仿真——导弹制导系统仿真实验

对于精确制导武器，实践并不局限于实战检验，还包括许多科学试验的手段，如实验室仿真、靶场试验等。正是有了这些科学的仿真与试验，许多技术难题才能够以较小的代价来解决。

系统仿真实验流程图如图所示。计算机出现以后，逐渐形成了一门综合性边缘科学技术——系统仿真科学与技术。系统仿真就是建立系统模型，并利用模型运行，完成工程试验与科学研究的全过程。

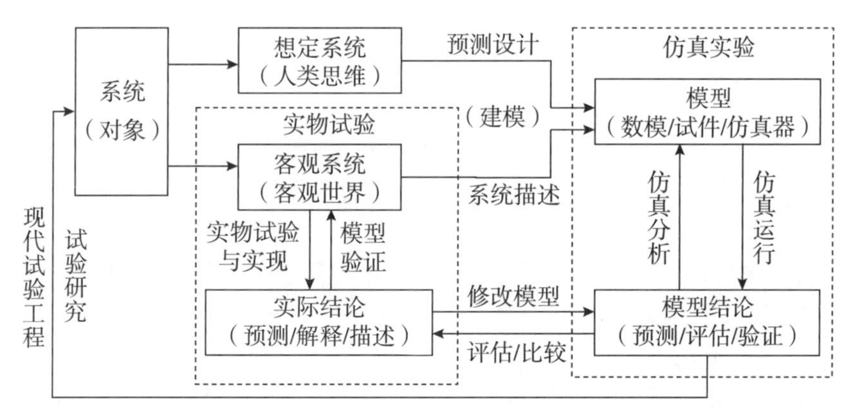

系统仿真实验流程图

下面以导弹的制导系统仿真为例进行介绍。导弹制导系统的仿真方法分为数字仿真、半实物仿真和实物仿真，如下表所示。

三种导弹制导系统仿真方法

类型	说明
数字仿真	在计算机上建立描述制导系统物理过程的数学模型。它的特点是重复性好、精度高、灵活性大、使用方便、成本低
实物仿真	全部采用制导系统和仿真器的仿真。从原理上讲，它的逼真度最高，但技术复杂
半实物仿真	采用部分制导系统的实物和部分数学模型的仿真，是现代系统仿真技术的发展重点

寻的制导控制系统半实物仿真系统框图如图所示。导弹制导系统仿真可以模拟制导系统工作的全过程，即导弹从发射到命中目标。通过系统仿真技术可使设计达到优化，特别是半实物仿真可检验制导计算机软件及制导系统方案的设计。在靶场飞行试验前，仿真技术也可以用来进行导弹制导精度模拟以及导弹飞行故障模拟。

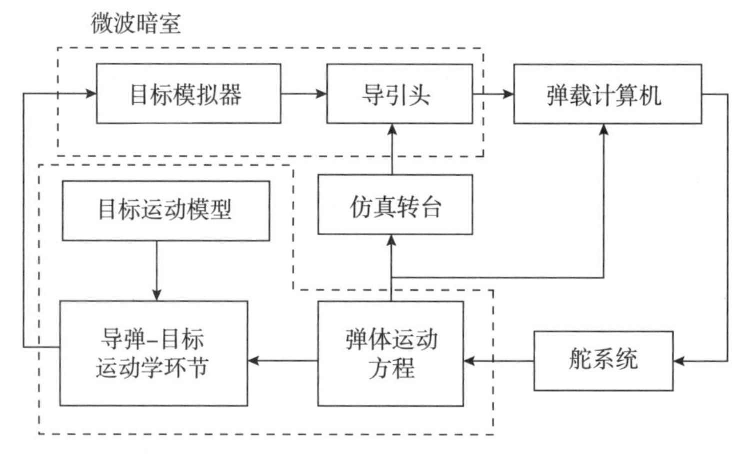

寻的制导控制系统半实物仿真系统框图

在微波暗室中进行电磁兼容屏蔽测试如图所示。

电磁兼容屏蔽测试

课程测试 Quiz 4-4:

1.【多选题】导弹制导系统的仿真分为数字仿真、实物仿真和半实物仿真，其中数字仿真的特点是（　）。

A. 重复性好　　B. 精度高

C. 灵活性大　　D. 使用方便、成本低

2.【判断题】实物仿真是全部采用制导系统和仿真器的仿真，从原理上讲逼真度不高，特点是技术简单、成本较低。（　）

A. 正确　　B. 错误

3.【判断题】半实物仿真是采用部分制导系统实物和部分数学模型的仿真，是现代系统仿真技术的发展重点。（　）

A. 正确　　B. 错误

四、外场试验——理论联系实际

视频

经过实验室仿真检验后，精确制导武器还要经过外场试验的测试。

导弹的飞行试验（简称试飞）通常分为研制性、鉴定性及抽检性三类，三类试验均在靶场进行。靶场配备完善的测量设备，详细情况如图所示。

从图中可以看到，靶场测量系统可以分为外弹道测量系统和弹上测量系统两大类。

无论是作战还是做实验都会碰到许多实际问题，因此，本章最后谈谈“理论联系实际”。先看中国第一任战略导弹总设计师梁守槃是如何理解这个问题的。

梁守槃是海防导弹系统的总设计师，扬名中外的“蚕”式导弹就是他的杰作。传说第一次发射导弹，连发了三枚都没有成功。梁守槃围绕发射架转了三圈，下令把发射架锯掉1.2m，结果一举成功。梁守槃说：“转了三圈的说法有些神化，其实是反复验证数据的结果。而反复验证的成功主要靠理论联系实际，特别要解决的问题是相信中国人能够理论联系实际。有人认为中国可以花钱去买技术，实际上是人家很多东西不卖。所以你想要买，完全是做梦。”

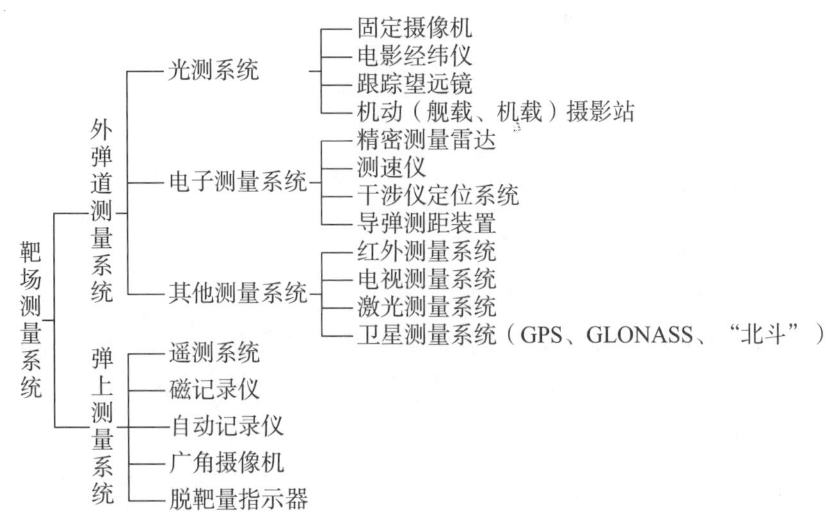

靶场测量系统

梁守槃在导弹生产车间

再介绍一位“两弹”元勋——黄纬禄，他的专长是导弹制导系统。黄纬禄不仅主持了我国第一枚固体潜地战略导弹的研制，还研制成功陆基机动固体战略导弹武器系统。他也是一位理论联系实际的大师，有许多逸闻趣事。过去，外场试验基地的条件较差。有一次大家吃红烧排骨，苍蝇闻到香味怎么轰都赶不走，只有黄纬禄不轰苍蝇，吃得很自在。身边的同志看到了，就来请教。黄纬禄说：“我先把一块啃完肉的骨头放在旁边，顺便将苍蝇沿着放骨头的方向引导一下，让它们去啃骨头，一般情况下它们就不愿冒险跟我争肉吃了。这样，我不断吃我的新排骨，苍蝇不断啃它们的新骨头，各有所得。”大家恍然大悟，都说黄总把制导理论幽默地应用到轰苍蝇的小事上了，做到了“大能制导导弹，小能制导苍蝇”。

黄纬禄院士：著名火箭与导弹技术专家，“两弹一星”元勋

再来看“中国导弹之父”钱学森是如何理解理论联系实际的。钱老曾经感慨：“我在美国搞的那些应用力学、喷气推进和工程控制论等等，都属于技术科学。而技术科学的特点就是理论联系实际。我写的那些论文选题都是从航空工程和火箭技术的实际工作中提炼出来的。而研究出来的理论又要与试验数据对照，接受实践的检验。这个过程往往要反复多次，一个课题才能完成，其成果在工程上才能应用。这就是《实践论》中讲的道理。”

我国导弹与航天事业的奠基人钱学森在讨论技术问题

正是经过一代又一代科技人员的不懈探索和实践，我们国家才拥有了现代化的导弹武器装备。最后，一句话作为第四章的结束：“实践出真知，知行合一。”

课程测试 Quiz 4-5:

1.【多选题】导弹的飞行试验（简称试飞）通常分为（　　）等几类试验。这几类试验均在靶场进行。

A. 研制性　　B. 鉴定性　　C. 抽检性　　D. 灵活性

2.【单选题】科学家（　　）说："我在美国搞的那些应用力学、喷气推进和工程控制论等等，都属于技术科学。而技术科学的特点就是理论联系实际。我写的那些论文选题都是从航空工程和火箭技术的实际工作中提炼出来的。而研究出来的理论又要与试验数据对照，接受实践的检验。这个过程往往要反复多次，一个课题才能完成，其成果在工程上才能应用。这就是《实践论》中讲的道理。"

A. 梁守槃　　B. 黄纬禄　　C. 钱学森　　D. 钱三强

老师：还有几分钟时间，请同学们谈谈在第四章中的体会，或者说是印象深刻的地方。

学生 A：这节课我的最大收获是认识到科学实验的重要性，科学实验是认识世界和改造世界的有效手段。以前我总觉得仿真和实验只是课堂学习的一部分，但是听完这节课以后我觉得，仿真和实验是认识世界和改造世界的有效方法和手段，所以我们应该从实践的高度来认真对待。

老师：这位同学听课很认真。

学生 B：我记得上一节课当中老师以"响尾蛇"导弹为代表介绍了红外空空导弹制导技术的发展，给我留下了深刻的印象。特别是最后的总结，使我认识到了精确制导技术也遵循事物发展的一般规律，由量变到质变，武器改进的量变最终带来革命性的质变，具体表现为武器装备的更新换代。

老师：好。这是事物发展的普遍规律，导弹武器也不例外。

学生 C：在老师刚才讲到的对地打击专题的小结中，有一张幻灯片令我印象深刻，就是"需求牵引"和"技术推动"是装备发展的两个轮子，这两股力量共同作用促进了武器装备的发展。

老师：同学们讲得都很好。梁守槃、黄纬禄、钱学森等老一辈科学家是为中国导弹事业作出了巨大贡献的科学大师，也可以说他们是"理论联系实际"的典范。

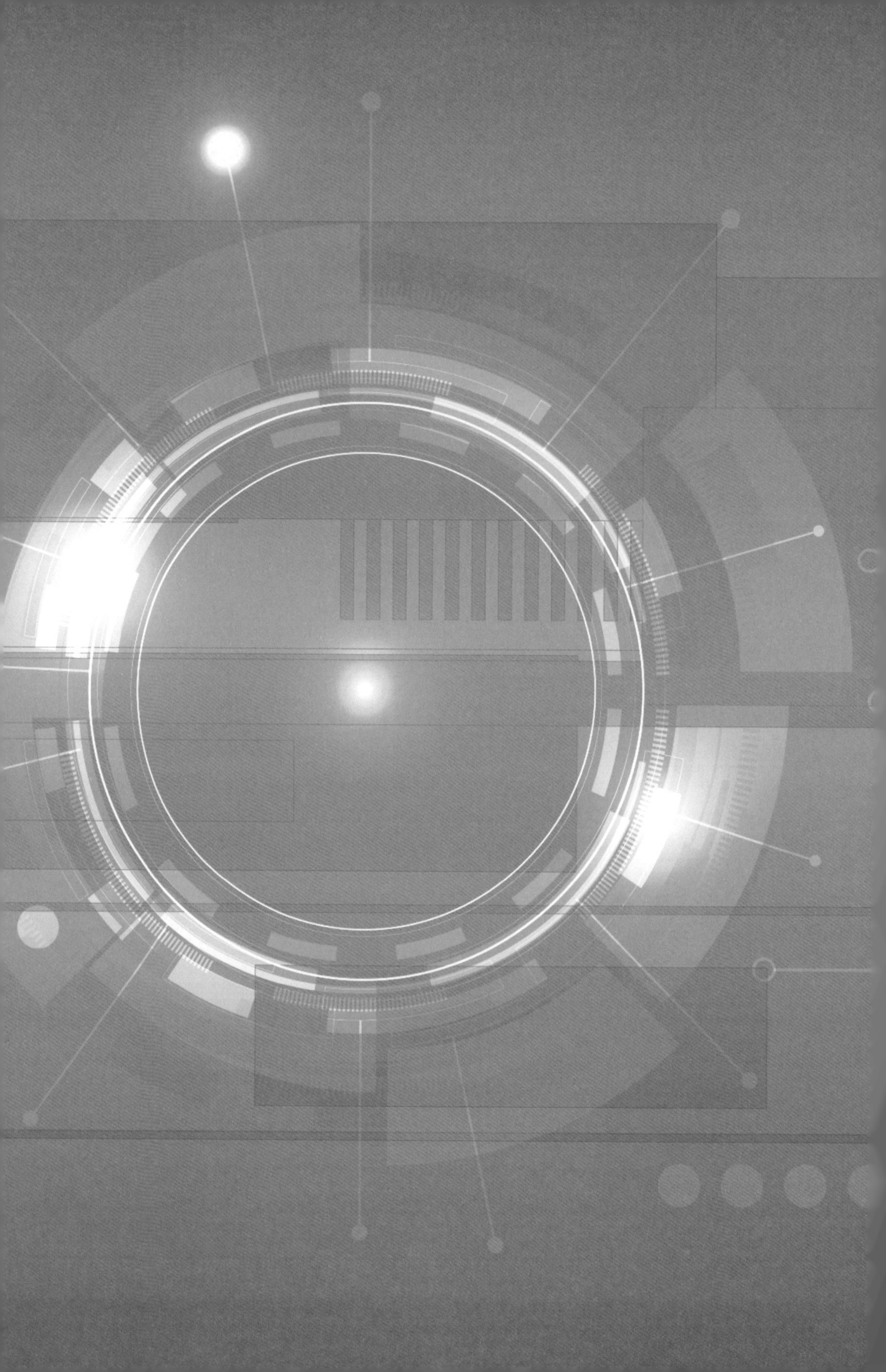

第五章 精确制导发展的思考——“登高望远”

本章分为五节内容：一是新装备和新技术的发展情况；二是以空天防御体系为例谈一谈体系建设；三是总结精确制导与精确打击领域的专业知识体系；四是介绍钱学森的现代科学技术体系；五是谈一谈个人对科技与人文的一些思考。

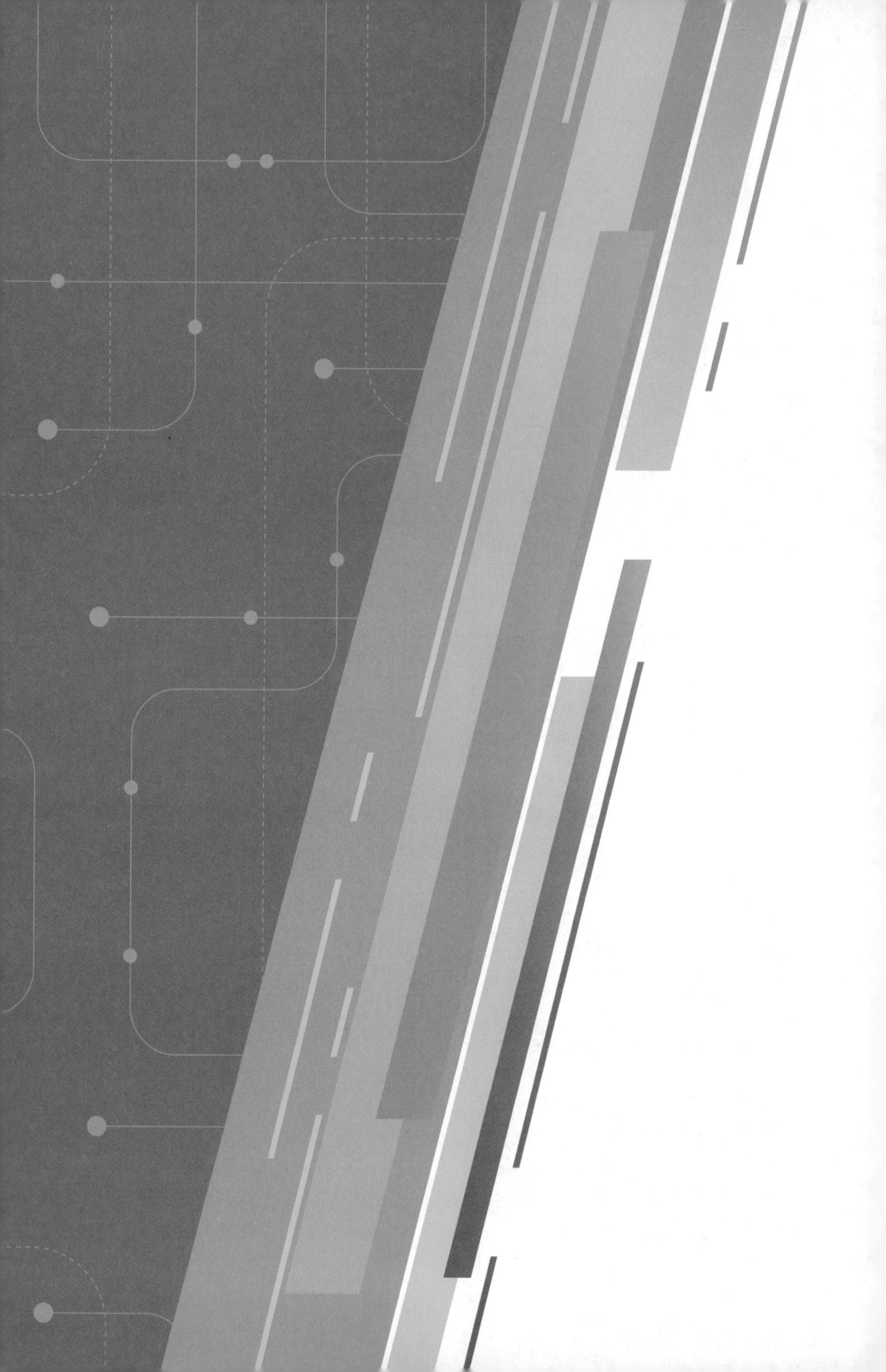

一、装备发展：需求牵引 + 技术推动

视频

武器装备的发展是由作战需求牵引和技术发展推动的，也就是说，“打什么仗造什么武器”“有什么技术成就什么武器性能”。

（一）制导枪弹

在阿富汗战场和伊拉克战场上，由于受天气、风速、光线及目标移动等因素影响，美军士兵经常消耗大量子弹也无法命中目标。

为了提高武器射击精度，美国国防高级研究计划局于 2008 年启动了“超精确战术武器系统”项目（前身是 2007 财年启动的激光制导枪弹项目）。

虽然制导炸弹、导弹早已不足为奇，但要研制出具备制导功能的枪弹有一定难度。因为枪弹的口径小、体积小，在其中安装制导装置和飞行控制装置是相当困难的。

随着信息技术、激光制导技术和人工智能技术的飞速发展，美国桑迪亚国家实验室的研究人员克服了这些难题，研究了一种采用激光半主动制导技术的 12.7mm 制导枪弹。这种步枪不需要依靠准星进行精确瞄准，子弹将通过激光导航来调整飞行方向，更快速更准确地命中目标。

目前，12.7mm 制导枪弹已经完成了计算机模拟和样弹试验。随着激光制导枪弹的使用，步兵武器也开始步入精确打击时代。

与传统意义上的枪弹不同，制导枪弹突破了枪弹从枪管发射后直线飞行的惯性轨迹，颠覆了“子弹不长眼”的传统观念，采用先进制导技术不断修正枪弹的飞行轨迹，最终精确命中目标。

制导枪弹主要有以下三个特点：

特点一：射击精度将取得革命性飞跃。

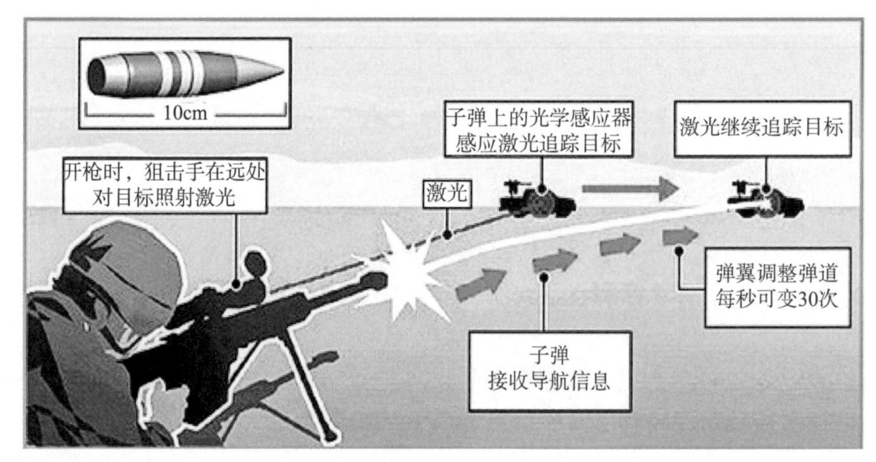

制导枪弹射击机动目标示意图

制导枪弹可广泛装备军队，从而提高射击的命中率，让普通士兵拥有狙击手的神奇枪法。美国桑迪亚国家实验室启动制导枪弹项目的目标就是研制一种自动探测并锁定目标的枪弹，其射击精度将具有较大的提升。

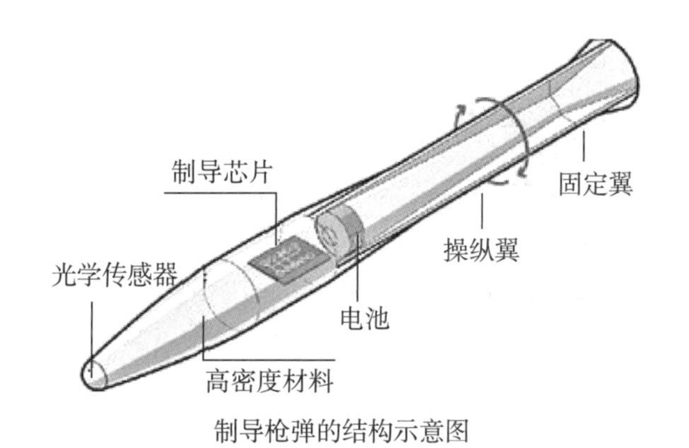

制导枪弹的结构示意图

该弹全弹长为 138mm，其中弹丸（含弹托）长为 110 mm，弹质量为 55g（12.7mm × 99mm 机枪弹弹丸质量约为 46g）。枪弹出膛后弹头上的传感器接收编码激光信号，在飞行过程中根据激光信号的脉冲重复率修正弹道（每秒可修正 30 次），以便提高射击精度。

计算机模拟结果表明，制导枪弹能够精确命中 2000 m 距离内的运动和静止目标，1000m 距离的精度可控制在 0.2m 内，而传统 12.7mm 枪弹在 1000m 距离的设计精度约为 9m。

此外，由于制导枪弹具有曲线飞行轨迹，在制导技术的导引下，能够精确打击隐蔽在墙壁、战壕、掩体后或房屋内的目标。

制导枪弹实弹射击实验中的弹道轨迹

特点二：射程增加 1 倍甚至更远。

制导枪弹使用滑膛枪械发射，不能像传统枪械那样实现高速旋转，而是采用气动结构保持枪弹在飞行过程中的稳定。

制导枪弹独特的尾舵设计，能够适应空气动力学变化，在一定限度上抵消风速和地球引力的作用，从而增大系统瞄准和直接射击距离。在使用狙击步枪执行远距离精确射杀任务时，有效距离约为 2km，最远狙杀纪录为 2.43km，而制导枪弹的革命性设计将使这一距离增加 1 倍甚至更远。

狙击步枪执行远距离精确射杀任务

美国国防高级研究计划局开展的 12.7mm 超精确战术武器系统项目，正在研制最大射程 5km 的制导枪弹。

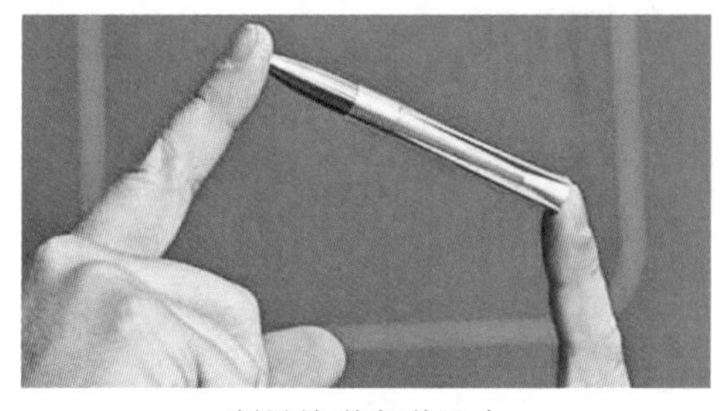

制导枪弹实弹尺寸

特点三：无需专门技能培训、专用枪弹和先进瞄准装置，普通士兵均能执行狙击任务。

传统狙击武器是在普通步枪中挑选进行改进或专门设计制造，装有精确瞄准镜；枪管需要特别加工，精度非常高；子弹通常也是采用特殊工艺专门制造；执行狙击任务的狙击手需要接受长期且严格的专业训练，以掌握精确射击、伪装和观察技能。

使用新型制导枪弹执行远距离射击任务时，士兵只需要将激光束保持照射到目标即可，不需要考虑目标移动、风速风向、气温等问题，改变了狙击任务完全依靠狙击手个人经验和先进瞄准镜的情况。

老师： 下面我提几个问题。

第一，该型子弹采用的是何种制导体制，有哪位同学回答一下？

学生 A： 该型子弹采用的是激光半自动制导体制。

老师： 好，非常不错。

第二，在实战应用中这种制导子弹有什么缺陷？应该怎么改进？

学生 B： 这种子弹的主要缺陷就是射击人员需要对目标持续照射。如果目标相距3km，子弹速度是700m/s，那么需要进行4s多的照射时间，对射击人员安全造成不利。对这种缺陷的改进主要有两种：一种是照射器和发射器分离，射击人员在射击完毕可以进行隐蔽，由其他人员进行照射；还可以对子弹进行改造，变成主动寻的子弹。

老师： 回答非常好。最后一个问题是这种子弹可以采用哪些干扰样式去干扰？

学生 C： 对这种子弹，一般通过主动干扰和被动干扰两方面加以实施。主动干扰就是在目标附近释放水雾或烟雾进行有效干扰。被动干扰就是在目标的附近安置一些假目标或者借鉴一些隐身技术，在目标的表面涂抹一些能够吸收激光的特殊材料，如黑化材质有效地实施干扰。

老师： 好！讨论到此结束。

（二）仿生弹药

2007 年 10 月，美国空军首次提出仿生弹药概念。这类像生物一样“飞行与行走”的仿生弹药被认为是 2025 年后的重要装备之一，可以填补现有弹药能力的不足，一旦投入使用，必将是人类战争史的奇迹，并带来作战模式的重大变革。模仿蝙蝠的侦察巡飞弹如图所示。

模仿蝙蝠的侦察巡飞弹

仿生弹药是模仿生物形态、结构、功能并可自主完成作战任务的弹药。与传统弹药相比，具有更强的灵活性，更强的态势感知能力、自主能力、隐身能力以及目标探测能力，可实现对敌方目标的多层次侦察与搜索、网络化的态势感知、低附带毁伤的攻击等作战任务。其主要性能特点如下：

特点一：具有侦察、毁伤、评估等功能，能执行多种作战任务。

仿生弹药可以不采用传统弹道飞行方式，而是像鱼类、昆虫、鸟类一样在复杂地域中机动行走，也可以像某些生物一样同时游走于空中和地面、水中和地面。除可以毁伤特定目标外，还可以提供近距离的情报、监视与侦察信息。

这类弹药依靠基于生物灵感的制导控制算法，可以在有限空间（如建筑物或掩体）内使用，完成在城区、山区、遮蔽物内等复杂环境中的自动避障、目标搜索捕获跟踪、侦察与通信、目标识别以及精确打击等作战任务，能够在全区域、全地域灵活打击各类隐蔽、机动以及时敏目标。

下图是美国目前处在革命性概念研发阶段的部分仿生弹药，这些仿生弹药可执行侦察、软硬毁伤以及毁伤评估等作战任务。

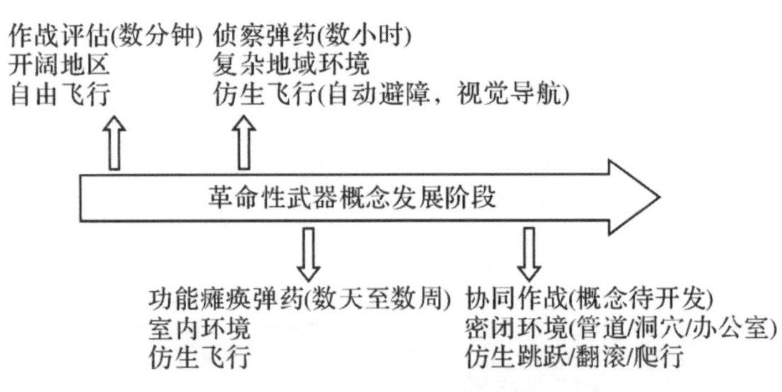

处在概念研发阶段的仿生弹药类型及其基本功能

特点二：外形仿生，隐身能力强，不易被探测。

仿生弹药具有自然界生物隐身特征和行动规范，外形结构独特，具有超常感知、避障和伪装能力，并且体积微小，不易被探测到，会被敌方的探测系统误认为是生物，如机器苍蝇、蚂蚁“雄兵”能穿门入户、翻箱倒柜而不被人察觉。

美国空军研究实验室（AFRL）于2007年开始仿生弹药的概念开发工作，在2015年完成麻雀大小的微型仿生弹药蜂群式飞行试验，计划在2030年完成更小型的蜻蜓大小的微型仿生弹药的飞行试验。

美国空军研究室正在研究的仿生弹药

这些仿生弹药隐身能力强，能够在城区环境中盘旋巡逻飞行或栖息在某处“凝视”目标，并可在有限空间（如建筑物或掩体）内使用，隐蔽接近目标，实施超距离“定点”射杀目标。

特点三：结构功能仿生，智能化水平高，可定点清除隐蔽的目标。

一般情况下，仿生弹药的结构形态和功能特征（或部分功能特征）均仿生，具有自然界生物那样超常的结构与功能，能够自主探测、自主识别和自主攻击目标。

仿生弹药不需要像现有弹药那样事先输入目标信息，没有预定飞行弹道，而是在投放到目标区后自主寻找目标，智能化程度高，可精确灵活打击全区域、全地域各类隐蔽/隐藏目标，做到适时“点毁伤”。例如，自主寻找楼道内的恐怖分子并精确射杀，或钻入地下找到信息节点类目标定点打击等。

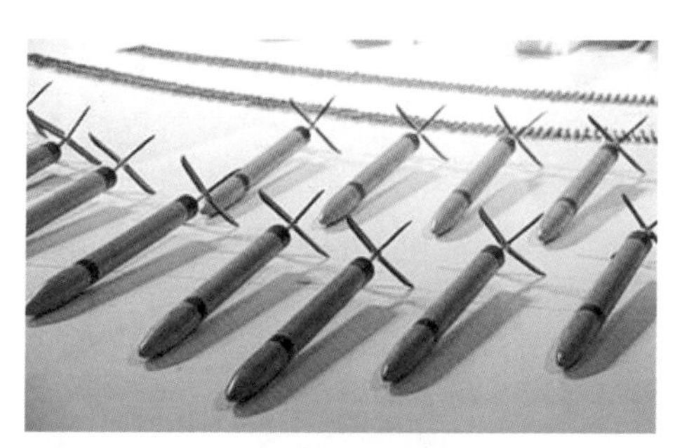

微型仿生弹药

特点四：具有成群协同作战能力，难以防御。

仿生弹药大部分具有微小型特征，可成批使用，协同作战，控制某一区域，打击分散目标或从不同方位集中打击一个目标。由于仿生弹药结构仿生，现有探测系统难以辨别真伪，具有很强的隐身攻击能力。而多枚同时攻击，也使目标难以拦截防御，达到以弱胜强的作战目的。

未来仿生弹药使用示意图

2009 年 6 月 17 日，题为“五角大楼内的新计划”的新闻报道了美国空军明确要制造小型甚至微型的仿生弹药。这些弹药适用于复杂城区环境，并以“蜂群”协同方式使用，以打击城区内的目标。

（三）反鱼雷鱼雷——水下“爱国者”

现代鱼雷的攻击已构成对水面舰艇和潜艇的极大威胁。当今的先进鱼雷能根据目标舰艇的尾流或者声信号实施攻击。受攻击的舰艇只能采用释放噪声源或拖曳式声诱饵的方式被动防御。

随着科学技术的发展，鱼雷的智能化程度不断提高，诱饵、假目标等反鱼雷软杀伤器材的作战效能在逐步降低，而深弹、水雷等硬杀伤装备也因为使用距离受限、缺少机动性等，不能成为反鱼雷的主要手段。在这种情况下，国外开始发展能够捕获小目标，具有高速、高机动性的反鱼雷鱼雷。

反鱼雷鱼雷

从雷头开始向后，依次为自导头段、战雷段、燃料舱段、后段。

反鱼雷鱼雷是通过主动寻的，对来袭鱼雷进行拦截和硬杀伤的武器。它不仅可以拦截声自导鱼雷、尾流自导鱼雷，还可以对无自导直航鱼雷形成有效的拦击。

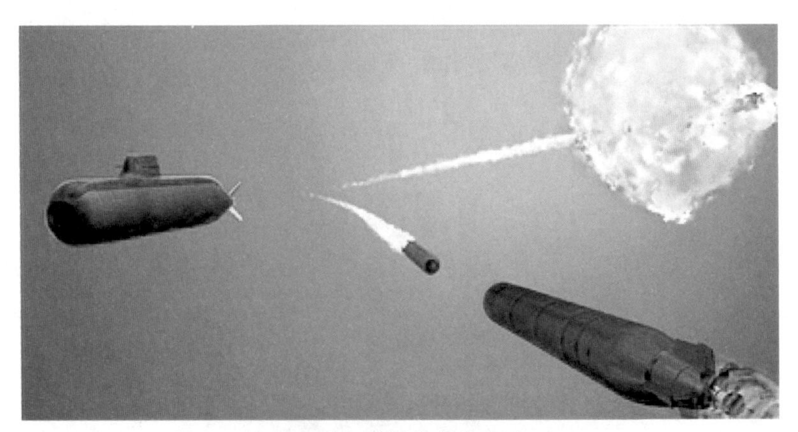

反鱼雷鱼雷拦截来袭鱼雷

鱼雷属于高精尖技术武器，世界上能研制的国家屈指可数，而能研制反鱼雷鱼雷的国家更是凤毛麟角，目前只有美国、德国、法国、意大利和俄罗斯等国家能够研制。

当前在研的反鱼雷鱼雷有两种类型：一种是与传统小口径鱼雷类似的反

鱼雷鱼雷；另一种是采用了超空泡技术，从而实现超高速航行的超空泡反鱼雷鱼雷。

德国在“梭鱼”超空泡反鱼雷鱼雷上采用了微型制导系统，包括自导和导航控制的两部分，安装在直径不足5cm的头部空间内。

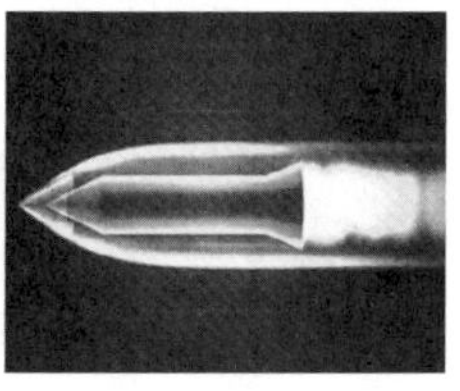

德国“梭鱼”高速超空泡鱼雷

微型声自导系统的声学基阵是一个平面换能器基阵，安装于锥形鼻首的底部，采用主动声自导方式工作，在200kn（1km≈0.5144m/s）速度条件下，其自导探测重型鱼雷的作用距离超过200m。

（四）高超声速助推滑翔导弹

美国国防部2008年酝酿了“常规快速全球打击”（CPGS）构想，随后美国陆、海、空三军着手发展各自的“常规快速全球打击”战略导弹。“常规快速全球打击”构想所发展的导弹武器大致包括高超声速弹道飞行、高超声速巡航飞行和高超声速助推滑翔飞行三大类武器。

其中，高超声速助推滑翔飞行器主要执行洲际与战区两种作战任务。执行洲际作战任务的导弹以“高声速技术飞行器”-2（HTV-2）为代表，由美国本土发射，计划于2018—2024年具备初始作战能力；执行战区作战任务的导弹以“先进高超声速武器”（AHW）为代表，采用前沿部署方式，原计划于2016—2020年具备初始作战能力。

高超声速助推滑翔导弹兼具弹道导弹的全球打击能力和巡航导弹的机动突防能力两种作战优势，主要特点如下。

一是高超声速滑翔的飞行方式。高超声速助推滑翔导弹和传统的战略导弹均由助推器发射，不同的是弹道导弹沿抛物线轨迹飞行，而助推滑翔导弹则在临近空间与助推器分离，并达到高超声速（马赫数一般大于20），随后助推滑翔导弹在重力与气动力作用下进行远距离滑翔飞行。HTV-2与弹道导弹的飞行弹道对比如图所示，可见它们的弹道有明显的差别。

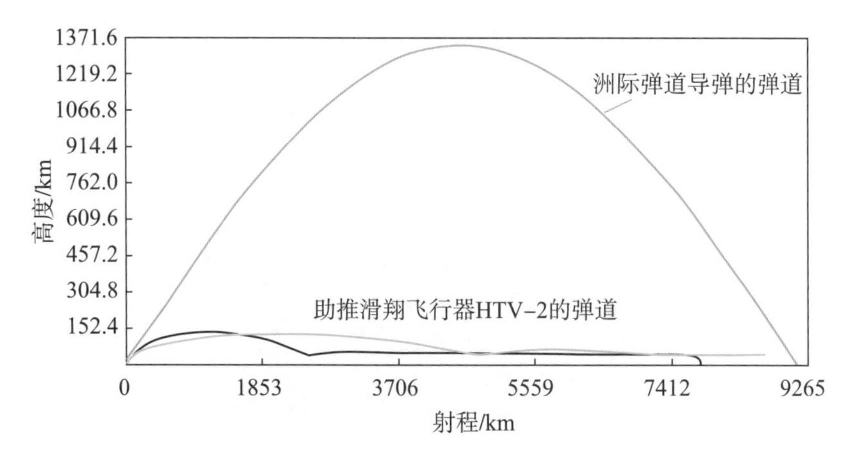

HTV-2 与弹道导弹的飞行弹道对比

为了实现滑翔飞行，助推滑翔导弹通常具备良好的气动性能。目前主要探索了双锥体和乘波体两种气动构型。其中，双锥体（轴对称）构型如 AHW，为中等升阻比的气动构型；乘波体（面对称）构型如 HTV-2，为高升阻比气动构型。

“先进高超声速武器”（AHW）

“高超声速技术飞行器”-2（HTV-2）

二是超远程打击能力。HTV-2 的设计射程为 11482km 以上，命中圆概率误差为 30m；AHW 的设计射程为 6000km 以上，命中圆概率误差为 10m。

三是对时敏目标和高价值目标实施快速打击。美国当前正力图实现在 1h 内对全球任意目标实施打击的作战能力。但是，当前主要的远程常规打击武器“战斧”巡航导弹，最高速度约为 880km/h（亚声速），已难以满足当前时敏目标打击的作战需求。

按照美国“常规快速全球打击”的设想，高超声速助推滑翔导弹可以从美国本土或前沿基地，对转瞬即逝的时间敏感目标和高价值目标，如恐怖组织的会议场所、大规模杀伤性武器发射平台等实施打击。

AHW 从前沿阵地发射到击中 6000km 以外的打击目标仅需 35min。HTV-2

从本土发射到击中 11482km 以外的目标约需 45min，能够将交战窗口控制在 1h 以内。

二、体系建设：空天防御体系构想示例

视频

在现代空袭作战中，各种弹道导弹、巡航导弹、空地导弹、制导弹药和无人机等成为空袭体系的重要组成部分。在复杂的战场环境下，仅仅靠拦截单一目标，拦截某一空域的武器难以克敌制胜，防御力量必须形成体系才能解决防御的有效性。

本节主要解读俄军防空反导一体化地空导弹武器系统。

1999 年，俄罗斯开始论证未来的防空武器体系构想，从未来复杂的空天作战环境出发，针对空天进攻体系中威胁严重的环节和兵器，如战役战术导弹、高超声速飞行器、预警指挥机、隐身飞机、无人机等作战对象，运用最先进的技术研发武器系统族，实现与空天进攻武器之间的体系对抗能力。

由此诞生了“防空反导一体化地空导弹武器系统”的概念。按照俄军的构想，“防空反导一体化地空导弹武器系统”不是单一的武器系统，而是集成了多种防空武器的多功能、多层次、综合性防空系统。

2007 年 2 月 27 日，俄罗斯决定以金刚石－安泰集团公司作为空天防御系统军事工业的总体设计和牵头单位，该公司提出“防空反导一体化地空导弹武器系统”的结构方案。

空天防御体系概念图

“防空反导一体化地空导弹武器系统”是一个包括远程、中程、近程和超近程防空反导导弹武器的复杂系统，能够把俄罗斯正在研制的S–500、“维佳士”“摩尔菲”以及不断升级改进的S–400、“道尔”、“铠甲”等防空武器在统一的自动化指挥控制系统下以模块化的方式组合使用，以保卫俄罗斯的城市、机场、电厂、化工厂、军事基地、指挥所、行军及驻地部队、战略核力量等重要目标免遭少量或大规模现代及未来空袭武器的突击。

俄罗斯“防空反导一体化地空导弹武器系统”装备及主要性能见表。

“防空反导一体化地空导弹武器系统”的装备及主要性能

功能	武器系统	拦截弹	最大射高 /km	最大射程 /km
反导、反卫	S–500	—	400/200[①]	600[①]
中远程防空反导	S–400	40N6、48N6 系列、9M96 系列	30/27/25	400/250/120/40
中程防空反导	“维佳士”	9M96 系列、9M100 系列	30/20	120/40/15
近程、超近程防空反导	“铠甲”	57E6 系列拦截弹、30 毫米高炮	15	20（24）
	“道尔”	9M330/1/8	10	12
	“摩尔菲”	9M338	3.5	6

注：①为推测数据。

目前尚处于研制中的S–500系统具有较强弹道导弹防御能力。

从俄罗斯媒体的报道看，S–500系统将配备新的大功率探测雷达，采用两种以上的拦截弹实施拦截，作战高度可达400/200km，能拦截速度达7000m/s的飞行目标，兼具反低轨道卫星的能力。

S-500 防空防天系统

另外，S–500系统还可能与A–135莫斯科战略导弹防御系统互为补充，联合执行弹道导弹防御任务。

目前开始装备的S–400系统充分利用最新技术，能够拦截包括采用隐身技术在内的气动目标，以及射程3500km以内的弹道导弹目标、高超声速目标等当前和未来的空袭武器，对同一弹道目标具有二次拦截能力，可确保对重要目标的拦截成功。

S–400系统导弹发射车

“维佳士”“道尔”“铠甲”“摩尔菲”等系统也具备反巡航导弹、空地导弹、反辐射导弹、灵巧炸弹、无人机等精确打击武器的能力。

“道尔”武器系统

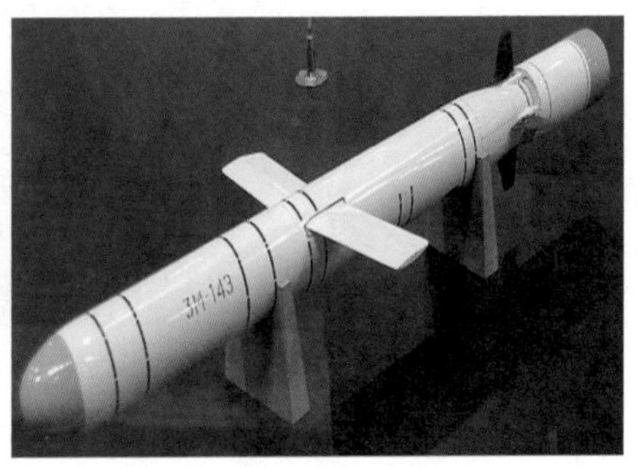

“维佳士”导弹

俄罗斯“防空反导一体化地空导弹武器系统”具有以下特点：

特点一：能够拦截多种目标，且高中低结合，远中近覆盖，多层次拦截，防空反导融为一体，兼具反卫星能力。

随着空袭与反空袭的发展，弹道导弹、预警指挥机、巡航导弹、空地导弹、制导炸弹等都成为防空作战的目标，特别是在未来还将出现吸气式高超声速飞行器、助推滑翔飞行器等新型作战目标。

“防空反导一体化地空导弹武器系统”能打击多种类型的目标，并能在强大的火力和电子压制条件下实现技战术要求。

在系统中，S-400、S-500具备抵御弹道导弹目标、高超声速目标的能力，而“维佳士”“铠甲”等也具有对付巡航导弹、空地导弹等武器的能力。

这些武器系统“高中低”结合，“远中近”覆盖，能够对同一目标进行多层拦截，确保防御的有效性。而且，S-500的最大作战高度可达400km以上，不仅能够反导，还具有一定的反低轨卫星的能力。

特点二：统一指挥，网络化作战，最大限度地发挥各武器系统效能。

“防空反导一体化地空导弹武器系统”中不同种类的防空武器之间并非简单的组合，而是信息管理、火力装备、无线电技术侦察装备和电子压制装备的有机集成，它们能够在统一的指挥和情报保障网络下发挥作用，综合地、多层次地拦截空天进攻武器装备。这就能为作战人员完成任务目标提供多种选择方式，使得在同一系统中，对付高性能远程目标用高性能远程导弹；对付低性能目标用低性能导弹；对付近程目标用近程导弹，甚至还可以用小口径速射高炮。

典型防空导弹武器系统组成

通过充分共享信息和综合统一控制来协同不同武器系统工作，并在某个关键设备无法工作的情况下保持火力，从而改变了过去各个防空和反导系统单打独斗的模式，解决“烟囱”式的独立作战的缺陷，同时显著提高生存能力，提供更大的战术灵活性。

特点三：采用模块化结构，开放式平台，提高系统作战效费比。

“防空反导一体化地空导弹武器系统”应用了模块化结构设计，采用开放式体系平台，能够按照用途和组成部分形成各种最小化的组合指挥控制、情报和火力装备的情报－火力系统。例如，在该系统中，S-400可配置多种拦截导弹，对付多种目标，而9M96导弹等也可以用于几种武器系统。

系统内的模块可以各自独立研制、独立发展、升级换代，在部署使用时与防御体系综合一体化使用。同时，开放式的平台不仅为现役防空反导主站武器平台之间的协同作战提供了基础，而且为未来装备的加入提供了非常便捷的途径。这样，能够实现系统作战最佳均衡的效费比。

特点四：多军兵种通用，减少武器种类，降低使用维护成本。

按照俄军的计划，“防空反导一体化地空导弹武器系统”将是俄武装力量各军兵种未来防空武器发展的基础。该系统能够与任意部署地的防空基础设施在没有预先技术准备的情况下有机组合，确保与俄武装力量各军兵种的联合作战，综合对抗敌方的空天入侵行动。

如此将大幅减少俄军防空武器的种类，提高武器系统间及各军兵种之间的通用性，降低训练、维护、更新费用，从而有效降低武器系统的成本。

“防空反导一体化地空导弹武器系统”将应对更多的目标威胁，并提升军事对抗的战场高度。

俄罗斯方面认为，未来战争首先从大规模的空天进攻开始。当前，空袭与防空的作战高度主要集中在30km以下的空域，相应的攻防武器发展已经比较成熟。在不远的将来，随着空间作战飞行器、助推滑翔器、吸气式高超声速飞行器的发展，来自太空及临近空间的威胁将不断加剧，目前还缺少有效的反制手段应对这些威胁。

俄罗斯“防空反导一体化地空导弹武器系统”的发展完善将使军事对抗的战场高度提升，扩展到临近空间及太空领域，引发新的军备竞赛。

三、精确制导与精确打击领域的专业知识体系

视频

（一）精确打击作战体系

“楚有养由基者善射，去柳叶百步而射之，百发百中。”（《战国策·西周策》）春秋时楚国有个人叫养由基，善于射箭，能在一百步以外射中杨柳的叶子，后

用“百步穿杨”来形容箭法或枪法非常高明。“百步穿杨”可以说是古代远程精确打击的典范，在2000多年前，一百步也可以称为“远程”精确打击。现代战争中，精确制导武器本领更加高强，“战斧”巡航导弹BGM-109C，射程为1300km，圆概率误差仅9m。这相当于1km之外，用步枪打一只苍蝇。

“百步穿杨”

潜射的“战斧”导弹

现代信息化战争的特点是体系对抗，精确打击武器体系结构如图所示，由图可以看到，现代作战体系呈现出一种由战场信息网络连接在一起的高度整体化的特点。

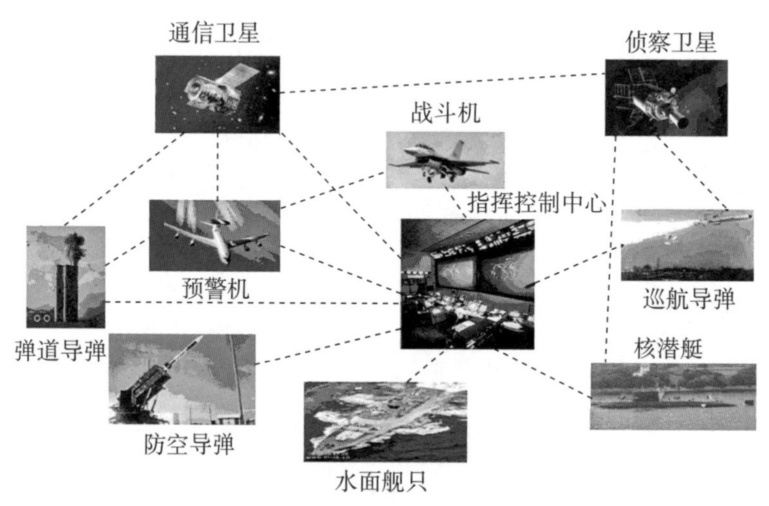

精确打击武器体系结构

图中除弹道导弹、巡航导弹和防空导弹外，还有战斗机、潜艇和水面舰只，以及预警机、侦察卫星、通信卫星和指挥控制中心等。

从体系作战的高度来考虑，精确打击作战体系包括精确制导武器、信息支持系统、指挥控制系统和作战部队四大要素。精确制导武器作为体系中的重要环节，扮演的角色是直接攻击火力。精确制导武器有多种分类法，按飞行方式可以分为弹道导弹、防空防天导弹和飞航导弹，按射程分为近程导弹、中程导弹、远程导弹和洲际导弹，按平台分为陆基导弹和海基导弹，按有无动力装置分为导弹和精确制导弹药，按作战任务分为战略武器和战术武器等，如图所示。

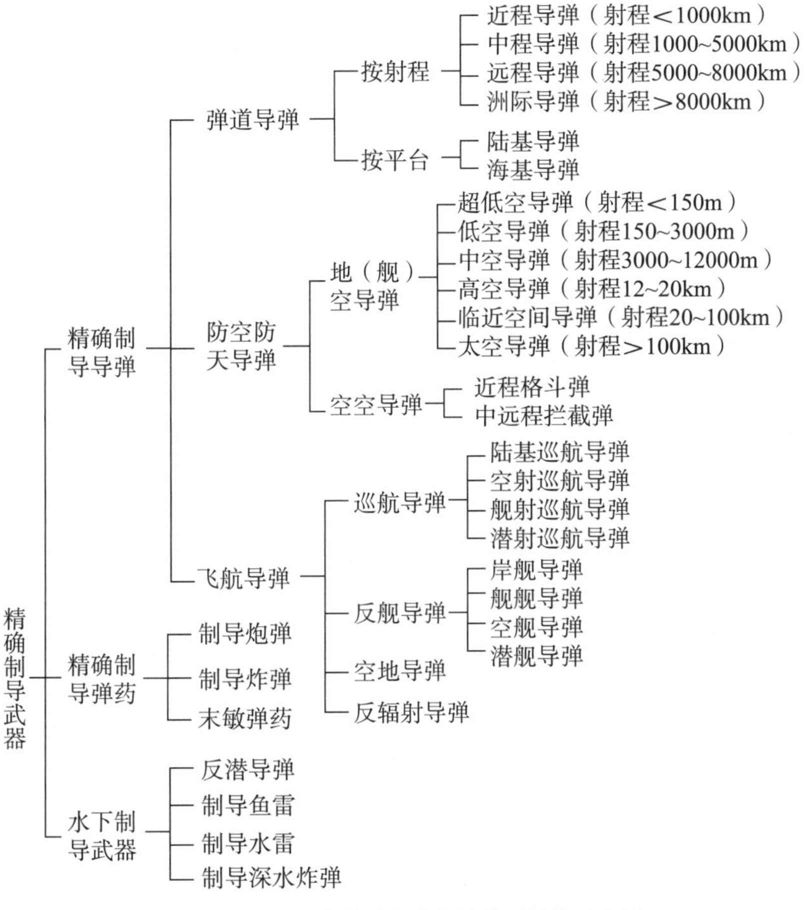

精确制导武器与精确打击作战体系结构示意图

在讲精确制导技术定义时，强调过信息支援技术很重要，此处再简单介绍信息支持系统。陆海空天一体化的综合信息网如图所示。

陆海空天一体化的综合信息网

综合信息网基本格局是以天基网为中心，以陆海空信息网络为重点，以应急战术信息系统为补充，通过连通系统连接为整体。天基信息网主要包括光学成像侦察卫星、SAR 成像侦察卫星、导弹预警卫星、卫星导航系统等；陆海空信息网络包括地面探测系统、机载侦察系统、球载侦察系统、舰载侦察系统以及陆基超视距监视侦察系统等；应急战术信息信息网，包括小卫星战术探测系统、小型无人机战术侦察系统等。

课程测试 Quiz 5-1:

1.【多选题】从体系作战的高度来看，精确打击作战体系主要包含的要素有（　）。

A. 作战部队　　B. 指挥控制系统

C. 信息支援系统　　D. 精确制导武器

2.【单选题】精确制导武器按飞行方式可分为（　）。

A. 弹道导弹、防空防天导弹和飞航导弹

B. 近程导弹、中程导弹、远程导弹和洲际导弹

C. 陆基导弹和海基导弹

D. 导弹和精确制导弹药

3.【多选题】在精确打击作战体系中，信息支援系统的作用非常重要。陆海空天一体化的综合信息网包括（　）。

A. 天基网　　B. 陆海空信息网

C. 应急战术信息系统　　D. 网络连通系统

（二）精确制导技术专业知识体系

前面介绍很多精确制导技术的知识，下面按照《中国军事百科全书》的梳理，给出精确制导技术的专业知识体系：

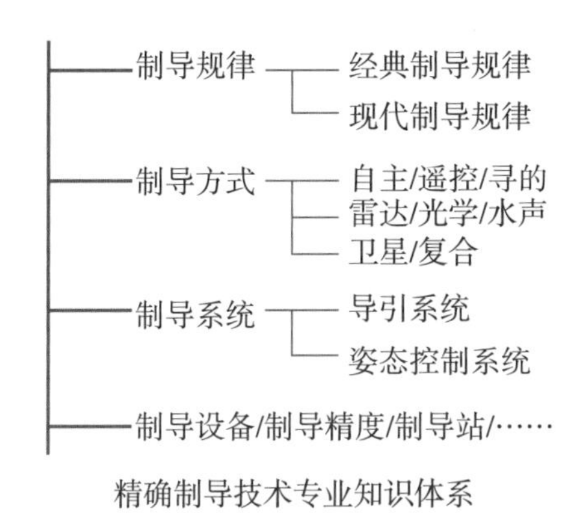

精确制导技术专业知识体系

《中国军事百科全书》针对精确制导技术的词条共有 140 多个。一级词条主要有制导规律、制导方式、制导系统、制导设备、制导精度、制导站等，其他是二级词条和三级词条。

经典制导规律的具体方法主要有三点法、追踪法、比例导引法等，这些内容在第二章中已经介绍过。现代制导规律有微分对策制导规律、自适应制导规律等，这些内容在第三章中已介绍过。

基本的制导方式主要有自主制导、遥控制导和寻的制导。按传感器有雷达、光学、水声等。还有卫星制导，如 GPS 制导。复合制导使用最广泛，也是发展热点。

制导系统包括导引系统和姿态控制系统，制导设备是制导系统的物化。重点介绍毫米波导引头、红外导引头、电视导引头、激光导引头，还有多种多样的复合导引头。

制导精度是技术指标。这些内容在前面都重点做了介绍，由此看到这门学科知识体系的主要知识点基本上都做了介绍。

小结：

精确制导技术是当今世界上最复杂，也是发展最迅速的科学技术之一，它所取得的每一项成就都凝聚着人类的高度智慧，并且几乎涉及空气动力学、推进技术、自动控制技术、电子技术、信息技术、计算机技术、材料科学以及系

统工程理论等所有科学技术的最新进展。因此，精确制导武器是系统集成创新的产物，精确制导技术是科学技术体系的子样。

课程测试 Quiz 5-2:

1.【多选题】制导规律主要包括经典制导规律和现代制导规律。属于经典制导规律是（ ）。

A. 微分对策　　B. 三点法

C. 追踪法　　D. 比例导引法

2.【多选题】基本的制导方式是（ ）。

A. 复合制导　　B. 自主制导

C. 寻的制导　　D. 遥控制导

3.【多选题】精确制导技术涉及的科学技术领域很广，包括空气动力学、推进技术、（ ）、材料科学以及系统工程理论等。

A. 自动控制技术　　B. 电子技术

C. 信息技术　　D. 计算机技术

视频

四、钱学森现代科学技术体系

钱学森科学历程中有三大创造高峰：一是在美国的20多年科研；二是在回国后领导了中国的导弹航天事业；三是晚年在系统科学等众多方面的突出贡献。这里罗列了钱学森一生的学术著作。

《工程控制论》《物理力学讲义》《星际航行概论》《气体动力学诸方程》《“火箭技术概论”手稿及讲义》《导弹概论》等是钱学森早年在技术科学领域的专著。《论系统工程》《创建系统学》《钱学森系统科学思想文库》是钱学森在系统科学方面的学术专著。《科学的艺术和艺术的科学》《钱学森讲谈录——哲学、科学、艺术》是钱学森在哲学、科学和艺术结合方面的一些专著。此外是一些前期学术专著的再版，另有些是涉及众多的跨学科跨领域的学术著作。有了这个著作一览，就不难理解钱学森为什么能提出“现代科学技术体系”。

Engineering Cvbernetics（1954）
《工程控制论》（1958）
《物理力学讲义》（1962）
《星际航行概论》（1963）
《气体动力学诸方程》（1966）
《工程控制论》（修订版）（1980）
《论系统工程》（1982）
《关于思维科学》（1986）
《社会主义现代化建设的科学和系统工程》（1987）
《论人体科学》（1988）
《论系统工程》（增订版）（1988）
《创建人体科学》（1989）
《钱学森文集》（1938—1956）（1991）
《论地理科学》（1994）
《城市学与山水城市》（1994）
《科学的艺术和艺术的科学》（1994）
《城市学与山水城市》（第二版）（1994）
《人体科学与现代科技发展纵横观》（1996）
《论人体科学与现代科技》（1998）
《山水城市与建筑科学》（1999）
《钱学森手稿》（1938—1955）（2000）
《论宏观建筑与微观建筑》（2001）
《钱学森论第六次产业革命通信集》（2001）
《创建系统学》（2001）
《智慧的钥匙——钱学森论系统科学》（2005）
《导弹概论》（2006）
《钱学森系统科学思想文库》（四卷本）（2007）
《水动力学讲义手稿》（2007）
《集大成 得智慧：钱学森谈教育》（2007）
《钱学森书信》（十卷本）（2007）
《物理力学讲义》（新世纪版）（2007）
《“火箭技术概论”手稿及讲义》（两卷本）（2008）
《钱学森书信选》（两卷本）（2008）
《星际航行概论》（简体字版）（2008）
《钱学森讲谈录——哲学、科学、艺术》（2009）
《钱学森建筑科学思想探微》（2009）
《钱学森论沙产业草产业林产业》（2009）
《导弹概论》（再版）（2010）
《钱学森论山水城市》（2010）
《钱学森知识密集型草产业及第六次产业革命的理论与实践》（2010）
《钱学森论建筑科学》（2010）

钱学森著作一览表

钱学森说：“现代科学技术不单是研究一个个的事物，一个个现象，而是研究这些事物、现象发展变化的过程，研究这些事物相互之间的关系。今天，现代科学技术已经发展成为一个很严密的综合起来的体系，这是现代科学技术的一个重要的特点。”钱学森现代科学技术体系如图所示。

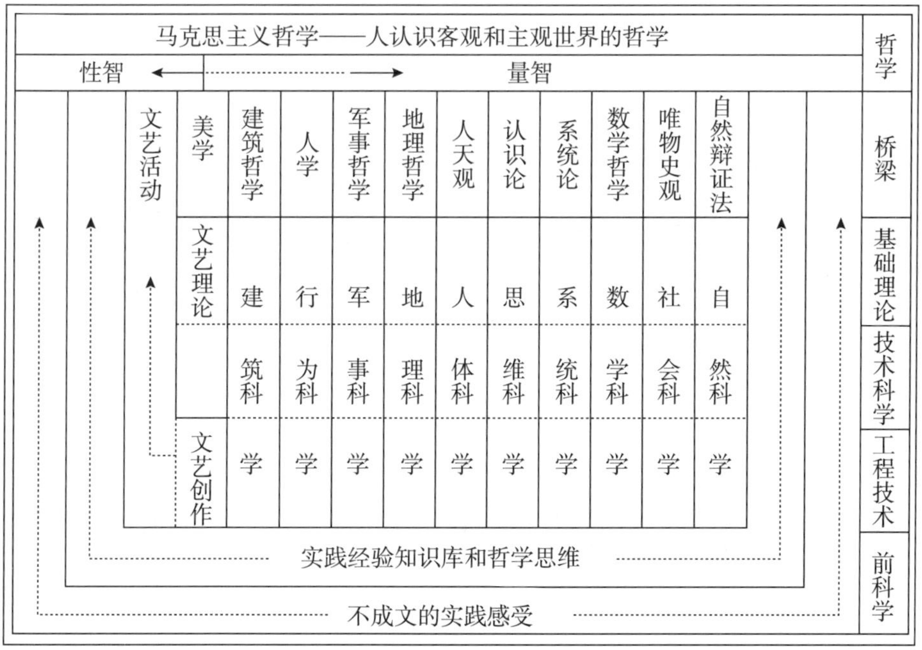

马克思主义哲学——人认识客观和主观世界的哲学
性智 量智
文艺活动 美学 建筑哲学 人学 军事哲学 地理哲学 人天观 认识论 系统论 数学哲学 唯物史观 自然辩证法
文艺理论 建筑科学 行为科学 军事科学 地理科学 人体科学 思维科学 系统科学 数学科学 社会科学 自然科学
文艺创作
实践经验知识库和哲学思维
不成文的实践感受
哲学 桥梁 基础理论 技术科学 工程技术 前科学

钱学森现代科学技术体系

下面介绍钱学森的现代科学技术体系。这个体系初看起来很复杂，这里根据钱学敏（钱学敏是中国人民大学的教授，钱学森的堂妹）的解读来介绍钱学森的现代科学技术体系结构、体系中蕴涵的哲学理念、体系的理论和实践意义。

解读体系结构。

横向结构：这是一个复杂的动态网络体系，目前暂分为自然科学、社会科学、数学科学、系统科学、思维科学、人体科学、军事科学、行为科学、地理科学、建筑科学以及文艺理论 11 个部门。传统的分类一般是两分法，即自然科学和社会科学，也有三分法，即自然科学、社会科学和人文科学。钱学森的这种科学分类法从各学科的横向结构上跨越了以往各门科学技术之间隔行如隔山那种仿佛永远不可逾越的鸿沟，显示出各门科学之间原本就互相贯通、相互促进、统一而又不可分割的动态网络关系。

钱学森强调：这是一个活的体系，是在全人类不断认识并改造客观世界的活动中发展变化的体系；随着社会的发展、科学的进步，这个体系不仅结构在发展，内容也在充实，还会不断有新的科学技术部门涌现。

纵向结构：在现代科学技术体系的纵向结构上，每一个科学技术部门分为基础科学、技术科学、工程技术三个层次，三个层次之间是互相促进、互相关联的。要说明文艺理论的层次划分略有不同。

在基础科学、技术科学和工程技术这三个层次中，基础科学和工程技术是人们比较熟悉的。这里重点提一下技术科学。钱学森始终强调要特别重视发展技术科学，他对技术科学的发展作出了杰出贡献。

在纵向结构上还有一个层次是桥梁。在各科学技术部门三个层次之上还有一个层次是各学科的哲学概况，这是通向整个体系的最高概括——马克思主义哲学，也就是辩证唯物主义的桥梁。

这 11 架桥梁共同构成马克思主义哲学的主要内容和科学基础。各门科学技术通过各自的桥梁在哲学的层次上也最易找到共同点与结合点，从而相互通融和相互促进。

钱学森特别注重科学与艺术的结合，这是获得“大成智慧”的奥秘。“大成智慧”是钱学森提出的一个新词汇，很有中国味道，他还把它译成英文 Wisdom in Cyberspace，意思是赛博空间的智慧，就是大成智慧。1993 年，钱学森在给钱学敏的信中说：人的智慧是两大部分——量智和性智，缺一不成智慧。

前科学在这个体系最下面一层。钱学森提出的现代科学技术体系还有一个显著的特点，那就是把前科学知识库里的一切东西也作为马克思主义哲学和各门现代科学技术发展的重要源泉。可以看到，钱学森在体系结构图外围写的是“实践经验知识库和哲学思维”和“不成文的实践感受”，这些统称为“前科学”。“前科学”的东西尚处于体系外围，量很大，浩如烟海，其中部分有价值的东西可能逐步纳入体系中。

在大学人才培养方面，也与科学技术三层次密切相关。《钱学森与国防科技大学》一书中收录了钱学森在1977年到1997年关于国防科技大学的讲话和给老师的大量信件。20世纪70年代末，钱学森调到国防科委，分管国防科技大学。当时学校要求改革，钱学森根据自己熟悉的科技领域，建议国防科技大学设置八个系的专业。要把基础理论、技术科学、工程技术统一起来考虑。钱学森强调每一个专业都是理与工的结合，专业不要分得太细，否则学生将来适应能力差。

重才育才是钱学森一生关注最多、忧思最深、倾力最大的问题。“钱学森之问”发人深省，钱学森有人才为本的大胸怀、人才强国的大视野、人才培养的大战略。

老师： 下面我们进入课堂讨论，请大家提问题。

学生A： 老师您好，在您讲的钱学森现代科学技术体系中，关于“量智”和“性智”的提法我觉得很有意思。我想问的是，像牛顿和爱因斯坦这样的大科学家，他们的智慧中“量智”和“性智”究竟哪一种更重要一些?

老师： 这个问题问得很好，谁来谈谈个人的见解?

学生B： 我觉得大科学家要提出重大的创新，提出新思想、新观念，“性智”尤为重要。钱学森曾经说过，大科学家尤为注重“性智”，对“性智”的要求很高，要提出重大的学说，对“性智”的要求更加突出。

学生C： 我觉得要把概念创新变成方程公式，这就需要极为高深的数学功夫，如牛顿的万有引力定律、爱因斯坦的质能方程 $E=mc^2$，这应该是“量智”和“性智”的完美结合。所以我觉得对大科学家而言，“量智”和“性智”都至关重要。

老师： 讲得很好!

课程测试 Quiz 5-3:

1.【多选题】钱学森现代科学技术体系是一个复杂的动态网络体系。从横向上分为自然科学、社会科学、数学科学、系统科学、思维科学、人体科学、地理科学以及（　）。

A. 军事科学　B. 行为科学　C. 建筑科学　D. 文艺理论

2.【单选题】在现代科学技术体系的结构上，钱学森将每一个科学技术部门区分为基础科学、技术科学、工程技术三个层次。其中的（　）是钱学森始终强调要特别重视发展的一个层次，它是科学转化为社会生产力的关键。

A. 基础科学　B. 技术科学　C. 工程技术　D. 哲学

3.【单选题】钱学森现代科学技术体系的最高概括是（　）。

A. 辩证唯物主义　B. 自然辩证法

C. 系统论　D. 认识论

五、学术思考：国防、科技和人文

学术思考主要是两组讨论：第一组是制导、系统、规律；第二组是国防、科技、人文。下面就精确制导这个主题开展一些学术讨论。

矩阵 $\boldsymbol{A}$ 是 3×4 的矩阵：

$$\boldsymbol{A}=\begin{bmatrix} \text{精确制导} & \text{信息化} & \text{科学} & \text{真} \\ \text{武器装备} & \text{系统工程} & \text{国防} & \text{善} \\ \text{ATR技术} & \text{智能化} & \text{艺术} & \text{美} \end{bmatrix}$$

矩阵式思考实际上是从体系角度（或者说系统角度）来思考，包含点的思考、线的思考和面的思考。因为是讲精确制导，培根说数学使人精确，所以这里也用一些数学词汇。矩阵 $\boldsymbol{A}$ 中基本元素大家都比较熟悉，只有“ATR”技术专业词汇可能陌生一点，它是“自动目标识别”（Automatic Target Recognition）的英文缩写。下面解读矩阵 $\boldsymbol{A}$：

第一行，精确制导武器是典型的信息化装备，信息科学是前沿科学，科学求真；第二行，武器装备的研制是系统工程，国防建设更是系统工程，搞国防是行善；第三行，ATR 技术是武器装备智能化的核心技术，如何应用则是门艺术，Art 是唯美的。

第一列，精确制导武器装备，其中 ATR 是核心技术；第二列，信息化、系统工程、智能化；第三列，科学、国防、艺术；第四列，真、善、美。

（一）制导、系统和规律

精确制导技术是科学技术体系的子样，精确制导武器是系统集成创新的产物。钱学森运用系统工程的理论，把极其复杂的研究对象称为“系统”，这就引出了系统工程的话题。

梁思礼（梁启超的儿子，院士、导弹专家）在纪念钱学森百年诞辰的时候，写了一篇文章《导弹系统工程来自导弹的研制实践》。文章中谈到钱学森对系统工程是这样描述的：研制导弹这样一个复杂系统，所面临的问题是怎样把比较笼统的初始研制要求，逐步地变成成千上万个研制任务参加者的具体工作；以及怎样把这些工作，最终综合成一个技术上合理、经济上合算、研制周期短、能协调运转的实际系统，并使这个系统成为它所从属的更大系统的有效组成部分。

梁思礼说，钱学森以这种方式描述问题，本身就已经在提示我们应当从系统的观点来分析问题，而解决问题的方法就是系统工程的方法。

规律和“道”比较接近，非制导武器与精确制导武器弹着点误差比较如图所示。

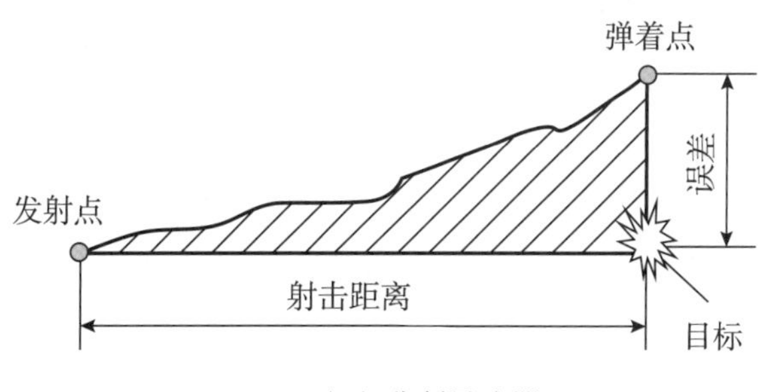

（a）非制导武器

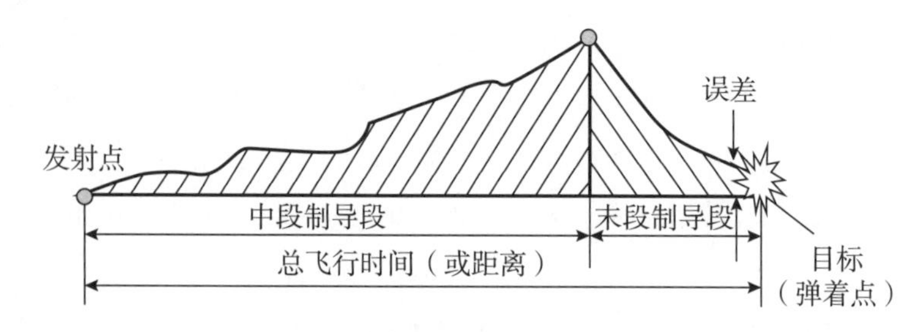

（b）精确制导武器

非制导武器与精确制导武器的弹着点误差比较

非制导武器的弹着点误差随射击距离增大而增大。第二章讲述了初段制导、中段制导、末段制导。与非制导武器比较可以看出，精确制导武器可以在飞行的末端修正误差，甚至直接命中目标。因此，它具有全新的“射程 – 精度”规律，这一点具有重要的意义。

精确制导武器具有全新的“射程 – 精度”规律和概念，它不会因射程增大而降低其命中精度。这就是精确制导武器可以实施中远程精确打击的原因，也是精确制导武器在武器发展史上称为里程碑的根本原因。

各种制导武器都要遵从制导规律，弹道设计是根本问题，制导飞行器运动轨迹的数学特征如图所示。

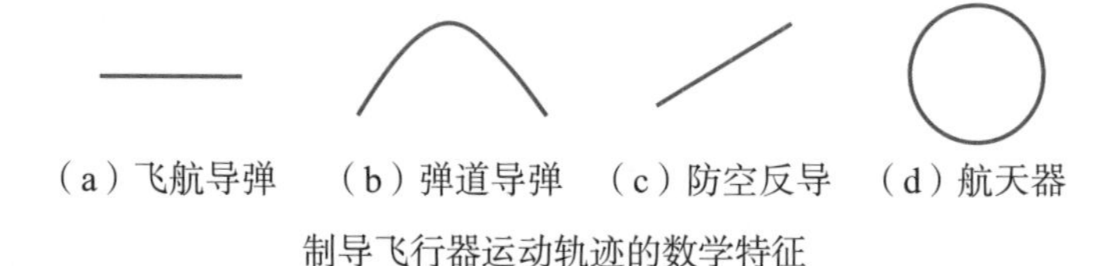

（a）飞航导弹　（b）弹道导弹　（c）防空反导　（d）航天器

制导飞行器运动轨迹的数学特征

飞航导弹是直线平飞，弹道导弹是抛物线，防空反导导弹是变高式，航天器是入轨式。航天器与导弹既有联系也有区别，前面已经做过讨论。

精确制导技术是共性技术，可以军民两用。在航天领域，“神舟”与“天宫”的对接，制导系统是关键系统，制导技术是关键技术。民用的例子还有森林灭火导弹，把灭火剂装在战斗部位置，取代战斗部，然后在制导系统的导引下飞向森林去灭火，这比人力要高效得多。

下面我们把思维再拓展一下，谈谈宇宙（如图）和人类。

（a）

（b）

宇宙星云图

屈原在 2000 多年前写了《天问》，这首诗 900 多字，他提了很多关于宇宙和自然的问题，如宇宙的起源、四季的变迁、海陆水系的循环等。这表明，屈原不仅是伟大的诗人，而且是伟大的哲学家。用我们这门课程的语言，实际上是在问："宇宙间的万事万物，到底是谁在'制导'？"屈原说："路漫漫兮其修远兮，吾将上下而求索。"

对于这些问题人类一直在苦苦思索。世界上几大宗教各自提出了创世说：世界是上帝创造的，万事万物都是上帝在搞"精确制导"。科学又是怎样认识的？科学尤其是近代和现代物理学回答了支配宇宙运行的规律，例如，宏观世界可由牛顿力学来描述，微观世界则要用量子力学，这些可以说是自然界的"制导规律"。

人类社会发展的规律，如人类进化、人类文明、人生历程，是搞人文社会科学的人研究的。这些进程的"制导规律"又是怎么样？

实际上，制导的英文是 Guidance，它的本义是"引导、导向"等含义。前面的章节介绍了很多制导方式，它们都与人类活动及大自然背景密切相关，所以可以把制导的概念进行拓展泛化。

宇宙观、人生观是哲学家和社会大众都关心的话题。随着科学和技术的进步，这些方面的认识日益精确。大爆炸理论精确地推断，宇宙创生于 137 亿年之前，大约是 100^5 年。人类进化的历史有几百万年，人类文明史还不到 1 万年，这些进程有什么规律？"制导方式"又是什么样？我们的一生要经历生老病死，经历自然和社会的风云变幻，这个过程的制导也是一个非常复杂、难以说清楚的"复合制导"。

人们经常说，这是一个数字化的时代，越来越精确了。前些年，我写了《数字感慨》：人生不过一百年，文明未及一万年，人类进化百万年，宇宙创生百亿年。大家看看，人生 100，文明 100^2，人类进化 100^3，宇宙创生 100^5，这样排列出来是不是非常奇妙而又有规律？我借用唐朝的陈子昂的一句诗，“念天地之悠悠”发一下感慨，再加一句 “叹风云之变幻” 。在前面几章中看到，天地风云等自然环境对精确制导是有影响的，还有电磁频谱的激烈争夺。人的一生、人类社会的发展和自然界的风云变幻都使我们心生感慨。

《数字感慨——试写理工味的乐章》：

人生不过一百年（100），文明未及一万年（100^2），

人类进化百万年（100^3），宇宙创生百亿年（100^5），

念天地之悠悠，叹风云之变幻。

前面几章介绍了制导的基本知识。讲到这里，我把制导的概念升华一下，我写了一篇短文，如图所示。

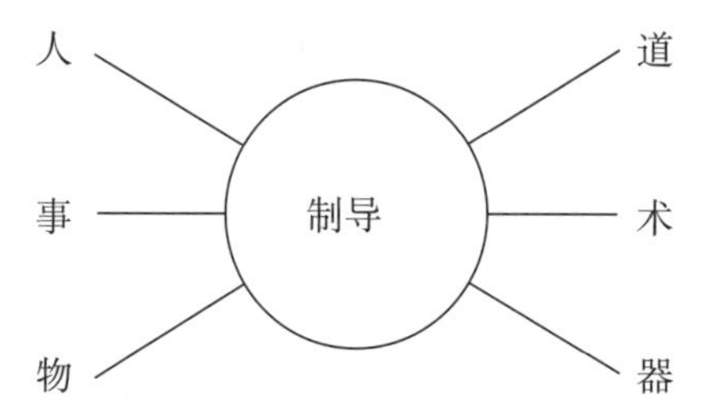

On Guidance 《论制导》

制导人事物，制导器术道。君子不器，学术悟道；
不为物役，事在人为；为而有术，术精器利；以道御术，
善为先导。大道法自然，无为无不为。

“制导人事物，制导器术道”是说制导的对象可以是物，可以是事，还可以是人；制导的层次分为器的层次、术的层次、道的层次。这门课程就是讲武器、技术、正道。 “君子不器，学术悟道；不为物役，事在人为”是说君子不要当机器人，不要当物质的奴隶，要学技术，悟道理，要积极作为。“为而有术，术精器利；以道御术，善为先导”是说做事要技术精、工具好，要遵循道德法则，要与人为善。 “大道法自然，无为无不为”就不再解释了。

老师： 下面请同学们提问题。

学生： 老师您好，您写的《数字感慨》里面，列了 100、100^2、100^3 和 100^5，为什么没有 100^4 呢。

老师： 问得好，100^4 也就是一亿，一亿年前是个什么样的时代？那个时代是恐龙的时代，离人类的出现还很早。

课程测试 Quiz 5-4:

1.【单选题】自动目标识别是精确制导武器智能化的核心技术，它的英文缩写是（　）。

A. ATR　　B. ART　　C. RAT　　D. TAR

2.【判断题】 精确制导武器是典型的信息化装备，精确制导武器的研制是一项系统工程。精确制导技术是武器装备中的共性技术，也可应用于民用领域。（　）

A. 正确　　B. 错误

3.【判断题】精确制导武器具有全新的"射程 – 精度"规律和概念，它不会因射程增大而降低其命中精度。由于采用精确制导技术，使得制导武器能修正飞行偏差，从而实施精确打击。（　）

A. 正确　　B. 错误

（二）国防、科技和人文

古人云"自古知兵非好战"，这是中华民族的战争观，中华民族不是一个好战的民族。纵观人类战争，可以说有这样的科学特征：徒手格斗、使用冷兵器是力学战；使用火药、热兵器是化学战；使用原子核武器是物理战；使用精确制导武器是数学战。

中国古代有一部兵书《司马法》，其中有句名言："故国虽大，好战必亡；天下虽安，忘战必危。"所以国防是极其重要。

从事国防事业是行善，是行大善。下图所示是我国 23 位"两弹一星"元勋，是搞导弹、原子弹研制工作的科学家，是中国超一流的科学家。他们的工作为我国赢得了几十年和平发展的宝贵时间，为中华民族的复兴作出了巨大的贡献，所以他们又是中华民族的大善人。

我国“两弹一星”元勋（共 23 位）

科学和艺术是老生常谈的话题，我想谈一点个人见解。现代科学的历史相对人类文明史、进化史可以说还很年轻。但科学是我们这个时代的英雄。当然，艺术则应该永远年轻，我把艺术比作“空灵美女”，写了《科学艺术交响诗》。

“科学是时代英雄，艺术是空灵美女；正当青春年少，恰如旭日东升”，这几句刚才已经解释过。人类文明早期，科学、艺术和哲学区分不是很明显，有些天才可以说是全才，既是科学家，又是艺术家，还是哲学家。“回首童年，青梅竹马，一同嬉戏幼稚园；渴望成长，独自扬帆，文理分科中学堂”。许多大师都对科学和艺术分道扬镳的状况表示忧虑，我觉得这是正常现象，不用担心。就像人在少年时期刚萌发性意识时，男孩和女孩会有一段疏远期，青春期他们是会走到一起来的。这就是最后两句，“看今朝，风华正茂燃激情；共携手，孕育人类新文明”。

《科学艺术交响诗》

科学是时代英雄，
艺术是空灵美女；
正当青春年少，
恰如旭日东升。
回首童年，青梅竹马，
一同嬉戏幼稚园；
渴望成长，独自扬帆，
文理分科中学堂。
看今朝，风华正茂燃激情；
共携手，孕育人类新文明。

著名的科学史家萨顿谈到科学与艺术的关系时候有过这样的精彩表述："在我看来，值得大书特书的伟大历史故事是科学、艺术和宗教相互关系的和谐运动；真善美的存在，人们都能看到，但能够明白这些不过是同一秘密的不同方面的人，为何如此之少？"

借着萨顿的话，谈谈真善美，在前面的矩阵 $\boldsymbol{A}$ 中，第 4 列是真善美。我想根据萨顿的启迪，给真善美建个几何模型，如图所示。这个几何模型由圆平面和最简单的柏拉图多面体组成，看起来像是大圆盘上立着一个三面的山，而平面投影则是圆和三角形，都是最简单的平面几何图形。我们在幼儿园就知道圆和三角形，应该说儿童时期学的知识，有很多都是大道理，这就是所谓的"大道至简"。

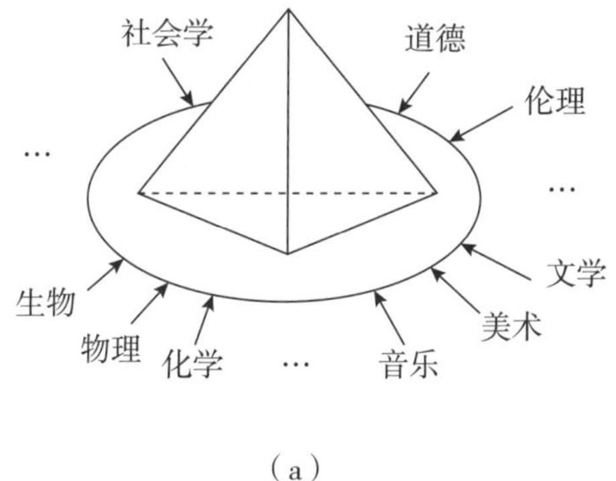

（a）

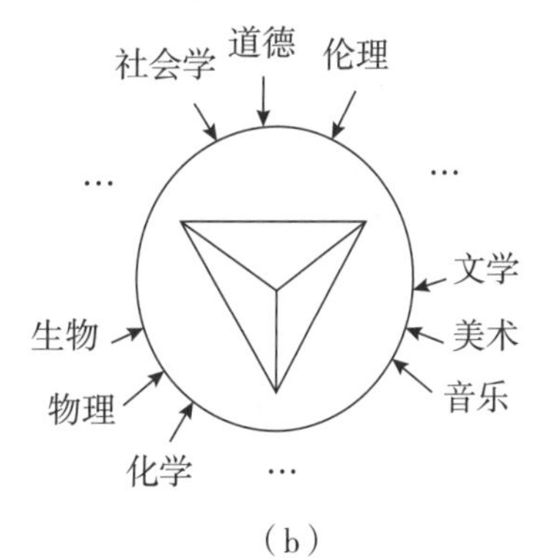

（b）

真善美几何模型

老师： 同学们，刚才我提到了最简单的柏拉图多面体。我想问，最简单的柏拉图多面体是什么意思？

学生： 柏拉图多面体就是正多面体，它的每一个面都是正多边形，像这样特殊的多面体只有五个，古希腊人很早就证明了这一点，把它称之为柏拉图多面体。其中，正四面体最简单，也就是我们说的最简单的柏拉图多面体；柏拉图多面体除正四面体外，还有正六面体、正八面体、正十二面体、正二十面体，古希腊人曾把这五个多面体对应物质世界的五种基本元素，类似于我国的金、木、水、火、土。

老师： 好！同学们回答得很全面，超出我的预期。

有一本书《数学与艺术》，我向大家推荐。

《华盛顿邮报》对《数学与艺术》一书的评价：“罕见的迷人有趣的书。”在这本书中数学家和艺术家如下评说正四面体：

“正四面体是最简单的，所以也是最好的柏拉图多面体，它的顶点和面是对神圣的 3 的赞美诗，但它们在数量上是 4，于是就产生了和谐的 12……”

“我不认为还有比四面体更完美的东西，如果有外星人来访，我会给他们一个正四面体，我想他们会理解的。”

把正四面体放在圆平面上，就构建了真善美几何模型。下面再看几何模型。圆是我们中华民族崇尚的几何图形，我们经常说“圆满”“花好月圆”“长河落日圆”。中国人特别喜欢圆，圆既简约又完美，我想用它来表现中华文化的包容性，体现“厚德载物”；同时，用圆来表明科学、艺术和道德信仰是共一个圆的，不宜分割。“山”的三个面分别代表真、善、美，真善美共同的基础是山的底面，表示人类共同的高尚追求；从科学的方位来看这个山是真的一面，从艺术的方位看这个山是美的一面，从道德信仰的方位看这个山是善的一面。

科学、艺术、道德信仰都在爬同一座山，都在向上追求，最终会在山顶上汇合。我想说科学、艺术和道德信仰是共圆的，只是认识世界的方位角度不同。随着认识水平层次的上升，相互之间的距离会越来越近，最终实现真善美的高度统一。

小结：

一是好战必亡，忘战必危，这是《司马法》中的成语，前面已经提到过。我们中国人都要关心国防，为国防现代化建设尽自己最大的力量，“为国防操心，加技术含量”就是这个意思。二是科技创新人文，人文制导科技。现代科技造福人类，科学精神也丰富和发展了人类文化，这是人所共知的，也就说科技创新人文。另外，现代科技的发展是由西方主导的，科技和资本，都是物质性的，不讲情不讲义，如果不加以导引和控制也会伤害人类。中华文明在这方面正可以大有作为，这就是人文制导科技。最后，我改写一下《腾王阁序》中的一句话：“军事与经济齐飞，科技共人文一色。”现在都说“中国梦”，这个图景就是我们想象的“中国梦”。

下面对第五章作个镀金句：“**极目楚天舒，道术一统**！”“极目楚天舒”是毛主席诗词中的一句，意思是放眼辽阔的楚天，“舒”是开阔的意思。“道”是最有中国文化味道的字，“道不远人”，无处不在，如茶道、人道、大道、小道、正道、常道、治学之道、生存之道、为官之道，还有韩国的跆拳道、日本的柔道，都是深受中华文化的影响。还有我们经常问，“你知道了吗？”所以说是“道不远人”。但是，老子的《道德经》说，“道可道，非常道”，因此“道”又很玄。“术”，过去古代中国不太重视，层次不高。知识分子都看不上技术，把能工巧匠做的东西视为雕虫小技，国外的产品视为奇技淫巧，结果近代吃了大亏，教训极为惨痛。现在大家都非常重视技术了，只要把“道”“术”两者结合好，就可以雄视天下。

我们的课程到这里就快要结束了，最后，我要特别感谢我的学校——国防科技大学。国防科技大学的特色是军事科技，是一所地位非常独特的中国大学。国防科技大学是军事文化、科技文化和大学文化交融的重地。期望大家关心国防，要强化国防观念和国防意识，这是课程的主要目的；也希望大家关心国防科技，对国防科技有所了解，我们讲这门课也有这个目的；同时，还希望大家关心国防科技大学。

国防科技大学

军事文化/科技文化/大学文化

关心国防
关心国防科技
关心国防科技大学

课程测试 Quiz 5-5:

1.【单选题】“故国虽大，好战必亡；天下虽安，忘战必危。”出自中国古代的（　）。

A.《孙子兵法》　　B.《司马法》

C.《论语》　　D.《周易》

2.【多选题】“两弹一星”元勋是中国超一流的科学家，是中华民族的大善人。让我们记住 23 位为中国“两弹一星”事业做出了杰出贡献的大科学家，由于试题所限不能全部列出。请指出以下是“两弹一星”的是（　）。

A. 邓稼先　　B. 陈芳允

C. 袁隆平　　D. 黄纬禄

附录：慕课篇测试题答案

第一章测试题答案

Quiz 1–1:　1. B　2. ABC

Quiz 1–2:　1. C

Quiz 1–3:　1. D　2. B　3. A

Quiz 1–4:　1. D　2. D

Quiz 1–5:　1. A

Quiz 1–6:　1. ABC

Quiz 1–7:　1. A

Quiz 1–8:　1. B　2. C

第二章测试题答案

Quiz 2–1:　1. B　2. D　3. B　4. A　5. B

Quiz 2–2:　1. ABC　2. A　3. A　4. D　5. B

Quiz 2–3:　1. A　2. C　3. B　4. A　5. A

Quiz 2–4：　1. A　2. B

Quiz 2–5：　1. A　2. ABC

Quiz 2–6：　1. ABCD　2. AC　3. A　4. C

Quiz 2–7：　1. A　2. A　3. C　4. ABC　5. A　6. A　7. A　8. B

Quiz 2–8：　1. B　2. D　3. A

第三章测试题答案

Quiz 3–1：　1. A

Quiz 3–2：　1. A　2. B　3. ABC

Quiz 3–3：　1. ABC　2. A　3. A

Quiz 3–4：　1. B　2. A　3. ABC　4. A　5. B

Quiz 3–5：　1. A　2. B

Quiz 3–6：　1. ABCD

Quiz 3–7：　1. A　2. AB　3. A

Quiz 3–8：　1. ABCD

Quiz 3–9：　1. A

Quiz 3–10：　1. AB　2. A

第四章测试题答案

Quiz 4–1：　1. D　2. A　3. A

Quiz 4–2：　1. C　2. ABCD　3. ABCD　4. A

Quiz 4–3：　1. D　2. ABCD　3. A　4. A

Quiz 4–4：　1. ABCD　2. B　3. A

Quiz 4–5：　1. ABC　2. C

第五章测试题答案

Quiz 5–1：　1. ABCD　2. A　3. ABCD

Quiz 5–2：　1. BCD　2. BCD　3. ABCD

Quiz 5–3：　1. ABCD　2. B　3. A

Quiz 5–4：　1. A　2. A　3. A

Quiz 5–5：　1. B　2. ABD

参考文献

[1] 中国国防科技信息中心 .2030 年的武器装备 [M]. 北京：国防工业出版社，2014.

[2] 于起龙 . 钱学森与国防科技大学 [M]. 长沙：国防科技大学出版社，2010.

[3] 杨学军，胡学兵 . 霹雳神箭：导弹 100 问 [M]. 北京：国防工业出版社，2007.

[4] 韩祖南 . 国外著名导弹解析 [M]. 北京：国防工业出版社，2013.

[5] Thomson-Smith L D. 制导导弹——现代精确武器 [M]. 崔吉俊，薛辉，译 . 北京：国防工业出版社，2014.

[6] 朱坤岭，汪维勋 . 导弹百科词典 [M]. 北京：中国宇航出版社，2001.

[7] 黄建伟 . 中国军事百科全书：精确制导技术学科 [M].2 版 . 北京：中国大百科全书出版社，2007.

[8] 郝祖全 . 弹载星载应用雷达有效载荷 [M]. 北京：航空工业出版社，2005.

[9] 周伯金 , 李明 , 于立忠 , 等 . 地空导弹 [M]. 北京：解放军出版社，1999.

[10] 王小谟 , 张光义 . 雷达与探测——信息化战争的火眼金睛 [M]. 北京：国防工业出版社，2008.

[11] 总装备部电子信息基础部 . 导弹武器与航天器装备 [M]. 北京：原子能出版社，2003.

[12] 中国国防科技信息中心 . 国防高技术名词浅释 [M]. 北京：国防工业出版社，1996.

[13] 刘兴堂 , 刘力 , 于作水 , 等 . 信息化战争与高技术兵器 [M]. 北京：国防工业出版社，2009.

[14] 周国泰 . 军事高技术与高技术武器装备 [M]. 北京：国防大学出版社，2005.

[15] 总装备部电子信息基础部 . 现代武器装备概论 [M]. 北京：原子能出版社，2003.

[16] 国防科学技术工业委员会 . 航天——国防科技知识普及丛书 [M]. 北京：中国宇航出版社，1999.

[17] 国防科学技术工业委员会 . 航空——国防科技知识普及丛书 [M]. 北京：中国宇航出版社，1999.

[18] 国防科学技术工业委员会 . 舰船——国防科技知识普及丛书 [M]. 北京：中国宇航出版社，1999.

[19] 国防科学技术工业委员会 . 兵器——国防科技知识普及丛书 [M]. 北京：中国宇航出版社，1999.

[20] 王其扬 . 寻的防空导弹武器制导站设计与试验 [M]. 北京：中国宇航出版社，1993.

[21] 刘隆和 . 多模复合寻的制导技术 [M]. 北京：国防工业出版社，1998.

[22] 宋振铎 . 反坦克制导兵器论证与试验 [M]. 北京：国防工业出版社，2003.

[23] 孙连山，杨晋辉 . 导弹防御系统 [M]. 北京：航空工业出版社，2004.

[24] 罗沛霖 . 院士讲坛——信息电子技术知识全书 [M]. 北京：北京理工大学出版社，2006.
[25] 罗小明 , 等 . 弹道导弹攻防对抗的建模与仿真 [M]. 北京：国防工业出版社，2009.
[26] 熊群力 . 综合电子战——信息化战争的杀手锏 [M]. 北京：国防工业出版社，2008.
[27] 范茂军 . 传感器技术——信息化武器装备的神经元 [M]. 北京：国防工业出版社，2008.
[28] 郭修煌 . 精确制导技术 [M]. 北京：国防工业出版社，2002.
[29] 张鹏 , 周军红 . 精确制导原理 [M]. 北京：电子工业出版社，2009.
[30] 王建华 . 信息技术与现代战争 [M]. 北京：国防工业出版社，2004.
[31] 戴清民 . 战争新视点 [M]. 北京：解放军出版社，2008.
[32] 刘桐林 , 吴苏燕，刘怡 . 空地制导武器 [M]. 北京：解放军文艺出版社，2001.
[33] 国防大学科研部 . 高技术局部战争与战役战法 [M]. 北京：国防大学出版社，1993.
[34] 刘明涛 , 杨承军 , 等 . 高技术战争中的导弹战 [M]. 北京：国防大学出版社，1993.
[35] 刘伟 . 信息化战争作战指挥研究 [M]. 北京：国防大学出版社，2009.
[36] 张玉良 . 战役学 [M]. 北京：国防大学出版社，2006.
[37] 郭梅初 . 高技术局部战争论 [M]. 北京：军事科学出版社，2003.
[38] 魏毅寅 , 等 . 世界导弹大全 [M].3 版 . 北京：军事科学出版社，2011.
[39] 张忠阳 , 张维刚 , 薛乐，等 . 防空反导导弹 [M]. 北京：国防工业出版社，2012.
[40] 袁健全 , 田锦昌 , 王清华 , 等 . 飞航导弹 [M]. 北京：国防工业出版社，2013.
[41] 刘继忠 , 王晓东 , 高磊 , 等 . 弹道导弹 [M]. 北京：国防工业出版社，2013.
[42] 白晓东 , 刘代军 , 张蓬蓬 , 等 . 空空导弹 [M]. 北京：国防工业出版社，2014.
[43] 郝保安 , 孙起 , 杨云川 , 等 . 水下制导武器 [M]. 北京：国防工业出版社，2014.
[44] 苗昊春 , 杨栓虎 , 袁军 , 等 . 智能化弹药 [M]. 北京：国防工业出版社，2014.
[45] 付强 , 何峻 , 朱永锋 , 等 . 精确制导武器技术应用向导 [M]. 北京：国防工业出版社，2014.
[46] 付强 , 何峻 , 等 . 自动目标识别评估方法及应用 [M]. 北京：科学出版社，2013.
[47] 付强 , 何峻 , 范红旗 . 精确制导新讲——武器 · 技术 · 正道（中国大学视频公开课）[OL]. 北京：高等教育出版社，2014.
[48] 付强 , 何峻 , 范红旗 , 等 . 精确制导器术道 [OL]. 学堂在线，2017.
[49] 付强 , 何峻 , 范红旗 , 等 . 导弹与制导——精确制导常识通关晋级 [M]. 长沙：国防科技大学出版社，2016.
[50] 付强，朱永锋，宋志勇，等 . 精确制导概览 [M]. 长沙：国防科技大学出版社，2017.

135

研讨篇是作者在精确制导专业领域长期从事科研教学工作的部分思考和成果凝练，共分两章内容。作为研究生导师，作者积累了一些论“导”的经验和体会，提升为**“器术道并重”**的理念，总结成人才培养的**“精导”**模式：科研**“精确制导”**+教学**“精心引导”**。

第二章　教学 + 教育：精心引导

第一章

科研 + 科普：精确制导

本章主要研讨信息处理与目标识别，这是精确制导武器的核心关键技术；此外，作者还积极从事精确制导科普工作，努力将科学普及与科技创新摆在同等重要地位。

一、精确制导信息处理技术

（一）信息处理的内涵

信息处理就是对信息载体的加工，其内涵可以从“信息”和“处理”两方面来探究。首先，由于信息总是依靠载体而物理存在，信息处理实际上是通过对承载信息的载体的处理来实现的。处理就是对载体进行的组织、变换、分析等加工操作。

关于信息的载体目前有两种提法。一是在电子信息技术领域，普遍的观点是，信息即消息。信号是消息的载体，即是信息的载体。因此，对信息的处理总是通过对信号的处理来实现。相应的处理技术主要包括信号滤波、变换、压缩、频谱分析、估计、检测、鉴别、识别等。二是在计算机信息技术领域，一般认为，数据是最基本的处理对象，信息是数据加工之后的结果，其表现形式还是数据，即数据是信息的载体。因此，信息处理总是通过对数据的处理来实现，而典型的处理技术则包括多媒体技术、模式识别技术、机器学习技术、人工智能技术、计算机仿真技术、计算机网络技术以及计算机安全技术等。

对信息（载体）的加工处理则是有环境、有目的、有方法和有结果的。处理的环境包括问题的论域与边界条件、计算资源等方面。处理的最终目的是从载体中析取有用的信息，而具体的目的可以是对信息的分离、选取、分类、识别、提高置信度、改善主观感觉效果等。信息处理的目的无疑是与应用相关的，例如军事信息处理的目的是及时向指挥员提供所需的关于敌我双方态势、我方作战资源等方面的有效信息，作为决策的依据。处理的方法是指对信息载体进行加工变换的模型、规则、过程逻辑等析取信息的手段，具体的方法取决于载体的具体形态，如对语音、图像、视频等不同载体形式中蕴含的信息处理方法也不相同。对处理方法的研究是信息处理技术领域的主要内容。处理的结果就是有价值、可利用的信息（虽然这些信息仍然是由载体承载的），结果信息要呈现出来供人感知（视听），要存储起来以供共享、分发或进一步处理。

综上所述，信息处理的含义是针对蕴含信息的信号或数据，基于一定的环境，根据某种目的，按照一套方法对信号或数据进行加工，从而得到可供利用的有效信息。

（二）精确制导信息处理技术发展概况[①]

1. 精确制导信息处理的核心地位

精确制导武器是指利用各种传感器和信息网获取待攻击目标的位置、速度、图像及特征状态等信息，经分析和处理后实时修正或控制自身的飞行轨迹，具有较高命中精度的武器系统。

信息处理系统是精确制导武器的重要组成部分，也是精确制导系统总体的重要研究内容，信息处理能力是精确制导系统整体水平的重要标志。因此，信息处理技术是精确制导系统的关键技术，它的进步与发展有力地推动着精确制导技术研究水平不断跨上新台阶及精确制导武器的升级换代。

精确制导武器的核心技术是末制导导引头上的信息获取与信息处理技术，如何提高信息处理的智能化程度是精确制导技术面临的重要课题。对精确制导信息处理来说，智能化的核心内容就是自动目标识别（ATR），主要是为对付越来越复杂的作战武器和战场环境，能根据目标、跟踪过程、电磁环境及干扰特性选择不同流程、算法、逻辑及数据融合方案。

2. 精确制导信息处理的发展历程

精确制导武器是典型的信息化装备。粗略地说，精确制导信息处理技术经历了四代发展。

第一代精确制导信息处理技术，其特点为一维信号处理。信号输入传感器为非成像、非相参的，所获取的信息量少，战场环境简单。由于一维信号处理多以硬件为核心形成精确导引信号处理系统，处理算法单一，因此抗干扰能力弱。

第二代精确制导信息处理技术，其特点为二维信号处理。为应对有较强干扰的战场环境，开始采用成像传感器（电视成像、红外线扫成像、射频实孔径雷达成像、一维距离像等），由此产生的大量数据，要求发展先进的信号信息处理技术。在此阶段，得益于大规模集成电路技术、计算机技术的快速发展，

---

① 付强等，写于 2016 年。

使得比较复杂的算法得以应用于精确制导信息处理，信号处理系统从硬件为核心转向以算法为核心，具备了目标自动跟踪能力和初步的自动目标识别能力，抗干扰能力显著提高。

第三代精确制导信息处理技术，其特点为多维信号处理。面向复杂战场环境，广泛采用高分辨率成像处理技术（包括红外凝视成像、距离高分辨成像雷达等），并开始采用多模信息融合处理技术。超大规模集成电路（DSP、FPGA、ASIC 等）广泛应用，自动目标识别技术开始向产品转化，目标识别能力和战场环境适应能力显著增强。

第四代面向强对抗战场环境、多样性的打击目标、多样化的武器平台、武器系统的体系对抗，对精确制导信息处理技术提出了更高的要求。结合高帧频高分辨率红外焦平面成像、激光成像、多光谱 / 高光谱成像、合成孔径雷达 / 逆合成孔径雷达（SAR/ISAR）成像、相控阵等新型传感器及多种传感器融合的广泛应用，信息处理技术进步主要表现在以下四方面：

❶ 自动目标识别技术向实用化发展。从工程化的角度研究 ATR 技术，再发展到从工程应用的角度实现 ATR 技术的实用化，使 ATR 技术在精确制导武器中的应用与需求相适应。

❷ 光谱、频谱、相位、极化等与成像复合的探测处理技术。具有更灵活、更强大的探测微弱目标、隐身目标、隐藏目标的能力和场景综合理解能力，为精确制导武器的对抗能力提供技术支撑。

❸ 多弹协同探测与制导信息处理技术。在末制导段的多弹协同探测与制导方面，发展动态组网、弹间的实时通信，协同检测识别目标或目标要害部位的技术，以增强对目标打击的有效性和灵活性。

❹ 基于仿生的精确制导信息处理技术。研究结构及功能上的仿生以提高未来精确制导武器性能及其信息处理能力，如基于生物特异性的复眼结构、多基线立体视觉结构的导航制导、高效灵活的神经网络学习和自适应感知识别机制等。

（三）雷达导引头智能化信息处理技术研究①

精确制导方式主要包括遥控制导、（微波 / 毫米波 / 红外 / 激光 / 电视等）

---

① 付强等，写于 2016 年。

寻的制导、惯性制导、（地形 / 景象）匹配制导、卫星制导、（多模）复合制导等。雷达精确制导是指利用目标辐射或反射到雷达上的电磁波来探测目标，并从电磁波中提取高精度的目标信息（包括目标的距离、角度、速度、形状与几何结构等），通过精确控制自动地把导弹引向目标，直接命中和摧毁目标。

雷达导引头主要工作于微波频段和毫米波频段，高精度探测需要雷达导引头具有距离、速度、角度等多维高分辨能力。分辨率提高以后，雷达波束照射区域所对应的分辨单元的数目增加，信息处理的运算量也随之呈指数增长，信息处理方法的智能化成为迫切的要求。高精度探测只是保证导引头能获得更多、更精确的信息，如何高效率地利用这些信息为制导服务，是雷达信息处理技术要解决的主要问题。

智能化信息处理技术使得导引头能在充满各种干扰的战争环境中全自动探测、搜索和识别视场中的全部目标，捕获多个目标并进行实时多模跟踪；能够综合利用多种信息，对多传感器或复合传感器探测的数据进行融合处理；能够采用具有规划、理解、推理和学习功能的计算机，模仿专家解决问题时有效而复杂的思维活动，使制导系统能在瞬息万变的战争环境中进行判断和决策，自动跟踪目标；具有对故障、干扰和环境进行综合决策的能力。

1. 研究课题与方法概述

雷达导引头智能信息处理是从导引头前端的输出信号中采集信息，运用智能化的信息处理手段对信息进行处理，获得高精度的目标参数，提供给制导控制系统，实现对导弹的精确制导。它主要从理论、方法和技术等方面进行研究，需要解决的基本问题如下：

1. 强起伏杂波背景中目标的检测；
2. 复杂背景中真假目标的鉴别；
3. 目标类型的识别与目标要害部位的选取；
4. 干扰的鉴别与抑制；
5. 高精度的距离、速度与角度等参数的估计与目标跟踪。

信息处理技术的先进性是保持导弹武器系统技术优势的一个主要因素，世界上许多先进国家都非常重视对它的研究，从毫米波主动寻的雷达制导自动目标识别信息处理就可以看出这一点。例如，1988 年，休斯公司接受了伊格林（Eglin）空军基地的合同，在 AGM-65 “幼畜” 导弹（原来有电视制导、激光制导、红外制导三种型号）上改装毫米波导引头，该合同的主要内容是解决地面背景中坦克目标在各种姿态下的识别问题。又如，由英国马可尼公司、德国迪尔公司、法国汤姆逊公司和美国桑伊美公司共同承担的多管火箭炮系统（MLRS）计划，主要也是解决复杂背景中坦克目标的检测以及从其他车辆中识别出坦克目标的问题。海湾战争以后，为了弥补红外制导的缺陷，在原来的红外制导导引头上改装毫米波复合制导导引头已成为一种趋势。例如，美国洛克韦尔公司与英国马丁公司研制和完善了红外 / 毫米波双模“海尔法”导引头；霍尼韦尔公司、西屋公司、英国皇家飞机研究所也开展了类似研究；美国雷声公司和德国航天公司合作研制“爱国者”导弹的毫米波导引头，拟解决弹头（战斗部）与弹体碎片的识别问题，以提高拦截有效率。这些都是为了解决一个主要问题，即利用智能信息处理技术改善目标探测与识别性能，大幅度提高武器系统的作战能力。

在主动寻的制导雷达信息处理方面已有很多方法见诸报道，主要包括远距离微弱目标信号的检测、强地物杂波背景中目标信号的检测、地物假目标的鉴别、目标识别与目标分类等。近年来，小波变换、分形几何、模糊模式识别、人工神经网络及人工智能等现代信息处理的理论与方法也开始用于雷达制导信息处理中目标检测、识别和跟踪等各个方面的研究。

在雷达目标识别中，目标回波是随目标距离、姿态角及运动状态等因素变化的时变信号。传统的时变信号分析方法是短时傅里叶变换，其主要缺点是时域和频域上的二维分辨率是固定的，时频与分辨率不能兼顾。近年来兴起的小波变换技术可以较好地解决这一问题。小波变换用于信号处理具有如下优点：①小波变换是线性变换，变换后的信号特征不会发生畸变，可明显地反映时变信号的突变；②小波变换能在时域和频域同时对信号进行局部分析，且计算量较小；③小波变换不仅能分析窄带信号，而且特别适用于宽带信号的处理；④小波变换是一种局部细化分析，能对短时（有限数据样本）信号做比较精细的分析。小波变换在精确制导信息处理中可用于雷达目标宽带（超宽带）响应多尺度特征提取、雷达图像的数据压缩等方面。

分形几何的概念是由 Mandelbrot 于 1975 年首先提出的，现在已经迅速发展成一门新兴的数学分支。分形几何是研究和处理自然与工程中不规则图形的强有力的理论工具。它在雷达精确制导信号处理中主要用于合成孔径雷达图像的处理，包括图像压缩与特征抽取两方面，前者通过选取分形数学模型和相应的仿射变换对图像进行分形编码，实现实时压缩，这有利于实时存储，减少匹配识别的运算量。精确制导自动目标识别中分形特征的提取主要是利用了自然物体的自相似性和人造物体的各向异性之间的差异，将目标与背景分开，而不必涉及视觉特征。目标的分形特征具有抗干扰、抗畸变、复杂自然环境下性质不变等优点。国内外学者都对此进行了一定的研究工作，如 Fuller 等应用分形理论发展了一套神经网络算法对目标进行分类识别，张文峰对目标一维距离像提取分维特征用于目标识别等都是值得借鉴的工作。

自 1965 年 Zadeh 首次提出模糊集理论以来，模糊数学取得了很大发展，由此产生的模糊模式识别理论和方法在雷达目标识别中获得了成功应用。在雷达目标识别中，由于目标背景的污染、目标信息转换过程中特征信息的随机交叠，目标信息随时间、距离、姿态及目标运动状态等因素变化而引起的动态时变都是影响识别效果的主要因素。由于这些不确定因素的影响，难以找到目标特征及匹配过程的精确描述，而过分精确的描述反而丢掉了人脑对模糊现象进行判别时所具备的优点。传统的统计方法对于“因果律”破缺而产生的随机现象是十分有效的，但对“因果律”破缺而造成的模糊现象时则显得无能为力。在模糊模式识别过程中，通过数值变换提取的特征量被转换成由模糊集及其隶属函数表征的语言标记，它相当于人脑对客体特性在概念层上的反映。客体和语言标记之间的关系，通过模糊集理论中简便有效的模糊关系和模糊推理等模型有效地表征。

人工神经网络（Artifical Neural Network，ANN）是由人工建立的以有向图为拓扑结构的动态系统，它通过对连续或断续的输入作状态响应而进行信息处理。ANN 在信息处理中的广泛应用缘于它的相关记忆功能和并行分布式处理结构。在雷达精确制导应用中，要求信息处理有较快的速度、较小的数据存储空间和简单的硬件处理系统结构，这些要求正是 ANN 能够实现的。具体地说，ANN 主要用于目标识别系统的分类判决，完成目标特征信号与目标属性的关联。ANN 与传统的统计模式分类法相比具有以下优点：①不必对输入特性的统计分布做任何的初始假设（在网络训练过程中会将其隐含地考虑进去），因此，在不易知道统计分布的情况下，这种分类器功能更强；②对数据的非线性变换考虑到了更为复杂的判定区域边界，因此从理论上能够达到一个更低的错误分类概率；③其分布型结构容许一定程度的失误，某些处理节点故障或在输入值中的少量错误不会严重降低其性能。ANN 除用于模式识别外，还可完成矩阵特征值求解等一些耗时计算，提高信息处理的实时性。目前被广泛研究的 ANN 模型有 BP 网络、Hopfield 网络、Boltsmann 机以及多层感知器的各种变体等。

基于知识的模式识别方法与模糊模式识别方法以及人工神经网络模式识别方法一样，是人工智能（Artificial Intelligence，AI）技术在模式识别领域的重大应用。简单地说，基于知识的模式识别方法就是一种把人类的推理规则用计算机语言加以描述，并利用这些规则获得与专家同样的识别效果的模式识别方法，这种方法已用于高分辨舰船雷达目标的识别。

2. 调频步进雷达导引头智能信息处理研究

毫米波导引头要获取目标的一维距离像信息以实现距离高分辨，通常又包括瞬时大带宽、调频连续波（FMCW）及合成大带宽等在内的多种技术途径。采用发射极窄脉冲的瞬时大带宽法时，利用极窄脉冲可以获得极宽的带宽，但难以获得较高的平均功率。获得高的平均功率需要提高脉冲的峰值功率或重复频率，但前者受到器件的限制难以在弹上实现，后者则会带来测距模糊的问题。采用瞬时大带宽的线性调频信号能同时满足探测距离和分辨力的要求，但进一步增大带宽后，对接收机的通道特性和采样率的要求增加，使得在导引头上的实现难度增大。发射调频连续波也可实现对目标的高距离分辨成像，但由于是连续波系统，收发隔离问题成为在导引头上应用的瓶颈问题；另外，如何保持良好的调频线性度也是需要解决的一个关键问题。简单脉冲步进跳频合成宽带技术为实现距离高分辨提供了另一种选择，该技术在国内外已有许多文章发表，并有一些产品采用了这一技术。但这一技术应用在导引头中有两点不足：①合成大带宽需要较多的跳频点，成像周期长，不利于进行运动补偿，使得运动目标的成像质量大幅度下降；②高的距离分辨率与远的探测距离不可兼得。为提高单次检测的回波信噪比，通常要发射更大脉宽的信号，而更大脉宽的信号使得距离分辨率下降。为解决这些问题，同时达到高距离分辨力、远探测距离和短成像周期，出现了一种新的实用的宽带信号形式，即脉内调频和脉间跳频。这种合成宽带的方式兼具脉冲压缩和频率步进的优点，既能保证发射信号的能量，又能在短时间内覆盖宽的频带，解决了远距离探测和高距离分辨的矛盾；成像周期短使运动补偿较为容易；单个脉冲的带宽较窄降低了系统实现的难度。

调频步进雷达发射载频步进的 Chirp 子脉冲串，在接收时首先在各个脉冲重复周期内进行脉内匹配滤波压缩处理；然后利用各个脉冲之间频率步进所产生的线性相位信息，通过 IDFT 处理进行第二次压缩，进一步提高距离分辨力。该体制的优点是不仅减小了瞬时带宽，使得前端 A/D 采样器件的速率和通道带宽要求得到降低，易于弹上实现，而且由于Chirp脉冲的带宽远大于简单脉冲的带宽，大大提高了数据率，减低了对步进跳频处理所需的相参脉冲数的要求，减轻了多普勒效应对于IDFT的影响，一维距离成像也更为精确。调频步进雷达信号兼顾了线性调频和步进跳频信号的优点，大大提高了雷达的距离分辨率和成像能力，同时又没有增加系统的实现难度，易于在导弹导引头上实时地实现。

Chirp子脉冲信号与频率步进信号的有机结合提供了一种实现距离高分辨的有效途径。该信号具有同时获得高的距离分辨率和速度分辨率的能力以及较好的抑制杂波的潜力，但同时存在距离与速度的耦合。调频步进体制雷达兼顾了线性调频脉冲压缩和频率步进相参处理的优点，使得距离分辨率可以达到足够高，同时设备简单，易于弹上实现。调频步进雷达接收机的原理框图如图所示。

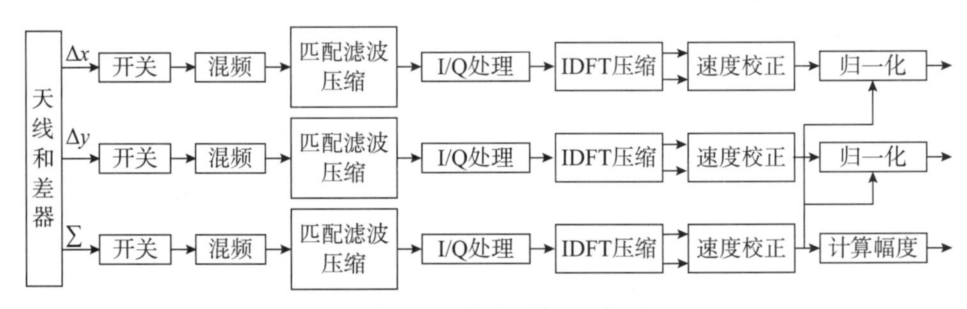

调频步进雷达接收系统原理框图

防空导弹末制导导引头雷达可采用Chirp子脉冲频率步进体制，其任务是拦截大气层内低空来袭的导弹或飞机目标。为了拦截并击毁来袭目标、提高导弹命中概率，导引头必须具有足够的作用距离和跟踪精度。导引头采用距离窗式搜索检测来发现和截获目标，其工作过程：在距离来袭目标15km左右时，导引头雷达开机，发射一串脉内线性调频的宽脉冲，接收机对来自目标的后向散射回波信号进行匹配压缩处理，得到一个具有sinc包络的窄脉冲。由于压缩脉冲的等效时宽取决于信号的调频带宽，从而可以获得比发射脉冲高得多的距离分辨能力（距离分辨力为10m）。由于接收脉冲匹配压缩后的信噪比约为–8dB，因此若要实现距离门600m内目标的搜索检测，满足虚警概率小于10^{-6}、截获概率大于95%的指标要求，必须考虑对回波脉冲串进行相参积累或非相参积累。当导引头捕获目标后，进行距离窗内多目标的分辨、真假目标鉴别、识别和威胁目标判定等，并选择威胁最大的目标进行跟踪。当导弹与目标相距3.1km时，Chirp脉冲雷达导引头发射一串脉内线性调频、脉间频率步进的窄脉冲，即调频步进信号。接收机先将线性调频子脉冲通过一次脉压形成中分辨率的距离像，再利用步进频率信号的线性相位特性对该中分辨距离像上的分辨单元进行二次脉压形成高分辨率的一维距离像（距离分辨力为 1m）。此时，目标表现为扩展目标。在此阶段导引头需完成对目标的进一步识别、攻击点选择与跟踪，并控制导弹命中目标要害部位。因此，Chirp 脉冲雷达导引头智能信息处理问题可以分为两部分：一是中分辨率条件下 Chirp 脉冲串信号智能信息处理问题；二是高分辨率条件下调频步进信号的智能信息处理问题。调频步进雷达导引头信息处理流程如图所示。

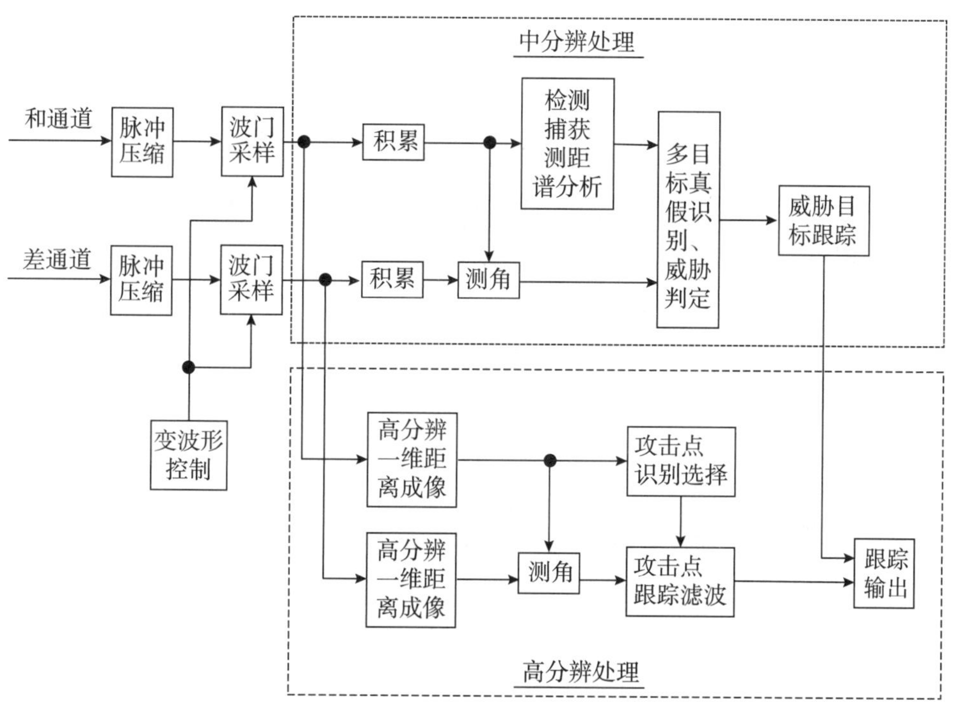

调频步进雷达导引头信息处理流程

二、自动目标识别系统

自动目标识别系统是精确制导武器智能化的核心，从学科专业的角度来看，自动目标识别技术研究是动态模式识别课题。

（一）模式识别的概念

分类识别是人类的一项基本智能，人们总是通过自身的视觉、听觉、触觉等一系列感觉器官接收外部世界的信息，感受不同的事物，同时也在不断地运用自己的大脑分析、处理这些信息，对这些感受到的信息和事物进行区分和归类。例如，儿童在认读识字卡片上的数字时，将它们区分为 0~9 中的一个，这是对数字符号的识别；人们在读书看报时进行的是文字识别活动；医生给患者诊断疾病需要对病情进行分类识别；在人群中寻找某一个人是对人的形体及其他特征的识别行为。

让机器具有人类的分类识别能力的需求，促使了模式识别这一学科的诞生和发展。随着生活、生产和探索领域的拓展，人们需要识别的对象种类越来越多，内容越来越深入和复杂，要求也越来越高。为了改善工作条件、减轻工作强度，人们希望机器能代替人类完成某些繁杂的分类识别工作；有些场合环境恶劣、存在危险或人们根本就不能接近，这就需要借助机器、运用分析算法进行识别，并且利用机器可以提高识别的速度、正确率及扩大应用的广度。随着科学技术的发展，特别是计算机和计算机技术的发展，人们对机器具备分类识别能力的理论和技术开展了不懈的探索和研究。

模式识别系统诞生于 20 世纪 20 年代，随着 20 世纪 40 年代计算机的出现以及 50 年代人工智能的兴起，人们希望能用计算机来代替或扩展人类的部分脑力劳动。模式识别在 20 世纪 60 年代初迅速发展成一门学科。它所研究的理论和方法在很多科学和技术领域中得到了广泛的重视，推动了人工智能系统的发展，扩大了计算机应用的可能性。几十年来，模式识别研究取得了大量成果，这些成果广泛应用于生物学、医学、天文学、军事、安全、工程、经济学等领域。科学技术的飞速发展已经将人类带入了信息时代。毫不夸张地说，凡是在人类需要应用自身的智慧、知识和经验，对客观事物的性质和类别进行判别的场合，都有应用机器实现的可能。面对大量的各种信息，如何应用机器快速、准确地完成人们交给的分类识别工作，给模式识别技术提出更高的要求，也推动了模式识别学科的不断向前发展。自 1980 年以来，受到学术界和各应用领域的极大重视，计算机软、硬件技术的日臻成熟及其他相关学科的迅速发展，更使它成为理论研究和技术开发的热门学科。

为了能让机器执行和完成分类识别任务，必须首先将分类识别对象的有用的信息输入计算机中，为此应对分类识别对象进行科学的抽象，建立它的数学模型，用以描述和代替识别对象，这种对象的描述称为模式。无论是自然界中物理、化学或生物等领域的对象，还是社会中的语言、文字等，都可以进行科学的抽象。具体地讲，对它们进行测量，得到表征它们特征的一组数据，为使用方便，将它们表示成矢量形式，称其为特征量；也可以将对象的特征属性作为基元、用符号表示，从而将它们的结构特征描述成一个符号串、图或某个数学式子。通俗地讲，模式就是事物的代表，是事物的数学模型之一，它的表示形式是矢量、符号串、图或数学关系。模式所属的类别或同一类中模式的总体称为模式类（简称类）。

模式识别是根据研究对象的特征或属性，利用以计算机为中心的机器系统，运用一定的分析算法认定它的类别，系统应使分类识别的结果尽可能地符合真实。模式识别的过程就是对表征事物或现象的各种形式的（数值、文字和逻辑关系）信息进行处理和分析，以对事物或现象进行描述、辨认、分类和解释的过程。

一个功能较完善的识别系统在进行模式识别之前，首先需要进行学习。模式识别系统主要由获取原始样本、预处理、特征提取和选择、分类决策四部分组成，如图所示。特征提取和选择、学习和训练、分类识别是模式识别方法或系统的三大核心问题。

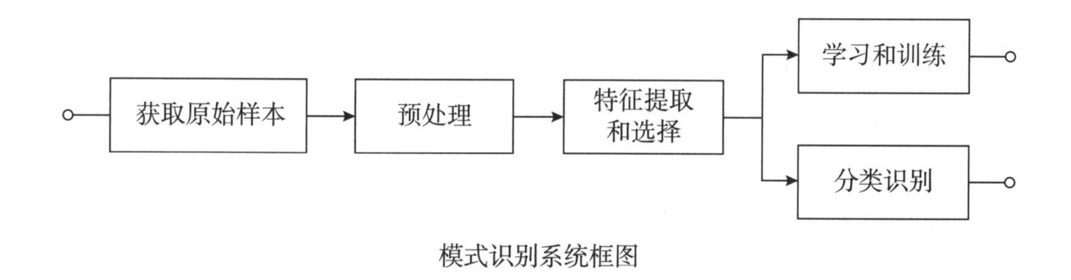

模式识别系统框图

（二）自动目标识别技术发展与系统研制①

1. 自动目标识别技术研究的特点

自动目标识别与模式识别技术密切相关。IEEE图像处理汇刊给出的定义是：自动目标识别一般指通过计算机处理来自各种传感器的数据，实现自主或辅助的目标检测和识别。其中，提供数据的传感器包括前视红外（FLIR）、合成孔

① 付强，何峻，写于2018年。

径雷达、逆合成孔径雷达、激光雷达、毫米波雷达、多/超光谱传感器、微光电视（LLTV）、视频摄像机等。

自动目标识别研究的一个突出特点是强调复杂情况下的应用。自动目标识别的研究领域包括：利用各种传感器（声、光、电、磁等）从客观世界中获取目标/背景信号，使用光/电子及计算机信息处理手段自动地分析场景，检测、识别感兴趣的目标以及获取目标各种定性、定量的性质等。自动目标识别的理论、模型、方法和技术是实现自然场景中复杂系统自动化、智能化工作的基础。例如：机器人装置的技能将更灵活、有效，从而扩大制造过程的自动化程度，并促进在恶劣环境下自主式遥控机器人的使用；新型现代医学成像诊断设备将能自动辅助医疗人员发现病症、诊断疾病，对病灶进行自动化手术与治疗；装备自动辨识生物特征系统的机要部门、银行和智能大厦将更加安全、方便；遥感观测系统将更加快速、可靠地从二维、三维乃至多维的数据中发现矿藏、森林火灾和环境污染；“发射后不管”的武器系统从复杂背景中检测、识别弱小目标的能力以及从假目标中识别出真实目标的能力将大大增强，武器的精确性、可靠性及效率将大大提升。

自动目标识别研究的另一个特点是多学科交叉与融合。自动目标识别是光电子、智能控制、地球与空间科学、人工智能、模式识别、计算机视觉、脑科学等多学科十分关注的交叉学科前沿。在各种权威国际刊物和学术会议上，每年都涌现大量与之相关的理论和应用研究论文。

2. 自动目标识别技术发展及其面临的挑战

1）发展概述

自动目标识别技术在战场侦察、监视、制导等方面的重要性不言而喻。以雷达目标识别为例，从 20 世纪 50 年代末国外学者开始雷达目标识别领域的技术研究，其后经历了冷战时期弹道导弹防御、80 年代到 90 年代精确制导武器以及反恐作战三个阶段，促进了目标识别技术的快速发展。美国对于自动目标识别技术的研究在 1997 年达到巅峰，无论是从发表的学术论文，还是美国政府支持研究所产生的报告数量都是如此。然而，科索沃战争成为一个明显的转折点。北约具有强大的空中优势，空中照相侦察提供了前所未有的高清晰、宽谱覆盖的战场信息，精确打击武器的命中精度无与伦比，但是南联盟的地面坦克部队最终几乎完好无损。此后，美国政府支持研究的强度迅速下降，以至于科索沃战争之后，美国军方对自动目标识别技术的信任度大为降低。近十年来，随着人工智能和机器学习技术的突破，自动目标识别技术又获得生机，出现了军事应用的一些成功案例，如2018年雷声公司在其网站发表了多篇文章，全面介绍了公司在自动目标识别方面的技术进展。总体而言，解决战场目标识别问题还任重道远，我们有必要重新审视目标识别几十年的发展历程，对目标识别的理论方法进行重新梳理。

人类对客观世界的认知为我们提供了目标识别研究最直观、最生动的启迪。我们完全可以类比人的认知方式，重新思考目标识别技术的内在规律。我们知道，人的认知过程符合从简单到复杂、从特殊到一般的规律。从前面分析也可以看到，目标识别从比对目标自身不变特征参数开始，逐步发展到利用目标的相关信息与知识的“广义目标识别”阶段。据此，《雷达目标识别技术的再认识》按照不同发展阶段的特点，将目标识别分为以下三种方式：

❶ 特征参数比对。这种识别方式源自经典的模式识别理论，适用于目标明确、孤立的场景。识别的一般流程：首先获取传感器信息，提取能够有效刻画目标的稳定、唯一的特征或模型参数（如反导预警雷达提取弹头的微运动特征）；其次将提取的特征参数与已知目标特性数据库中的模板或模型进行匹配，实现目标分类识别。特征参数比对的识别，注重在目标特性维度上挖掘信息的可区分度，采用的技术手段主要表现在特征有效性分析和分类器容错设计两方面。

❷ 积累规律辨识。当目标状态具有动态变化的不确定性时，仅依靠某一时间点上的特征参数比对就难以解决识别问题。这是因为一方面实际中很难获得完备的目标特征参数，另一方面目标之间的差异很难在较小的时空观测范围内被察觉。因此，目标识别的另一个方式是通过寻找特征参数的变化规律来辨识目标，即考虑目标的行为特点。例如，当辨识在轨工作和失效卫星时，一段时间内获得的轨道特征仍不足以可靠地区分；而当通过较长时间观测，获得轨道特征的变化规律（轨道长半轴是否衰变）后，两类目标的辨识才成为可能。再如，对弹头和伴飞诱饵的区分，同样需要一段时间的观测信息积累，才能根据雷达反射信号的周期性变化规律找出目标姿态变化的特点，保证识别的可靠性。积累规律辨识的识别重在挖掘观测数据在时间维度的内部变化规律，采用的技术手段主要是信号积累或数据互联的相关技术。

❸ 知识辅助识别。当目标本身提供的识别信息非常有限，且易受环境因素影响时，如果目标与周围环境具有较强的依赖关系，就可以引入有关目标的

背景知识并将其转化为对直接测量信息的约束。这种借助领域知识或经验的识别方式称为知识辅助识别。实际上，目标识别要比判断目标是否出现更为困难。识别程度和对象的范围较广时，单一的信息来源往往不具备充分的排他性。因此，复杂场景中的目标识别更需要借鉴知识辅助识别的思路。知识辅助识别所能够采用的技术手段十分丰富，既可以采用贝叶斯理论将知识转化为先验概率，也可以借助人工智能的研究成果构建专家系统。目标本身结构特点以及与环境相互作用产生的新特征，可以通过判断规则、发生概率、关系图等知识表示和转化方式融合到目标识别的信息处理流程中。背景知识与直接观测得到的特征具有完全不同的信息特性，二者的有机结合是智能化识别的必由之路。例如，轮式车辆和履带式车辆的区分可以用是否在道路上行进作为一条辅助判据。又如，对海上舰船目标的识别，尾迹特征与目标的关联性是重要的辅助判别依据。

以上三种识别方式分别对应了认知过程从“点”到“线”或“面”，再到“体”的三个阶段。特征参数比对是在“点”上思考问题，积累规律辨识建立在“线”或“面”的基础上，知识辅助识别是从整个知识“体”的角度探讨识别问题。

实际中遇到的目标识别问题依靠单一的方法一般难以解决，因为识别效果主要取决于目标特性信息的积累和关联方式。如果目标特性通过与周围空间环境的相互作用来呈现，就需要构建依托空间环境的知识辅助识别系统。比如，地理空间情报系统就是将目标特性与地理信息相结合，才能够较好地解决固定或慢速移动目标的识别问题。如果目标特性主要反映在时间变化上，则需要依托目标状态估计系统在时间维度上寻找特性变化规律。空间目标识别就是典型的例子，比如将目标状态随时间的变化转化为轨道根数及其变率，就可以作为一类有效的识别特征。另外，识别的难度越大，要求目标特征信息在时间、空间等维度上积累的效率也越高。例如，对于导弹目标的识别，就应在时、空、频、极化四个维度上同时展开，以便在最短时间内获得弹道目标最丰富的信息约束关系。这种约束首先可以起到运动杂波过滤的作用，因为一些偶然进入或离开视场中的物体（如脱落的头罩等伴飞物）并不满足感兴趣目标的运动特征。通过信息积累过程中对目标特性的不断筛选，实际上也就完成了大部分的目标识别任务。

2）困难与挑战

自动目标识别是一个多学科交叉的领域，其发展离不开传感器、处理算法、处理系统结构、软/硬件系统及其评价等多方面的各种理论、方法、技术和专门知识。从发展历程来看，自动目标识别在传感器和处理硬件上已取得重要进步，自动目标识别算法也正在取得大的进展。但是，由于实际问题的复杂性，目前真正实用的自动目标识别系统仍然很少。自动目标识别技术发展所面临的主要困难如下：

❶ 目标信号的变化、传感器参数、目标现象学、目标 / 背景相互作用等因素引起的组合爆炸。

❷ 在面对变化中的复杂背景时，要求自动目标识别系统必须保持低的虚警率和实时运行能力。

❸ 当给定实际有限的数据集时，如何评估和预测自动目标识别系统的整体性能，因为这些数据很可能不能充分代表所有的实际情况。

❹ 要求能够随时嵌入一个新的目标并在线训练算法，进而使得自动目标识别系统更灵活地应用于实际的复杂环境。

3. 毫米波主动寻的制导目标识别算法与系统研制

自动目标识别技术是精确制导武器智能化程度的一个重要标志，毫米波技术是雷达武器系统朝智能化方向发展的支撑技术。在毫米波段，探测精度的提高和导弹的小型化使得毫米波精确制导武器能够打击目标的要害部位。从信息处理的角度来看，毫米波雷达与微波雷达的差别在于二者提供的目标信息量不同。在毫米波段，由于分辨力的改善，提供的信息量成数量级的增加，使目标分辨、目标识别、干扰鉴别、目标要害部位识别等智能信息处理功能成为比较现实的雷达功能。

1）毫米波自动目标识别技术的难题

在毫米波主动寻的制导目标识别技术及其相关领域的研究中，存在许多具有挑战性的难题，这些难题可以归纳如下。

❶ 要求识别算法具有对目标任意姿态角的适应能力。以导弹对地攻击为例，由于地形的复杂性，地面车辆目标相对于雷达导引头的姿态是随机的，且不可能通过预先跟踪确定姿态，必须设计具有全方位匹配识别能力的算法。目前广泛使用的方法主要是基于模板匹配，这种方法虽然可以解决不同姿态角下的目标特征匹配，但模板数量是比较大的，特征维数的减少及模板库的压缩是一个有效的方法。此外，由于目标特征变化也会导致识别上的困难，如坦克的炮塔旋转和火炮升降都会导致目标特征变化，这类问题在实际中还有很多，对基于模板的识别方法来说就更加重了建模的负担，也导致识别率的下降。

❷ 要求识别算法具有对杂波背景的适应能力。由于地面背景比较复杂，

虚警高，假目标多，必须设计一些灵活而实用的算法实现目标与背景的分离以及背景假目标的鉴别。Mahmodi 等在研究毫米波导引头信号处理问题时曾经指出，提高强地物杂波背景中弱信号检测的方法在积累时间受实时性限制的情况下，应当对虚警放宽要求，检测中的大虚警可以通过目标识别算法加以消除，这就增加了目标识别的难度，也体现出其重要性。

③ 要求目标识别算法具有可实现性。由于识别算法要装载在导引头信息处理机上，要求处理机有较快的处理速度、较小的数据存储空间及小体积的硬件结构，因此必须采用现代先进的数字信号处理技术与并行处理技术。

④ 目标和背景数据的采集、分析、建模和仿真所需的工作量大、研制周期长。由于背景环境的多样性及目标姿态的多变性，需要一个庞大的目标和背景回波数据库去训练、检验和完善目标识别的各种算法并进行评估和择优，需要多次试验才能对算法及处理器的结构进行定型。

2）毫米波导引头自动目标识别系统研制示例

毫米波制导自动目标识别信息处理机是导引头的核心组成部分，它和算法软件、工作逻辑控制软件、干扰分析和抗干扰分析软件一起完成如下功能：

① 中分辨条件下和高分辨条件下的目标积累检测、截获与跟踪。

② 在中分辨条件下对波束内多目标的分辨及对威胁目标的识别。

③ 在高分辨条件下对目标进行距离维高分辨成像，并在一维成像的基础上完成目标识别和攻击点选择。

④ 高分辨成像所必需的速度补偿和距离像拼接功能。

⑤ 和差通道比相测角，形成相对攻击点的角度输出。

⑥ 当目标丢失时，应具有记忆跟踪能力，并能在目标信号恢复后完成对目标的快速重新截获。

⑦ 能根据目标类型、距离、速度等选择合适的工作流程、分辨能力和补偿算法，并控制硬件环境的改变和设定。

⑧ 给出导引头各种同步信号和控制信号，完成对导引头工作逻辑的控制。

⑨ 具有干扰分析和抗干扰能力，完成对系统的自检和校正。

⑩ 调试时，能够通过通信总线向调试上位机输出导引头的各种工作状态和测量数据，对调试过程进行实时监控。

系统研制以弹载自动目标识别脱机信息处理器为核心。需要完成计算机算法软件的开发研究，以及用于调试的信号处理器软 / 硬件开发系统的研制，实现包括目标识别在内的智能信息处理算法的原理演示与验证；由于开发智能信息处理算法需要大量的目标与背景回波数据，为此还必须研制数据采集与记录系统，以获取宽带毫米波主动寻的导引头外场试验数据。综上所述，完整的自动目标识别信息处理系统总体结构如图所示。

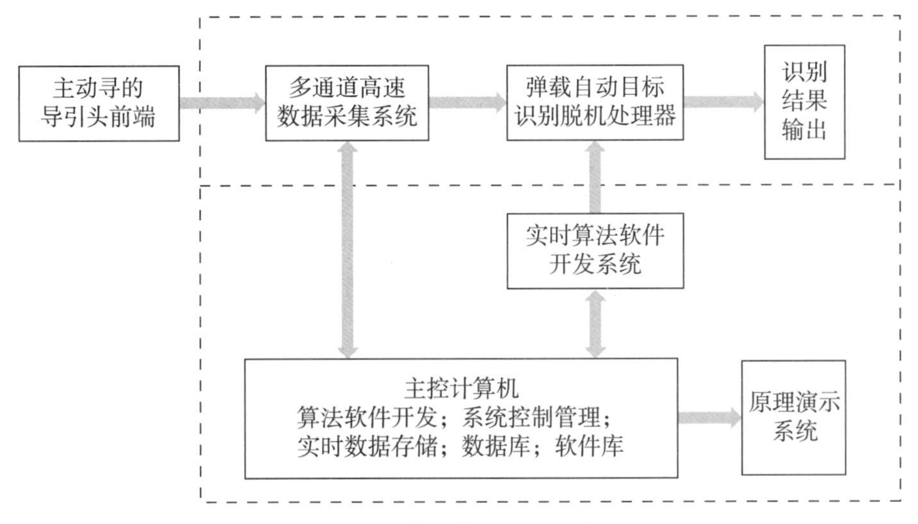

自动目标识别信息处理系统

主控计算机用于算法软件的开发，实现采集、自动目标识别处理器系统的控制以及数据的记录、存储与管理，并为自动目标识别信息处理机提供各种信息。

实时算法软件开发系统是弹载处理器的软件开发平台，在此系统上调试成功的算法软件经编程器烧入脱机处理器中，可实现脱机处理。

在研制自动目标识别信息处理系统时，重点研究以下几方面的课题。

❶ 目标与背景特性数据库。获取大量的目标与背景回波数据是雷达目标识别的基础，主要包括三类数据：一是目标与背景特性的计算机仿真数据；二是毫米波暗室测量数据；三是外场实测数据。

❷ 实现强杂波背景中的一维距离成像、运动目标检测、杂波和虚警的自动鉴别、目标特征抽取与识别、目标角闪烁抑制与跟踪。

❸ 实现满足总体要求的宽带毫米波主动寻的导引头外场试验数据的多通道高速大容量采集和记录系统。

❹ 实现信息处理算法的实时处理。利用先进的数字信号处理器实现目标特征抽取、分类识别等比较复杂的高层次处理，为目标识别的实用化和工程化提供技术途径。

（三）自动目标识别评估方法及应用[①]

除了目标识别问题的内在复杂性以外，目前自动目标识别领域也缺乏系统、科学的测试评估方法。自动目标识别评估方法研究的不足导致对于许多新的技术途径，只能采用在实践中逐步摸索的经验性方法来区分良莠。自动目标识别评估正是要致力于改变这一现状，最重要的是把自动目标识别从一门艺术（art）转变为一门科学（science）。这将允许对一组给定的自动目标识别算法，可以预测它们的性能，这是一个成为科学的领域所应具备的基本要素。可以肯定，实用的自动目标识别系统的诞生，必须建立在有效的自动目标识别性能测试评估系统上。

1. 各研制阶段的自动目标识别评估

自动目标识别评估实际上贯穿整个自动目标识别研制过程。以研制一个自动目标识别算法为例，自动目标识别算法及评估过程如图所示。

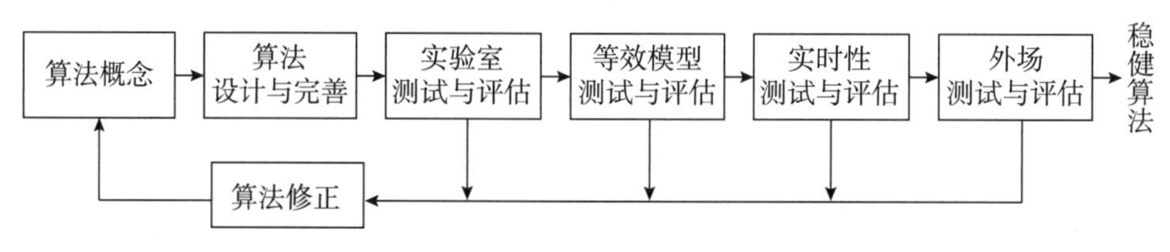

自动目标识别算法研制及评估过程

尽管自动目标识别评估是自动目标识别技术研究中非常重要的环节，但最初并未引起足够的重视。因此，自动目标识别评估方法的研究相对滞后，在一个时期内甚至成为自动目标识别技术发展的瓶颈。近年来，随着自动目标识别技术的快速发展与实际应用，各国普遍加强了自动目标识别评估理论与方法的研究力度。重视并加强对自动目标识别评估理论与方法的研究，已成为深入持续地发展自动目标识别技术的迫切需求和必然趋势。

自动目标识别评估在各个研制阶段的侧重点有所不同：

❶ 实验室测试与评估阶段侧重于评估是否具备自动目标识别功能，仅有少量甚至只有一个评估指标（如识别率）。这一阶段需要解决的主要问题是自动目标识别评估指标的定义与度量。

❷ 等效模型及实时性测试与评估阶段侧重于评估自动目标识别是否具有

① 付强，何峻，写于 2018 年。

实用化潜力，评估指标的数目和类型都将增加。这一阶段需要解决的主要问题是多种类型的多指标自动目标识别综合评估。

③ 外场测试与评估阶段侧重于评估各种实际工作条件下的自动目标识别性能，可能仍使用前阶段的评估指标，但重点在于分析各种实际条件下的性能变化（通过一些指标值反映）。这一阶段需要解决的主要问题是各种工作条件下的自动目标识别实用性检验与分析。

2. 自动目标识别评估方法概述

根据自动目标识别评估在不同阶段的侧重点，将自动目标识别评估方法的研究概括为自动目标识别评估指标、多指标自动目标识别综合评估、自动目标识别适用性检验三方面。

1）自动目标识别评估指标

指标的定义是开展评估工作的基础。自动目标识别评估中存在多种类型的指标，各类指标反映评估对象不同侧面的特性。使用某个指标进行自动目标识别评估，实际上就是以该指标作为价值评判的准则。自动目标识别评估指标可以分为以下两大类指标：

① 性能指标：性能指标的定义与度量是自动目标识别评估方法研究中开展较早的内容。原因之一在于，识别算法或原理系统作为评估对象，以往的考核重点放在识别性能方面。伴随着自动目标识别技术的发展，对性能指标（Measures of Performance，MOP）的研究也开展了较长时间。许多机构和学者结合自身的研究领域，提出了不少性能指标及度量方法，大致可概括为混淆矩阵、概率型性能指标、数率型性能指标、基于ROC曲线的性能指标、可信度性能指标等几类。

② 代价指标：在自动目标识别技术的实用化过程中，需要考虑为实现目标识别功能而占用的各项资源。Ross等人认为：性能（performance）和代价（cost）是自动目标识别技术中相互牵制的两方面；对于性能指标和代价指标，自动目标识别评估过程中应该加以区分。对照“性能指标”，可从数据采集（data-collection）、数据存储（data-storage）和数据处理（data-processing）三方面阐述“代价指标”（cost measures）这一概念的具体含义。

2）多指标自动目标识别综合评估

运用多项指标进行综合评估是认知事物的重要方法。自动目标识别系统作为一个复杂的工程系统，需要采用多个指标才能实现综合评估。针对一般性的多指标综合评估问题，国内外学者进行了大量的理论研究，提出了多种综合评估模型与方法。从最初的评分评估法、组合指标评估法、综合指数评估法、功效系数法，到后来的多元统计评估法、模糊综合评判法、灰色系统评估法、AHP法，再到近年来的DEA法、ANN法等，评估方法日趋复杂化、多学科化。多指标综合评估已成为一种边缘性、交叉性的科学技术。

尽管多指标综合评估的研究成果相当丰富，但针对自动目标识别技术背景的多指标评估方法研究却很有限。目前自动目标识别评估研究中的多指标评估理论体系主要有以下两种：

❶ 价值/效用函数体系。客观事物的评判结果与决策者价值取向密切相关。多属性价值函数是决策者对多个确定性属性（指标）后果的价值量化，而多属性效用函数则反映多个不确定性属性后果对于决策者的实际价值。从决策者价值取向的角度来构建评估模型，是求解多指标自动目标识别评估问题的一类重要技术途径。

2002年，Klimack和Bassham等在分析自动目标识别技术发展中面临的规划决策问题时，将决策分析（Decision Making，DM）理论引入到自动目标识别评估研究中。Klimack以价值（value）函数和效用（utility）函数作为不同量纲属性的转化工具，其评估思路：首先建立具有树状结构的指标体系；然后对指标体系进行赋权，并获取底层指标的价值（效用）函数；最后给出多属性价值（效用）函数，得到评估对象的综合价值（效用）。随后，Klimack又提出了一种混合的价值/效用（hybrid value-utility）模型，并将整套理论方法运用于自动目标识别评估研究。

Bassham等采用价值/效用函数理论体系，对多指标的自动目标识别系统评估问题进行了仿真分析。根据不同评估目的，Bassham分别研究了针对自动目标识别技术研究人员的评估者决策（evaluator DA）模型和针对自动目标识别系统装备使用人员的作战者决策（warfighter DA）模型，两种决策模型都能够根据多个评估指标给出自动目标识别系统的综合价值（效用）。其中，作战者决策模型采用一些反映自动目标识别技术提升作战效果的效能（Measures of Effectiveness，MOE）指标，因而需要将部分性能（Measures of Performance，MOP）指标通过作战模型（combat model）转换为效能指标。Bassham取得的研究成果有助于决策者知道，怎样的性能组合（多个性能指标值构成的决策向量）才能在实战环境中发挥出最佳的综合效能。

❷ 模糊综合评估体系。自动目标识别系统是典型的复杂系统，在多指标

综合评估过程中需要结合决策者的主观判断。而人们在判断复杂事物的过程中往往蕴涵了大量模糊性因素。国防科技大学李彦鹏等基于模糊综合评估理论提出了用于自动目标识别效果评估的理论体系，该理论体系借助模糊数学理论将一些难以精确表达的模糊性因素变成模糊集，并利用这种柔性的数据结构提供决策信息。李彦鹏等的研究成果主要有评估参照信息选择及测度方法、识别效果评估指标体系、多种综合评估模型与方法，以及一些仿真与实例研究。其中，比较典型的多指标评估方法有基于模糊综合评判的方法、基于 Sugeno 模糊积分的方法、基于模糊聚类的方法、基于模糊游程理论的方法、基于测度论的方法以及基于李雅普诺夫（Liapunov）稳定性理论的方法等。

3）自动目标识别适用性检验

实用化是自动目标识别技术的发展要求。适用检验技术与分析方法的研究与自动目标识别技术自身的研究是紧密结合在一起的。例如，对分类器泛化能力的研究中就包含了实用性检验内容。20 世纪 80 年代中期，人们测试了许多自动目标识别系统在不同场景中的性能，从而认识到已有自动目标识别系统的主要局限在无法适用于各种工作场景。研制实用化的自动目标识别系统至今仍是极具挑战性的课题，而相关问题是如何检验并分析自动目标识别适应实际工作环境中的能力。

客观世界的复杂性决定了自动目标识别系统所面临的观测样本空间具有无限维度。对工作条件多样性的分析是定义实用性概念的前提，也是检验自动目标识别适用性的基础。对于基于图像信号的自动目标识别系统，Bhanu 早在 1986 年就分析了其观测空间的多样性，提出了一些需要着重考虑的观测要素，如地形、气象、光线情况等。Ross 等结合移动和静止目标搜索与识别（Moving and Stationary Target Acquisition and Recognition，MSTAR）的研究背景，对 SAR 图像自动目标识别进行了深入剖析，提出了工作条件空间（operation condition space）的概念，将每一个可能影响自动目标识别性能的因素都作为工作条件的一个维度，并将因素归纳为目标、环境和传感器三类。

以上对工作条件多样性的研究都结合了具体的应用背景，如前视红外（FLIR）图像自动目标识别、SAR 自动目标识别等，由此造成不同应用背景下的分析方法各不相同。对此，Ross 等针对一般性的情况，给出了基于模型自动目标识别系统的工作条件定义。他们还定义了测试条件（testing condition）、训练条件（training conditions）和建模条件（modeled condition），用于评估自动目标识别系统的准确性（accuracy）、稳健性（robustness）、扩展性（extensibility）和有效性（utility）。大部分情况下，自动目标识别评估可以通过训练和测试完成，不同的训练 / 测试集代表不同的工作条件。为此，Mossing 等根据训练 / 测试的数据差异，进一步提出了标准工作条件（Standard Operation Condition，SOC）和扩展工作条件（Extended Operation Condition，EOC）的概念，并基于 MSTAR 数据研究了自动目标识别算法的扩展性。Keydel 等概括了 MSTAR 项目中 EOC 的概念，并结合 SAR 自动目标识别评估研究给出了具体的指导原则。

自动目标识别技术的实用性检验离不开反映真实工作条件的实验数据。由于数据的使用与数据库建设密切相关，因而这方面的工作主要由各大型研究机构牵引并组织实施。美国陆军的夜视与电子传感器管理局（Night Vision and Electronic Sensors Directorate，NVESD）在维吉尼亚州成立了自动目标识别技术评估中心。该中心专门设置了一个 400 ∶ 1 的背景地形场地，用来控制数据采集过程中的目标参数、场景特性以及气象因素等条件要素。美国空军在新墨西哥州、佛罗里达州和亚拉巴马州采集 MSTAR 项目的目标数据，并在亚拉巴马州北部的一个约 100km^2 区域内采集背景数据。许多工作中遇到的问题都表明，完全依靠实测数据不能满足自动目标识别评估中工作条件多样性的要求。尽管关于合成数据对自动目标识别技术发展的作用仍有待深入研究，但人工合成及仿真计算等方式实际上已经成为自动目标识别评估中的重要数据来源。随着软件技术的不断发展，依靠仿真手段合成的数据，其效果也在不断接近实测数据。例如，AFRL 主持研发的 Xpatch 软件是目前 SAR 自动目标识别评估中的重要数据来源，该软件工具箱已经成为美国国防部多项重大研究计划的基础，并且被全美国 420 多个机构使用。

数据获取手段的多元化给自动目标识别评估带来了一些新问题。例如，既然可以用合成数据来补充测试集，从而得到具有统计意义的评估结果，那么是否可用合成数据来补充训练样本的不足，进而提高评估对象的实用性？针对以上问题，欧洲宇航防务集团（European Aeronautic Defence and Space ，EADS）公司与挪威康斯伯格防务与航空航天（Kongsberg Defence & Aerospace，KDA）公司开展合作，调研了当时市场上的多种红外图像仿真系统，选择了其中 6 个系统的仿真图像与真实图像做对比，并且通过实验评估了自动目标识别性能的改善效果。事实上，使用评估数据不仅仅是管理问题，还涉及评估实验设计甚至技术研发等多个环节，应从自动目标识别技术发展的高度进行统一规划。AFRL

在这方面的研究比较活跃，他们结合 SAR 自动目标识别这一技术背景，系统总结了 MSTAR 数据的使用原则。

有关自动目标识别评估方法及应用的详细内容可参见作者的专著《自动目标识别评估方法及应用》（科学出版社，2013 年）。

三、“科普中国”基地建设

自 2010 年开始，国防科技大学积极面向部队官兵和社会大众，在精确制导与精确打击领域开展国防军事科普工作，取得丰硕成果；2019 年国防科技大学又与中国科学技术协会合作，共建国防电子信息“科普中国”基地，促进科技创新与科学普及同步发展。

（一）精确制导科普丛书的创作及推广①

1. 科普丛书创作的基本情况

“精确制导技术应用丛书”是原总装备部精确制导技术专业组组织，国防科技大学与中国航天、航空、船舶、兵器等装备研制单位具体开展，国内精确制导领域众多专家联合创作的科普作品。丛书全套共 7 本，包括首册《精确制导武器技术应用向导》及《飞航导弹》、《弹道导弹》、《防空反导导弹》、《空空导弹》、《智能化弹药》、《水下制导武器》6 个分册。首册为丛书导论，重点普及精确制导基本知识，包括精确制导技术初探、现代战场环境解析和精确制导武器运用。分册分别按照精确制导武器应用平台，介绍技术原理与运用知识。

丛书主要面向广大部队官兵和社会大众，运用武侠、酷图、战例等要素演绎精确制导技术原理和精确制导武器系统，在创作理念与手法上有很大突破，内容体例创新性强，创作编辑难度大，成品质量优秀。

2. 创新和拓展

❶ 创作理念与写作手法创新：按照技术科学发生发展的“辅人律”“拟人律”“共生律”，演绎精确制导技术原理、精确制导武器系统、人在战斗力

① 付强、康亚瑜、韩佳宁，写于 2021 年。

生成中的主体地位，旨在提高广大部队官兵的科技素养。

技术科学发生发展的“辅人律”“拟人律”“共生律”指明了技术科学的使命职能、进步轨迹和发展前景。精确制导技术是现代科学技术的子集，编写组遵循上述规律引导科普丛书创作。

依据“技术科学辅人律”阐述精确制导技术的原理。“技术科学辅人律”的要旨是“利用外物拓展人类自身能力”。精确制导武器极大拓展了作战人员的战斗能力，如海湾战争中“战斧”导弹对1300km以外的目标进行精确打击，命中精度优于9m，其难度远远超过“百步穿杨”，精确制导武器的这种“神功”使人类能力拓展到了新的高度。首册《精确制导武器技术应用向导》在创作时就采用“辅人律”，通俗易懂地解释精确制导技术的相关原理。如第一篇“精确制导技术初探”中写法：一是精确探测技术让制导武器长上了“眼睛”“耳朵”，主要包括雷达、红外、激光、声呐等传感器，用于精确获取目标和环境信息；二是信息处理与综合利用技术让制导武器装上了“大脑”，实现目标精确识别；三是高精度导引控制技术让制导武器“身手”敏捷，完成目标的精确跟踪与打击。

荣誉证书

付强 同志：

你编著的《精确制导武器技术应用向导》被评为2016年全国优秀科普作品。

特发此证，以资鼓励。

中华人民共和国科学技术部
2016年12月

《精确制导武器技术应用向导》获评2016年全国优秀科普作品

依据“技术科学拟人律”剖析精确制导武器的组成。“技术科学拟人律”的内涵是通过模拟、延伸或加强人体组织和器官某些功能实现科学技术进步，体现了科学技术发展的宏观轨迹。人类的能力可以分解为体质、体力和智力能力。精确制导武器的能力主要源于材料、能源、信息领域的先进科学技术，这些科学技术分别形成了精确制导武器的“体质”“体力”“智力”能力。《精确制导武器技术应用向导》第一篇的第二节透视导弹的“五脏六腑”，通过“陶”–2B、

“硫磺石”导弹的透视图，类比动物的组织结构与器官功能，用拟人手法介绍了精确制导武器的弹上分系统：弹体是“躯干”，主要与材料科学技术密切相关；动力装置好比“心脏”，战斗部如同“爪牙”，主要与能量科学技术密切相关；导引头是精确制导武器的核心部件，装在导弹“头部”，主要与信息科学技术密切相关。精确制导武器研发的理想境界是“聪明”“灵巧”“智商高”，这是《精确制导武器技术应用向导》第一篇为精确制导技术描绘的发展方向。

依据“技术科学共生律”指明人与精确制导武器的关系。“技术科学共生律”阐明了人类与科学技术形成的“人主机辅，相得益彰”的共生格局，指出人类的全部能力应当是自身的能力与科学技术产物的能力的总和。如《精确制导武器技术应用向导》第二篇“现代战场环境解析”分析了精确制导武器面临的复杂自然环境、电磁环境和作战对象，指出作战人员应当“布阵斗法巧作为”，克服战场环境对己方精确制导武器的影响，并巧妙利用战场环境对抗敌方精确制导武器；第三篇“精确制导武器运用”中的战例分析，从正反两方面点明人与武器结合的重要性，并特别强调部队官兵要当好精确制导武器的主人，要在精确打击作战体系中占据主体地位，大兴学科技、用科技之风，科技练兵，创新战法，提高战斗力。

提高部队官兵科技素养是一项基础性工作，是战斗力建设的重要抓手。本科普丛书不仅着眼于普及科技知识，还注重传播科学思想、弘扬科学精神、倡导科学方法，以全面提高部队官兵等受众的科技素养。精确制导科普丛书在创作理念和手法上是由科学技术发展规律来演绎精确制导技术的个例，这种理念引导下的科普创作方法属于科学方法论中的演绎法，可让受众对科学技术发生发展规律加深认识。丛书创作注重科技与人文的结合，所采用的类比与拟人等手法，既是文学修辞手段，也是“拟人律”等技术科学发生发展规律的写照。这套书不仅着眼于普及科技知识，还注重传播科学思想、弘扬科学精神、倡导科学方法，以全面提高部队官兵等受众的科技素养。

② 选题内容与表现形式创新：丛书“纵向分层次、横向按门类”，内容兼具科学性、知识性、通俗性和趣味性，运用武侠、战例、酷图等要素，表现形式独具一格，形成“通俗有高度、实用成体系、图文接地气”独有特色。

考虑丛书面向广大部队官兵、院校学生和社会大众，确定了“纵向分层次、横向按门类”的知识体系框架，将首册《精确制导武器技术应用向导》定位为丛书导论，按照精确制导武器应用平台，选择《飞航导弹》《弹道导弹》《防空反导导弹》《空空导弹》《智能化弹药》《水下制导武器》作为丛书分册。

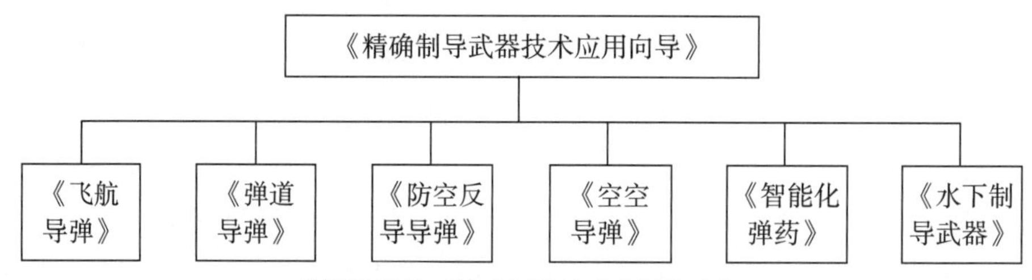

分层分类的“精确制导技术应用丛书”

《精确制导武器技术应用向导》重点普及精确制导基本知识，依据技术科学发生发展规律，解析精确制导技术原理、武器系统组成、人和精确制导武器的关系。丛书的6个分册介绍飞航导弹、弹道导弹、防空反导导弹、空空导弹、智能化弹药、水下制导武器的技术原理与运用知识，内容提纲包括五部分：一是阐述精确制导武器概念、发展历程、现代战争中作用；二是讲解典型精确制导武器系统的功能组成、工作原理、作战运用；三是分析武器所用精确制导技术、复杂战场环境运用限制及应对措施；四是列举作战案例，剖析成败原因；五是展望精确制导武器技术发展趋势和前景。

丛书在内容与表现形式上坚持三大原则：一是通俗有高度，即用通俗易懂的方式写作，使其具有较强的可读性；站在体系对抗、信息化装备、战斗力生成的高度，演绎精确制导武器的技术原理与应用知识。二是实用成体系，即通过典型案例剖析，并启示怎样用好精确制导武器，或如何对抗敌方精确制导武器，为部队训练实践提供参考读物；按照“精确制导武器—精确制导技术—复杂战场环境”的紧密关联展开系统写作。三是图文接地气，即采用大量实物、场景等高清图片，尽可能让读者看图长知识；运用“武侠”“战例”“酷图”等要素，科普精确制导武器应用知识，篇幅适当，满足读者的学习兴趣和阅读需求。

❸ 国防科普工作模式的拓展：联合多支精确制导“国家队”，以“多弹协同”方式开展科普丛书创作，探索出高校和装备研制单位合作的新路子；针对不同受众，通过“丛书 + 网络公开课 + 现场讲座”方式，“多模复合”提升科学传播效能。

“多弹协同制导”和“多模复合制导”是精确制导技术的重要发展方向，“多弹协同制导”是多个导弹联合攻击目标采用的制导方式，“多模复合制导”是精确制导武器使用多种制导模式（如惯性制导、寻的制导、遥控制导、匹配制导、卫星制导）提高制导性能的手段。笔者借用这两个专业词汇来概括国科普工作模式的拓展和创新。

“多弹协同制导”进行科普丛书创作。在原总装备部精确制导技术专业组的组织下，国防科技大学联合国内多家精确制导武器研制优势单位（航天科工集团二院、航天科工集团三院、航天科技集团一院、中国空空导弹研究院、船舶重工集团 705 所、兵器工业集团 203 所），组织 120 余位专家教授和青年科技工作者开展写作，并由国防工业出版社进行文图比例与美术设计。历时五年多，完成了首册《精确制导武器技术应用向导》以及《飞航导弹》等 6 个分册的创作，正是这种“多弹协同制导”创作模式，确保了丛书的科学性、专业性、知识性、通俗性、趣味性，走出一条高等院校和装备研制单位联合开展科普作品创作的路子。

“多模复合制导”提升科学传播效能。丛书主体受众是广大部队官兵，同时兼顾院校学生、社会大众的需求。创作团队以科普丛书为基础，运用最新知识传播手段——视频公开课、慕课（MOOC，大规模开放在线课程），以及现场科普讲座活动，扩大普及面，改善科普工作品质，提升科学传播效能，形成“丛书 + 网络公开课 + 现场讲座”的科学传播方式。

结合“精确制导技术应用丛书”的创作，团队于 2013 年开设了网络视频公开课“精确制导新讲”，为院校学生和社会大众讲授精确制导武器和技术常识，旨在强化这些群体的国防观念和国防意识。该课程 2014 年在教育部“爱课程”、网易公开课、中国网络电视台（央视国际网）等平台上线，被教育部评为国家级精品视频公开课。团队进一步在军网“梦课”平台开设精确制导系列慕课 7 门，按照 MOOC 理念和方式进行精确制导武器技术知识的普及。创作团队还为全国科普日（北京）国防科技专题展、中国军事博物馆建军 90 周年成就展、上海市青少年校外活动营地、国防科技大学全国大学生暑期学校、国防科技大学全国中学生科技夏令营等活动，以及湖南、江西、福建省多家中小学校开展科普讲座，普及精确制导武器技术知识。

（二）探索国防科普在线的新样式[①]

近年来，视频公开课、大规模在线开放课程在教育领域风生水起，我们也在军内外的多个互联网平台为广大部队官兵、院校学生、社会大众开设了精确

① 付强、康亚瑜、韩佳宁，写于 2021 年。

制导武器技术知识科普讲座。我们尝试推出一种新的科普讲座模式——“电游模式”，讲座内容由浅入深，寓教于乐，想让大家像打电子游戏一样，一级一级地通关，如图所示。此外，在科普中国 APP 上推出“排兵布阵说精导”的图文作品矩阵（9×9）、“由表及里看导弹”的短视频矩阵（3×3），形成了一种知识集群传播的“矩阵模式”，取得良好效果，光明网对我们创作的短视频矩阵进行了二次传播。

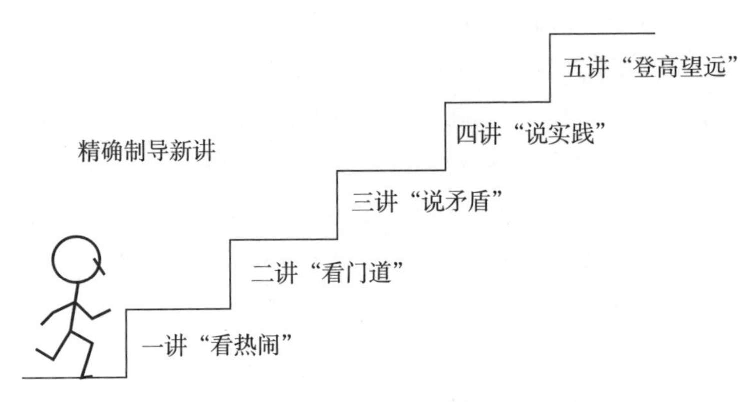

精确制导科普在线讲座的“电游模式”示意图

1. 精确制导科普在线讲座的“电游模式”

导弹、精确制导武器这些词汇大家都很熟悉，也是社会大众很感兴趣的话题，虽然国内外媒体报道众多，但多处于“看热闹”的层次。军综网平台上线的普及类 MOOC“导弹与制导技术——精确制导常识通关普及”、教育部平台上线的中国大学视频公开课“精确制导新讲——武器·技术·正道”是在主讲教师编著的“精确制导技术应用丛书”的基础上讲授精确制导的常识。讲座分五个层次传授精确制导的有关知识。

1）普及类 MOOC——精确制导常识通关晋级

第一讲：导弹“绰号”有趣，“大侠”威震江湖。

主要介绍导弹命名的学问，包括“绰号”和“学名”（命名方式）；以“陶”-2B、“硫磺石”、“战斧”等为例，透视导弹的“五脏六腑”（内部组成）；结合防空导弹、飞航导弹讲解导弹武器系统概貌。本讲内容安排就像我们刚开始认识一个人，主要了解叫什么名字，长得怎么样。这一层次是“看热闹”。

第二讲：精确制导技术，成就武器“神功”。

主要从技术角度讲解精确制导武器为什么具有“神功”。首先根据百科全书等权威词典给出精确制导技术的定义，并对其进行解析；然后讲解制导武器的“耳目”（传感器）和导弹上的“脑袋”（导引头）；接着分析常用的制导方式，揭开精确制导武器常用的制导方式，如何遥控制导、寻的制导、惯性制导、匹配制导和卫星制导等，看看这些制导的方式是如何让导弹准确飞向目标的。本讲内容从权威定义出发，通俗讲解精确制导武器和技术常识，揭开精确制导武器和技术的奥秘。这一层次是“看门道”。

第三讲：战场环境复杂，制约精确打击。

世界上的任何事务都是一分为二的，“有矛必有盾”。现在媒体报道片面夸大精确制导武器的作战效能，把它渲染得神乎其神。实际上，精确制导武器的运用也会受到一些因素的制约和限制。现代战场环境非常复杂，本讲分析复杂战场环境对精确制导武器作战运用的影响，主要包括自然环境、电磁环境、作战对象三个方面；然后讲解制导武器和技术如何在矛盾斗争中发展。这一层次是“说矛盾”。

第四讲：剖析典型案例，做足实践功课。

本讲剖析三个典型案例专题分别为对地打击、长空论剑和制电磁权。从技/战术角度综合分析精确制导武器和技术的发展历程，看看制导炸弹、空地导弹、巡航导弹、空空导弹和反辐射导弹的实战表现，以及如何在实战中提高作战效能。本讲后半部分还介绍了我国著名的导弹专家，如梁守槃、黄纬禄、钱学森，他们为我国的导弹武器发展做出了巨大贡献，是理论联系实际的典范。这一层次是“说实践”。

第五讲：欲穷千里目，更上一层楼。

精确制导技术是科学技术体系的子样本，精确制导武器是系统集成创新的产物。本讲内容主要是体系概览，包括精确打击作战体系、精确制导技术专业知识体系、钱学森现代科学技术体系。本讲最后运用普遍联系的哲学观点讨论有关精确制导的学术问题，包括对制导系统、制导规律的深化认识，关于强化学生群体和社会大众国防观念的讨论，增强科技和人文综合素养等方面的思考。这一层次是“登高望远”。

这种科普方式的设计类似打电子游戏，一级一级地通关，使广大学习者对精确制导常识了解层次逐级提升。

普及类精确制导 MOOC 的课程页面

2）中国大学视频公开课——精确制导新讲

中国大学视频公开课“精确制导新讲——武器·技术·正道”于2014年12月在教育部“爱课程”网、“网易公开课”上线，受到大学生群体和社会大众的好评。公开课旨在强化大学生群体和社会大众的国防意识与国防观念，让大家关心国防、关心国防科技、关心国防科技大学。由于受众以大学生群体为主，因此授课时发扬中国教育重道的优良传统，坚持师者“传道、授业、解惑”的定位，主要介绍制导武器和技术常识，也讲讲正道。制导的英文是Guidance，其本义是引导和导向。精确制导虽是特定的军事技术词汇，但实际上精确制导技术不只是应用于军事领域。制导的对象可以是人、事、物，制导的层次可分为器、术、道。所以本讲座试图将“传道、授业、解惑”与现代教学理念有机结合起来，将内容分五讲：一讲“看热闹”（主要了解给导弹取名字的学问，看看导弹的主要“器官”，初步见识导弹武器系统的概貌）；二讲“看门道”（主要从技术的角度讲授精确制导，解析其定义，知晓传感器——武器的“耳目”，初识导引头——弹上的“脑袋”，再了解制导方式——如何“让导弹飞”向目标）；三讲“说矛盾”（认识精确制导武器作战时所处的战场环境，看看地理、气象、电磁环境和作战目标是如何影响武器精确打击效能）；四讲“说实践”（采用案例教学的方式，剖析精确制导武器是如何在实战较量与科研实践中提高性能和水平）；五讲“登高望远”（这一讲初步介绍精确打击作战体系、精确制导技术学科知识体系、钱学森现代科学技术体系）。本课程在每一讲结束时，都给出了一个“镀金句”概况每一个层次的中心思想，提升了讲座的“品味”和“境界”：

一讲：热爱是良师，心往神驰。

二讲：术业有专攻，求精求确。

三讲：有矛必有盾，同生共长。

四讲：实践出真知，知行合一。

五讲：极目楚天舒，道术一统。

以上列举的“电游模式”的两个范例是科普讲座的一种创新，“循序渐进 + 寓教于乐”，符合大众的认知规律，可以有效满足科普工作“普”的要求，取得了良好效果。

“网易公开课”页面

2. 精确制导知识集群传播的“矩阵模式”

精确制导导弹（简称导弹）是现代信息化战争的主战装备。近年来，“精确制导”“导弹”在互联网成为“热词”“热搜”。国防科技大学注重科研与科普两翼齐飞，目前，以“科普中国共建基地”为平台，积极开展适合互联网传播的科普作品创作。例如：“由表及里看导弹”——导弹知识短视频矩阵（3 × 3）通过“导弹命名系列”“导弹家族系列”“导弹结构系列”三个层次共 9 个小视频，讲解精确制导知识点；“排兵布阵说精导”——图文类作品矩阵（9 × 9）分 9 个专题 81 个作品，专题层次有“常用精确制导方式”“精确制导武器对抗”“防空导弹九日谈”“飞航导弹实战启示录”“弹道导弹连连问”“空空导弹技术探秘”“水下制导武器图谱”“智能化弹药大点兵”“精确打击作战体系浅谈”，每个专题 9 篇文章讲授精确制导的有关内容。从基本概念、发展历程、典型装备、技术特点、实战案例到前景展望，进行全景式梳理解读，知识点系统全面，同时又单独成篇，适合“碎片化”阅读。

接下来以导弹知识短视频 3 × 3 矩阵为例进行介绍。

1）导弹命名系列

第一讲："地狱火"又火了，说说导弹的"绰号"。

2020年1月3日，在巴格达国际机场，伊朗高级将领苏莱马尼被美军无人机发射改进型"地狱火"导弹"定点清除"，举世震惊。曾在海湾战争大出风头的"地狱火"导弹再次进入人们的视野。然而，"地狱火"并不是导弹的正式名称，只是它的"绰号"。导弹自问世以来，已发展了几百种型号。它们有着生动传神、个性凸显的"绰号"，从自然现象到神灵鬼怪，从花草树木到日常器物，五花八门，充满着想象力与震撼力。

第二讲："战斧"编号，导弹"学名"有学问。

海湾战争"一战成名"的"战斧"导弹，在随后的几场局部战争中充当了急先锋的角色。近来，它的"鼎鼎大名"又开始出现在媒体报道中。其实，"战斧"只是"绰号"，那么它的"学名"又是什么呢？导弹"学名"有学问，我们以美军导弹命名方式为例展开讲解，从中可以得知美军导弹的发射环境、发射方式、目标环境、作战任务，以及经过了几次改进，包括研制状态等诸多信息。

第三讲：从"东风快递"趣说中国导弹名称出处。

一提起中国导弹，首先想到的是"东风快递"，从弹道导弹到巡航导弹，从常规导弹到核导弹，从中近程导弹、中远程导弹到洲际导弹，东风系列导弹是我国护维和平、捍卫和平的国之重器。东风导弹为什么叫"东风"？国庆70周年大阅兵展示的多款"杀手锏"，点燃了在线军事迷、诗词爱好者的想象力，网友们来了一番"东风"飞花令。我们以史料为证，说明"东风"系列导弹，以及"红旗""鹰击"系列导弹名称的出处。

2）导弹家族系列

第一讲：快闪精确制导武器"大家族"。

精确制导武器就是导弹吗？它的家族成员又有哪些？20世纪40年代，导弹武器横空出世，引起世界各国高度重视。随着航空、无线电、自动控制、导航与电子计算机等技术的发展，精确制导武器技术也迅速发展起来，并日渐成熟。各国装备的精确制导武器不仅数量众多，而且种类越来越丰富。目前已发展成为种类繁多的"大家族"。我们走进"大宅门"，认识一下它的家族成员。

第二讲："门派"林立，各显神通的导弹。

喜欢武侠的朋友，对武林门派如数家珍。精确制导导弹发展到今天，也是"门派"林立，各显神通。导弹武器"门派"可按射程、发射位置、飞行方式、有无动力装置等分类。按照作战用途：核威慑的“大棒”、战区战场的“主力军”、远程精确打击的“霹雳神”、对抗空袭的“保护神”、碧海战舰的“天敌”、空中对抗的“利剑”、蓝天战鹰的“杀手锏”、钢铁堡垒的“克星”等，把它分为“八大门派”。

第三讲：盘点第一次导弹大会战。

提到高技术局部战争，一定绕不过1991年的海湾战争，它开了导弹武器大规模运用于现代战争的先河，战争双方不仅使用的导弹数量大，而且种类多（包括地地导弹、巡航导弹、空地导弹、防空导弹、反舰导弹、反坦克导弹、反导导弹等）。我们通过典型代表以及有关数据“盘点”这场被公认为人类历史上第一次导弹“大会战”的第一场高技术局部战争。

3）导弹结构系列

第一讲：透视导弹的“五脏六腑”。

人类经过了几百万年的进化，武器装备也在不断“进化”中。导弹在所有武器当中属于“进化”程度高的，各个分系统就像人的各个器官不可或缺，组成了一个完整的作战系统。那么，组成导弹的各种主要“器官”是什么？它们又起到什么作用？我们通过透视“硫磺石”反坦克导弹的“五脏六腑”，分析了导弹各分系统的结构和功能。

第二讲：传感器——制导武器的“耳目”。

人和动物通过视觉和听觉等器官感知和获取外部环境和目标信息。精确制导武器就像人和动物，它的“眼睛”和“耳朵”是获取战场环境和目标信息的基础，在技术领域称为“传感器”，主要包括雷达传感器、光学传感器、多模/复合传感器等。除了这些“自带耳目”，精确制导武器还有众多“外挂耳目”。因此，精确制导武器比中国古代传说中的“千里眼”和“顺风耳”还要高明，能在复杂战场环境中发现具有打击价值的目标。

第三讲：导引头——导弹上的“脑袋”。

精确制导武器是最聪明的武器装备，它可以“发射后不管”，自己寻找目标；它“指哪打哪”，千里奔袭，命中精度可达米级。精确制导武器之所以如此聪明，就在于它有导引系统。由于经常装在导弹头部，通常又称为“导引头”。我们列举几款导弹所拥有的“脑袋”，看它是如何决定导弹“智力”水平的。

三个系列的短视频资料翔实、内容权威、形式生动、通俗易懂、可看性强，构成了一个新颖的3×3矩阵。作品内容注重增强艺术性、趣味性和观赏性，力求以社会大众喜闻乐见的形式，普及国防科技知识，着力在国防电子信息领域创作科普精品，形成特色和亮点。

导弹知识短视频矩阵（3×3）

（三）国防电子信息“科普中国”共建基地①

1. 建设背景及建设资源

1）建设背景

习近平总书记强调：“科技创新、科学普及是实现创新发展的两翼，要把科学普及放在与科技创新同等重要的位置。没有全民科学素质普遍提高，就难以建立起宏大的高素质创新大军，难以实现科技成果快速转化。”这一重要指示精神是新时代科普工作和科学素质建设高质量发展的根本遵循。国防科技大学是直属中央军委领导的军队综合性大学，是首批进入国家“211 工程”建设计划的院校，也是军队唯一一所国家“双一流”建设高校，具备优秀的科普资源和强大的科普专家团队。国防科技大学于 2019 年 7 月申报中国科协“科普中

① 付强、欧阳红军、李振、鲁幸，写于 2021 年。

国共建基地”项目，并作为军内唯一单位入选“科普中国”共建基地项目承担单位（科协普函信字〔2019〕95 号），主要以精确制导技术、卫星导航定位等科研方向为重点，开展科普中国基地建设，致力于国防电子信息领域的科普事业发展，以促进科技创新与科学普及协同发展，满足社会大众对于国防科普的需求。

2）建设资源

❶ 学科专业实力雄厚，师资队伍阵容强大。

国防科技大学形成了“以工为主、理工军管文结合、加强基础、落实到工”的综合性学科专业体系，涵盖理学、工学、军事学、管理学、哲学、经济学、法学、文学等 8 个门类，承担着从事先进武器装备和国防关键技术研究的重要任务，形成了面向尖端、独具特色的国防科技自主创新体系，取得了以“天河”系列超级计算机系统、“北斗”卫星导航定位系统关键技术、“天拓”系列微纳卫星、激光陀螺、超精加工、磁浮列车等为代表的一大批自主创新成果，以上科技成果为基地建设提供独一无二的科普资源。

作为军队唯一一所国家“双一流”建设高校，拥有一支实力雄厚的高水平师资队伍，拥有两院院士 16 人，“万人计划”入选 13 人，长江学者 12 人，国家杰出青年科学基金获得者 9 人，百千万人才工程国家级人选 24 人，国家教学名师、全国全军优秀教师 152 人。基地的重要成员——国防科技大学电子科学学院在精确制导、导航与时空、智能感知、电子对抗、智能材料与器件、网络信息安全等方向成绩显著，拥有国家级专家 26 人，国家和军队各类拔尖领军人才 36 人，获军队科技进步一等奖以上的科技奖励 169 人，2 个科研团队“目标识别技术创新团队”“空间攻防信息处理技术创新团队”入选国家级创新团队。上述人员条件为组建国防电子信息科学传播专家团队提供了雄厚基础。

❷ 科普传播基础扎实，配套经费支持充足。

国防科技大学在电子信息类科普图书创作出版、线下线上科普活动开展等方面，积累了一定的经验，具有较为广泛的影响力。2014 年出版精确制导科普丛书 7 册，合计 126 万字，公开发行 17.7 万册。其中，丛书首册《精确制导技术应用向导》再版 3 次，荣获 2016 年度全国优秀科普作品，“精确制导技术应用丛书”和相应的精确制导系列网络公开课实现了军事高科技知识进军营，相关成果荣获 2018 年军队教学成果一等奖。近五年来，科普类视频公开课“精确制导新讲”在网易、中国网络电视台、教育部“爱课程”等网站上线，学习人数超过30万，2016年被教育部评为“国家级精品视频公开课”。“神秘的电磁波”等科普类大规模在线开放课程（MOOC）共计23门，受众10余万人。国防科技大学高度重视科技创新与科学普及的协同发展，将科普工作纳入本单位事业发展中，以1∶6配套经费大力支持“科普中国共建基地——国防电子信息”建设，为基地的科普工作提供有力的资金保障。

精确制导技术应用丛书

2. 建设目标与建设内容

为打造特色鲜明的科普中国共建基地，国防科技大学多维度确定了发展目标及建设内容。

1）组建专业科学传播团队

团队成员年龄结构合理，聘请院士为咨询顾问，电子信息领域相关教授学者组建专家组，包括多个方向的学术带头人、优秀中青年教师等，配备一定数量的专职工作人员。建设初期，基地邀请中国工程院院士郭桂蓉担任团队顾问，中央军委装备发展部专业组专家付强教授担任首席科学传播专家，负责参与国防电子信息科普创作内容的选题、策划、制作、审核把关，确保科普资源的科学性和权威性。

2）创作国防电子信息科普作品

组织编撰国防电子信息科普书籍15本，其中出版“精确制导技术应用丛书”（第二版），撰写科普丛书一套共计7本，分别是《精确制导武器技术应用向导》《弹道导弹》《飞航导弹》《防空反导导弹》《空空导弹》《水下制导武器》《智能化弹药》；创作一批以精确制导技术、卫星导航定位等主题的短视频、动画图文作品200件以上；作品内容注重增强艺术性、趣味性和观赏性，力求以社会大众喜闻乐见的形式，普及国防科技知识。着力在国防电子信息领域创作科普精品，形成基地的科普特色和亮点。

3）广泛开展科普传播活动

定期组织青年教师、研究生开展科普能力建设培训，提高科普实施水平；多形式面向部队官兵、在校学生和社会大众进行线上线下的科普活动，包括现场讲座、科普丛书赠送、科普作品线上传播、在线热点解读等；定期开放展示基地资源，如北斗导航科技成果馆、天河计算机、自动目标识别国防科技重点实验室、无人车和超精实验室等，使军队官兵、在校学生、社会大众等群体增强国防观念，了解、掌握国防科技方面的基本知识，激发爱国热情，自觉履行国防义务。

3. 建设成果与建设效益

国防电子信息“科普中国”基地建立以来卓有成效，基地的重要成员——自动目标识别国防科技重点实验室被评为 2020 年全国科普工作先进集体；军委科技委提名国防科技大学科普丛书“精确制导技术应用丛书”参评 2020 年国家科技进步奖（科普），在团队建设、科普创作和传播上探索了一条具有特色的国防科普之路。

1）实现了专业科学传播团队“大阵容”

成功组建专业的科学传播团队，传播团队共 30 余人，其中专家 23 人，专职工作人员 7 人，顾问 1 人。专家知识领域覆盖卫星导航定位、精确制导技术、电磁场与电磁波、电子信息系统、电子元器件、目标识别、雷达探测、智能感知、认知通信、电子侦察等。成立基地专职办公室，制定完备的规章制度，科普团队全方面引领、指导、推动基地科普传播工作发展，专职人员全力执行和保障科普传播顺利开展。

2）形成了科普创作的“集群模式”

在科普创作选题上，坚持重大性、前沿性、独特性和服务性相结合的原则，注重作品的系统性和整体性，实行报题制，即所有题材必须经过各科普组专家审定，再报项目负责人（专家团队召集人）终审；在内容上，要求科学、准确和原创，实行四审制，即作者一审、主创二审、专家三审（内容终审），保密审查；在形式上要通俗易懂，利于互联网传播，基地科普作品形式的选定，由创作者决定后报基地办公室备案。

自基地建设以来，以精确制导技术、卫星导航定位为重点，完成制定了科普丛书创作方案，并组织开展科普丛书的创作；共创作完成短视频、动画图文作品 200 件以上；在创作上重视选题策划和框架设计，注重作品类型形成系列，如在精确制导导弹视频类作品创作上，通过“导弹命名系列”“导弹家族系列”“导弹结构系列”三个层次分九个小视频讲授精确制导的有关内容，构成了一个新颖的 3×3 矩阵，既可单独成篇，也可串联为集。而且，小系列包含在大系列中，如导弹知识系列、导弹微课系列、国防科普加油站系列。

3）达到了基础科普与高级科普的“全向辐射”

定期组织青年教师、研究生开展科普能力建设培训，提高科普实施水平；多形式面向中小学生、在校大学生和社会大众进行线上线下的科普活动，包括现场讲座、科普丛书捐赠、科普作品线上传播、在线热点解读等；定期开放展示基地资源，如北斗导航科技成果馆、天河计算机、自动目标识别国防科技重点实验室、无人车和超精实验室等，激发民众爱国热情，自觉履行国防义务；积极组织承办各类科普活动及比赛，组织国防科技大学队伍参加 2020 年解放军和武警部队科普讲解比赛，承办国防科技大学第一届科普讲解大赛，并且首开军内赛事网络直播先河，采用线上线下选手相结合的方式，网络观看约 1.7 万余人，现场约 200 名中小学生前来观赛，形成了较好的科普效应。

国防科技大学第一届科普讲解大赛

以“科普中国共建基地”为平台，积极开展适合互联网传播的科普作品创作，利用科普中国 APP“国防电子信息”公众号进行及时发布。目前，已创作发布视频及图文作品 280 余篇，一年收获约 100 万的点赞量。“导弹命名系列”“导弹家族系列”“导弹结构系列”等科普短视频及科普图文获得了光明网的转载，形成了二次传播。

开展国防科普进部队军营系列活动，捐赠科普图书3000余册，将科普面向部队、面向官兵。针对全军高级干部开设国防科技高级科普讲座，打造基地科普的独特优势和亮点；通过互联网平台开展在线讲座，运用慕课、科普中国APP、光明网等多种途径普及国防科技知识，将科学普及工作推向新高度，实现“全向辐射”，提升科学传播效能。

4）畅通了军内军外的“科普走廊”

国防电子信息属军事高科技题材，具有独特性，比如导弹与制导保密性强，以往知识内容仅在军综网等军内平台传播。通过科普中国基地此平台，在遵循保密法和各项保密规定的基础上，甄选适合大众传播的内容进行科普原创，譬如从著名战例入手，在故事中科普。通过对外军武器技术的剖析，借它山之石科普，从而让社会大众从中学习、掌握相关军事高科技知识。

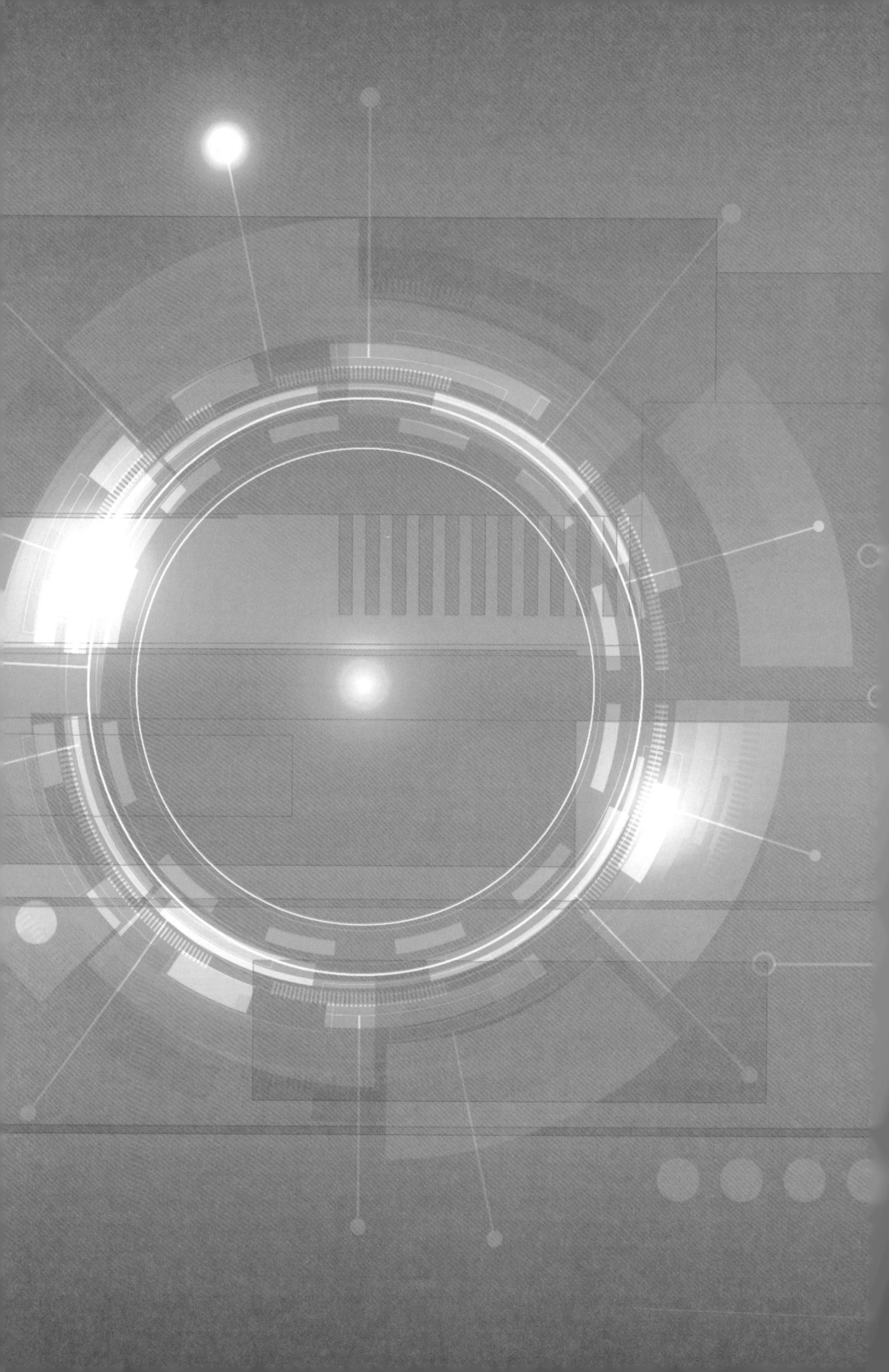

第二章

教学 + 教育：精心引导

教学和教育工作的本质是立德树人，教师的天职是传道授业解惑，人才培养的要义是实现知识传授、能力培养与价值塑造的结合。

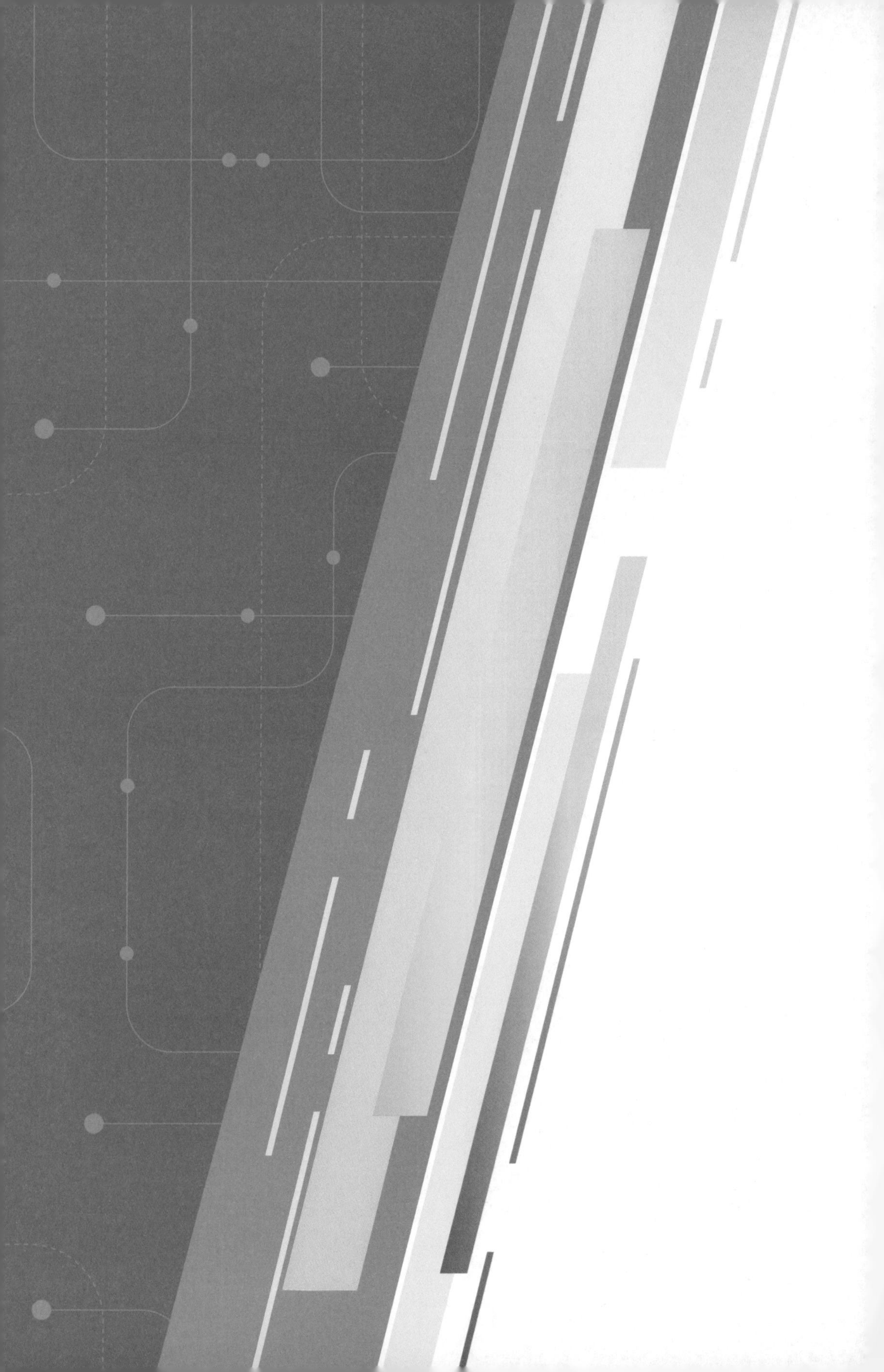

一、精确制导课程教学研究

（一）慕课“精确制导器术道”的教学设计与实施[①]

1. 引言

精确制导武器是信息化战争的主战装备，非常适用于打击敌方高价值目标。其中，精确制导技术是精确制导武器发挥效能的共性关键技术，要发展精确制导武器，就必须培养一批精确制导技术创新人才。为拓宽人才培养渠道、改进人才培养模式、提高人才培养质量，国防科技大学电子科学学院积极探索精确制导的专业课程教学改革。

慕课作为一种全新的教学模式与教育形态，具有包容性强、传播能力强等特点。因此，为着力解决精确制导领域的院校高层次科技创新人才培养和部队急需人才岗位能力提升问题，国防科技大学于2014年在军内外开设了10余门精确制导系列慕课，其中“精确制导器术道”于2017年在“学堂在线”平台上线，2020年获评首批国家级一流课程。

本部分主要总结了慕课“精确制导器术道”的教学设计、教学实施情况，并着重分析了该课程最近3年以来慕课平台的课程数据。通过从选课人员、课程完成度、讨论区情况、课程成绩等多方面评估本课程的教学情况，为进一步优化该课程的教学设计、改进该课程的教学模式提供有益参考。

2.“精确制导器术道”的教学设计

“精确制导器术道”是国内互联网平台上一门系统讲授精确制导武器和技术知识的慕课课程，在教学理念、内容设计、资源配置等方面特色鲜明。

1）教学理念创新

本课程的名称蕴含了本课程的教学理念：“器术道”并重。“器”主要指

---

① 傅瑞罡、蒋彦雯、付强、何峻、范红旗，写于2021年。

武器，“术”主要指技术，“道”除了指基本原理、发展规律外还有教育之本“立德树人”的含义，三者并重是本课程的突出贡献，即注重授业与传道结合，专业教学与立德树人并行。慕课在讲授精确制导武器技术基本知识的同时，积极宣传业内模范、弘扬正道，精心引导学生树立正确的世界观、人生观、价值观，心系强军强国伟大事业。

2）课程内容设计

在课程内容的整体设计上，本课程创新地设计并实现了“电游模式”。该模式将课程分为五讲：一讲“看热闹”；二讲“看门道”；三讲“说矛盾”，四讲“说实践”；五讲“登高望远”。

一讲“看热闹”——“热爱是良师，心往神驰”。

此讲主要介绍导弹的命名方式，透视导弹的内部组成，讲解导弹武器系统概貌。该部分的设计目的是要通过科普方式，引起学生的共鸣，激发学生的兴趣。“兴趣是最好的老师”，只有学生对课程真正地感兴趣，他们才会在未来的学习中有更强烈的主观能动性，进而达到一个良好的教学效果。

二讲“看门道”——“术业有专攻，求精求确”。

此讲主要从技术角度讲解精确制导武器为什么可以精确打击。先解析其定义，再剖析其“五脏六腑”，最后分析常用的制导方式，揭开精确制导武器和技术的奥秘。该部分相对“一讲”更专业，但课程用通俗易懂的语言，配合图文并茂的视频，将专业的知识化繁为简，化深为浅，使学生更容易理解。当然，受课时限制，该讲无法面面俱到地讲述精确制导武器的所有奥秘。为开拓学生的视野，该部分设置了一些引导性的思考题，可以为学生未来的深入学习指引方向。

三讲“说矛盾”——“有矛必有盾，同生共长”。

此讲主要从自然环境、电磁环境、作战对象三个方面分析复杂战场环境对精确制导武器作战运用的影响，并讲解制导武器和技术是如何在矛盾斗争中发展的。该部分的意义在于让学生的知识体系更加完备。攻防对抗在现代战争中是一个热点问题，对于精确制导武器亦然，可通过讲授一些基本的干扰手段，引导学生积极思考。同时“有矛必有盾，同生共长”是一种辩证思维，潜移默化教授学生要从多方面考虑问题，这种辩证思维对学生未来的学习、工作大有裨益。

四讲“说实践”——“实践出真知，知行合一”。

此讲主要剖析典型案例专题，从技/战术角度综合分析精确制导武器是如何在实战较量与科研实践中提高性能的。该部分建立在前三讲的基础之上，通过具体实例的讲解，有利于学生对以往知识点的融会贯通，并进一步提高他们对精确制导技术的兴趣。在实例内容的选取上，课程充分利用军委装备发展部跨行业专业组的资源，以科研促教学，提炼了两个典型案例，分别是对地打击和长空论剑。

五讲“登高望远”——“极目楚天舒，道术一统”。

此讲主要介绍精确制导与精确打击作战体系，以及精确制导武器与技术发展前景展望。该部分的设计目的在于以点带面，开拓他们的视野。

下图形象地刻画了“电游模式”的特色：step by step，一步步引导广大学生深入学习精确制导知识。该模式的设计类似电子游戏，各个“关卡”从简到难，但相互又存在紧密的逻辑关系，符合“由浅入深”的认知规律，体现了本课程“寓教于乐”的教学理念。在教学内容的组织上，考虑到本课程的广大受众是非专业学习者，课程的内容科普性强于专业性。

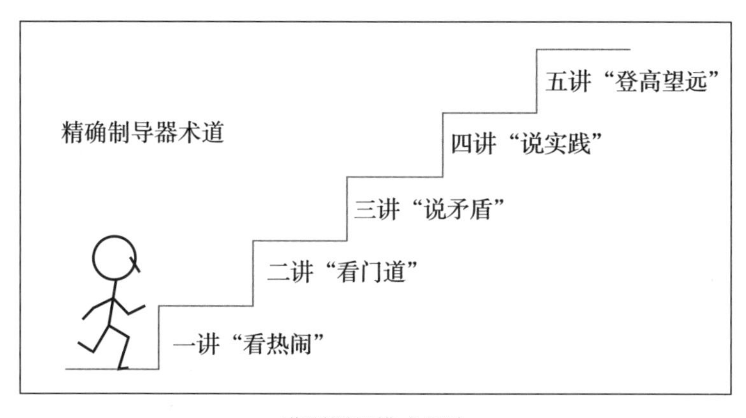

慕课课程模式设计

总体来说，本课程教学内容的设计按照“循序渐进”的教育方式，既生动有趣又有学术含量。在保证学术性的前提下，本课程尽量用通俗的语言普及精确制导知识，循序渐进地开展精确制导体系知识讨论。同时又结合一些典型案例，激发学生群体对精确制导技术的兴趣，增强国防观念和意识，提高科技人文综合素养。

3）教学资源配置

为更好地配合课程开展，教学团队编写了一部慕课配套教材——《导弹与制导——精确制导常识通关晋级》（简称《导弹与制导》）。《导弹与制导》

是一部兼具科学性、知识性、新颖性、系统性的课程配套教材，表现形式独具一格，概括为“通俗有高度、实用成体系、图文接地气”。

教材先是将课程“精华”以“彩页”展现，从而形成慕课的“精”“彩”导读；而后安排教材的主体内容，与慕课内容紧密配套；最后提供了一些课程教学的拓展阅读资料，包括慕课课外荐文和慕课教学研究论文，供学生发散思维、头脑风暴。这样的内容安排使得书本的趣味性和新颖性得到极大提升，知识性和系统性得以更好地展现出来。

有教材的配合，学员可以更好地理解慕课内容。同时，教材的存在也推动了国防科技大学教学模式的改革，自 2017 年秋季学期以来，国防科技大学已开设本科新生研讨课“精确制导技术背后的学科奥秘窥探”的教学班累计 4 次，这些教学班的教学均为线上线下混合式教学。此外，国防科技大学的国防生入职培训、研究生专业课也采用了本教材。

目前，《导弹与制导》已印刷 4 次，印数达到 12000 册，反响热烈，并于 2021 年获评首届全国教材建设奖（全国优秀教材二等奖）。为了进一步提高教学的质量，提升学习的广度和深度，教学团队还主编了一套教学参考书“精确制导技术应用丛书”。它是《导弹与制导》的拓展，以“纵向分层次、横向按门类”为知识体系框架，将六类弹种分开编写教材，分别为《防空反导导弹》《弹道导弹》《飞航导弹》《空空导弹》《智能化弹药》《水下制导武器》。“精确制导技术应用丛书”逐一剖析了各种精确制导武器，知识点切分更细致，适合学习者在学完慕课“精确制导器术道”后，进一步了解精确制导技术和武器应用。

3.“精确制导器术道”的教学实施

慕课“精确制导器术道”本身是一门优秀的线上课程。除此之外，基于该课程，教学团队也一直在探索线下课堂的信息化改革。目前，慕课“精确制导器术道”的教学实施主要采用了线上教学和线上线下混合式教学两种方式。

1）线上教学

本课程自 2017 年 5 月上线以来，已经为 10 多万名高校学生和社会学习者提供了学习资源。选课学生遍布全国各大高校，包括西安交通大学、西北工业大学、北京航空航天大学、哈尔滨工业大学、西安电子科技大学、北京理工大学等。此外，本课程还被军综网的“军职在线”列为教学资源，为全军广大官兵提供学习内容，受到部队学习者普遍好评。2020 年，本课程获评教育部首批国家级一流慕课。

2）线上线下混合式教学

慕课“精确制导器术道”的线上线下混合式教学主要依托国防科技大学开展。自 2017 年秋季学期以来，课程组先后开办了国防科技大学教学计划中的国防生任职培训课程“精确制导”、本科新生研讨课“精确制导技术背后的学科奥秘窥探”和研究生专业课“精确制导系统原理”的教学班 21 次。以慕课“精确制导器术道”作为课堂教学的线上教学资源，开展混合式教学、翻转课堂教学改革实践，有效解决了课程内容多、课时少、教学层次参差、课堂效率不高等问题，取得了较好的教学效果。2021 年，国防科技大学本科生课程“精确制导技术背后的学科奥秘窥探”获评湖南省线上线下混合式一流本科课程。

4.“精确制导器术道”的教学评估

慕课“精确制导器术道”于 2017 年在“学堂在线”平台上线，平台完整记录了选课人员的在线参与数据，依托这些数据，我们对 2019 年以来学生的参与情况和学习效果进行了分析和整理。

1）选课学生情况分析

自 2019 年以来，慕课“精确制导器术道”在“学堂在线”平台上累计开设班次 5 次，总选课人数高达 14796 人。本课程在各学期的选课人数如图所示。

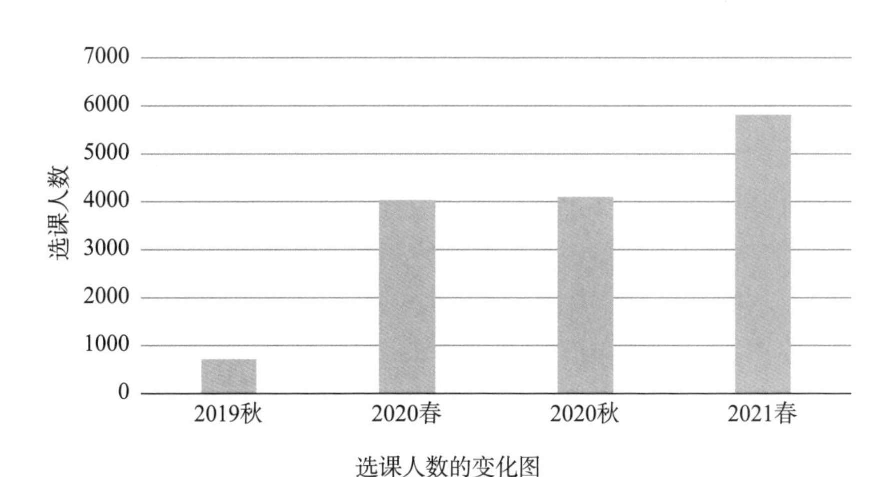

选课人数的变化图

通过统计 2019 年秋季学期到 2021 年春季学期共 4 个学期的选课人数，可以看到课程的选课人数呈现稳步上升的趋势。这表明越来越多的人对精确制导技术感兴趣，这是一个好的趋势，也是本课程一直以来致力于实现的目标——让更多的人接触精确制导、了解精确制导。下图是选课学生的全国分布。

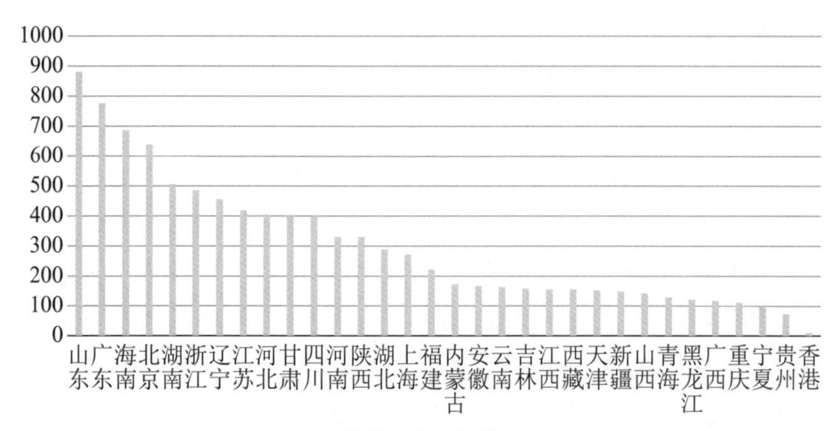

选课学生的全国分布

注：图中的数字即为各个省份的选课人数，颜色越深表明该省的选课人数越多。

从图可以看到，本课程的受众基本已覆盖到了全国，这体现了慕课的一大特点：慕课的学习不再受空间的限制，这是现代信息技术带来的革命性成果。由图也看出，本课程学生的地域分布是不平衡的，东西部的对比尤为明显。这暴露了慕课在我国西部还尚未普及，因此，提高西部的信息化建设水平，让更多的人享受到信息技术带去的便利，有非常重要的现实意义和实用价值。

2）课程完成度情况分析

本课程共有 46 个视频学习单元，时长从 3min 到 24min 不等。课程完成度主要统计学生观看视频完整度的情况，即课程完成度 = 已观看的视频时长 / 所有的视频时长。去除无成绩的选课人员，2021 年春季学期选课人员的课程完成度情况如图所示。

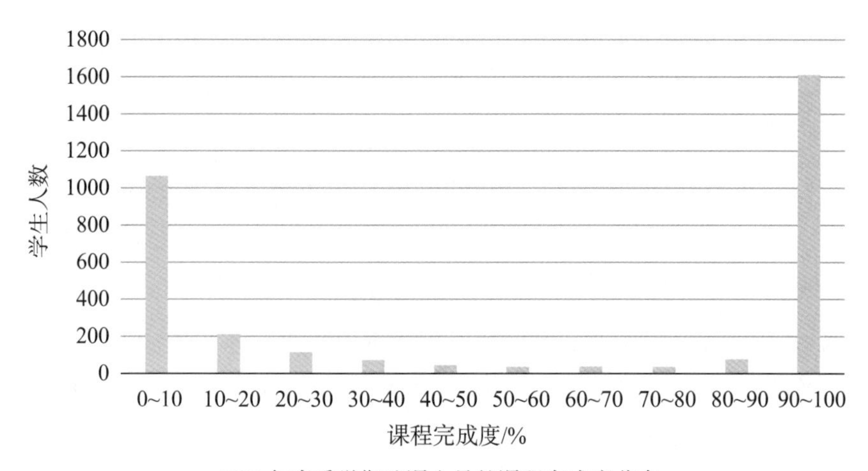

2021 年春季学期选课人员的课程完成度分布

由图可以看出，选课人员中共有 1726 人完成了 70% 以上的课程，占总人数的 52%。在慕课学习完全依赖选课人员自觉性的情况下，该数据在一定程度上可以表明本课程的视频质量是吸引人的。但同时也要注意到，这还远远不够，留住其余的 48%，就要进一步优化视频质量，其中还有很大的提升空间。

此外，我们还统计了 2021 年 7 月 8 日到 2021 年 7 月 14 日每天每小时内的平均活跃人数，如图所示。

每天每小时内的平均活跃人数

由图可以看出慕课的另外一个特点：学生可以全天时地学习慕课知识，知识的摄取不再受时间的约束。慕课赋予了学生更多自主选择学习时间的权利，课程学习的活跃度峰值出现在晚上，而这个时间段往往是学生可以自由支配的时间。因此，学生完全可以根据自身情况，利用闲暇时间学习慕课知识，而不占用现实生活中的学习时间。正是因为这个特点，慕课特别适合精确制导技术的科普和传播。

3）网上讨论情况分析

本课程注重师生在线上的互动交流。首先，教师团队会按照课程教学计划和要求，为学生定时发布公告，提醒学生按时学习课程内容；其次，教学团队成立了答疑教师组，会及时在讨论区为同学们答疑解惑。在师生共同的努力下，慕课“精确制导器术道”拥有一个和谐的、健康的网络讨论区。以 2021 年春为例，经统计，课程讨论区的人均互动次数达到 15 次 / 人，超过“学堂在线” 94% 的同平台课程，讨论区参与规模也达到了 114 人，超过 90.15% 的同平台课程。

2020 年春季和 2021 年春季学期学生的互动数据如图所示。

经统计，2020 年春季学期，师生在讨论区互动热烈，其中，学生的发 / 回帖总数为 2411 条，教师的发 / 回帖总数为 401 条；2021 年春季学期，学生的发 / 回帖总数为 1592 条，教师的发 / 回帖总数为 18 条。对比这两个学期的互动数据可以发现，教师的积极回复可以推动讨论区的活跃程度，激发学生的学习热情。

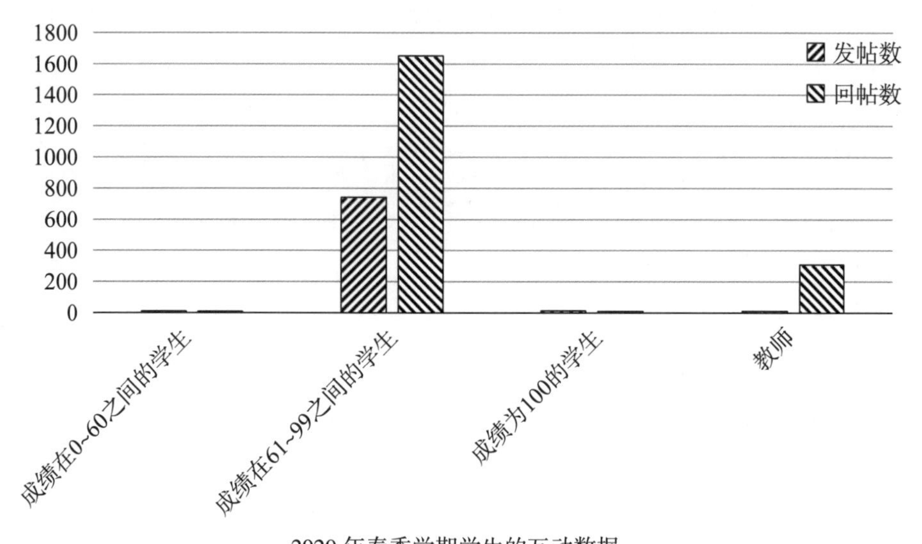

2020 年春季学期学生的互动数据

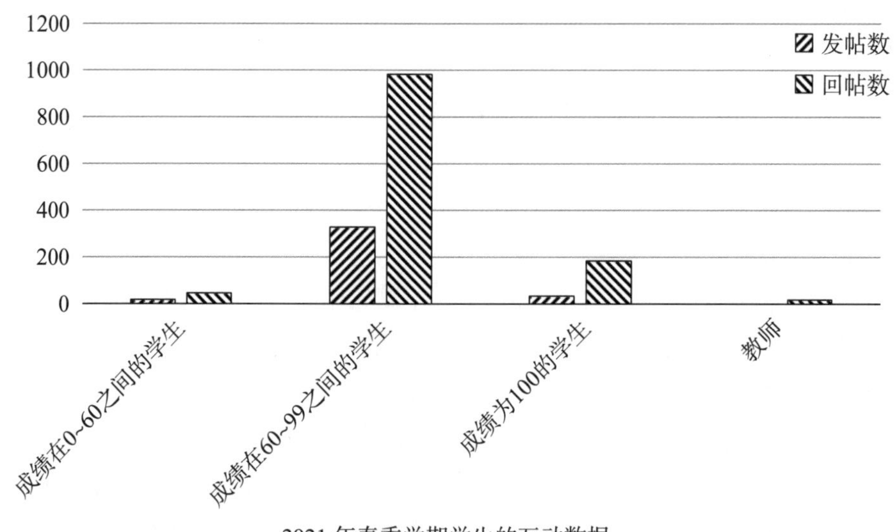

2021 年春季学期学生的互动数据

此外，由图可以看出，学生的活跃度与学生的成绩成正相关的关系。互动较少的学生，成绩一般都比较低；而互动越多的学生，越有可能取得高分。这表明，在讨论区的互动可以给学生一个正向激励，激发他们对本课程的学习兴趣。

因此，教师要积极引导学生互动。

最后发现，讨论区的回帖数往往高于发帖数。2021 年春季学期，讨论区的回帖总数达到 1230 条，而发帖总数为 426 条，这表明相比于提出问题，学生更愿意就问题发表自己的观点。因此，除了回帖答疑外，教师还要多发帖，让学生有的放矢。

4）课程成绩分析

本课程考核方案由视频单元考核、作业单元考核和考试单元考核三部分组成，分值占比分别为 20%、40% 和 40%。2021 春季学期选课人员的课程成绩分布如图所示。

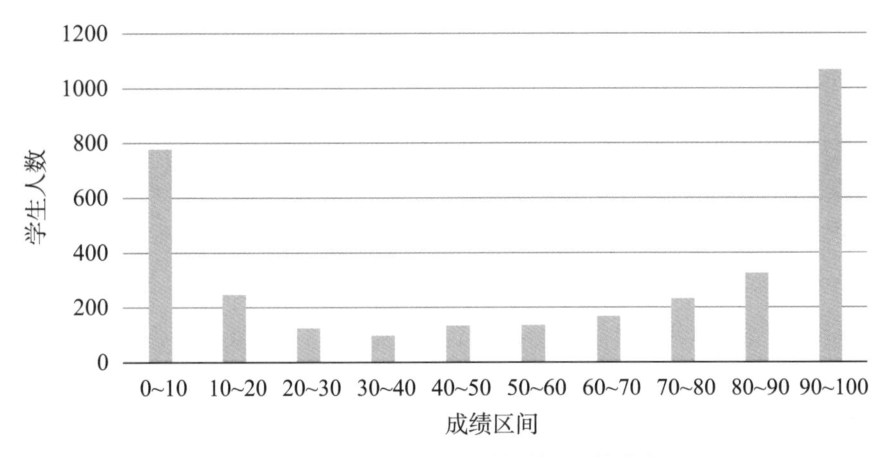

2021 年春季学期选课人员的课程成绩分布

对比 2021 年春季学期选择人员的课程成绩分布和 2021 年春季学期选课人员的课程完成度分布可知，学生的课程成绩和其课程完成度在人数分布上高度相关。这表明学生只要能坚持学完整个课程，基本可以拿到高分；同时也进一步表明课程考题与视频内容相关，考题的难易程度适中，可以用于检验学生的学习情况。

（二）线上线下混合式教学方法在新生研讨课运用[①]

1. 引言

在互联网时代，网络开放教育资源的共享使得以慕课为主要形式的教学模

① 蒋彦雯、傅瑞罡、朱永锋、宋志勇、付强，写于 2021 年。

式和知识传授得到了广泛的发展。在此基础上，线上线下混合式教学已成为高等教育院校课程改革的一个重要方向，越来越多的课程利用丰富优质的在线开放课程对课堂教学进行提质改造，将传统单方向的授课向学生自主学习与课堂讲授研讨相结合的方式转变，有效提升了课程教学效果，提高了学生学习积极性。

习近平主席指出，军校教育要“面向战场、面向部队、面向未来”“做到打仗需要什么就教什么、部队需要什么就练什么，使人才培养供给同未来战场需求精准对接”。国防科技大学作为军队的高等教育院校，着眼面向未来战场的新型军事人才培养需求，为本科新生开设了一门导论课“精确制导技术背后的学科奥秘窥探”，该课程为了使国防科技大学的新生更好地了解国防科技的前沿——精确制导技术涉及的研究方向和应用领域，并在大学起始阶段具备一定的专业与学科知识，创新性地采用线上线下混合式教学方法开展课程教学。

本部分针对新生研讨课“精确制导技术背后的学科奥秘窥探”的课程教学，首先着重对课程目标及教学设计方法展开了详细介绍，其次对本课程采用的线上线下混合式教学方法以及多个学期的教学实施效果进行了分析和总结，最后概括了本课程的教学特色与创新。

2. 课程目标与教学设计

“精确制导技术背后的学科奥秘窥探”课程是为电子、信息、控制等学科专业的本科学生开设的导论性新生研讨课。本课程以精确制导技术为牵引，涉及电子、信息、对抗、导航、制导、控制等多个学科，通过讲解精确制导武器和精确制导技术的基本概念，使学生理解精确制导专业领域的一些特点。课程要求学生掌握电子科学与技术、信息与通信工程、控制科学与工程等学科的基本内涵、地位和作用；了解精确制导技术涉及的研究方向和应用领域，熟悉相关课程体系框架，初步认识本科人才培养方案中各类课程之间的关系。课程激发学生的学习兴趣和探究精神，指导相关专业学生进一步选择和学习后续课程。

1）课程目标

通过本课程的教学，学生应具备的知识与能力目标如下。

❶ 课程知识目标。本课程的知识目标主要包括五个知识单元：精确制导武器和精确制导技术的基本概念、信息与通信工程、电子科学与技术、控制科学与工程的学科内涵、本科专业课程体系简介及课程学习指导。学生应了解不同知识单元的基本概念，达成课程标准的相应要求。

❷ 课程能力目标。本课程主要为电子信息类学科专业的新生开设，属导论性新生研讨课，要求学生了解培养方案中的各级能力目标。

2）教学内容与教学设计

针对精确制导技术所具备的前沿性与高阶性，结合新生研讨课的小班专题讨论的特点，本课程将线上精确制导技术的自主学习与线下专业与学科知识讲授有机的结合起来，采用线上线下混合式教学方法，可有效解决课程内容多、课时少、教学层次参差、课堂效率不高等共性问题。

首先，本课程线上部分选用课程负责人主讲的“学堂在线”优质 MOOC“精确制导器术道”，共计 10 学时，安排学生自主学习，该课程于 2020 年获评首批国家级一流线上本科课程；线下课堂教学则是在学生 MOOC 自学的基础上，安排 16 学时。整个课程共计 26 学时，线上占比 38.5%。

“精确制导器术道”MOOC 课程

课程主要内容重点分三个专题展开：

第一个专题——精确制导技术。采用学生自主学习与课堂讲授相结合的方式，同时结合课堂讨论的形式加深学生对精确制导技术的理解和掌握。

第二个专题——学科奥秘窥探。结合学校制定的人才培养方案，重点讲解与精确制导技术相关的 3 个一级学科，并进行一些电路与芯片的现场试验演示。

第三个专题——研讨：“知与行”。组织线上线下混合式研讨，以线上讨论区和线下小组式讨论的两种形式分别展开，主要讨论电子信息类本科专业的人才培养方案和课程体系。

课程教学内容及组织实施情况如表所示。

课程教学内容及组织实施情况（2021 年秋季学期）

章节	内容	线上学时数	线下学时数	小计
第一章	精确制导武器概述	2	2	4
第二章	精确制导技术解析	2	2	4
第三章	研讨：知与行——精确制导武器技战术应用	1	2	3
第四章	学科奥秘之一：电子科学与技术	1	2	3
第五章	学科奥秘之二：信息与通信工程	2	4	6
第六章	学科奥秘之三：控制科学与工程	1	2	3
第七章	研讨：知与行——精确制导技术与本科学习	1	2	3
合计		10	16	26

“学堂在线”MOOC“精确制导器术道”于 2017 年上线，选课人数已突破 10 万，课程名称中，“器”指武器，“术”指技术，“道”指基本原理、规律，还有教育之本“立德树人”的含义。课程内容分五章，一讲“看热闹”，了解给导弹取名字的学问，看看导弹的主要“器官”，初步见识导弹武器系统的概貌；二讲“看门道”，主要从技术的角度讲授精确制导，解析其定义，知晓传感器，初识导引头，再了解制导方式；三讲“说矛盾”，认识精确制导武器作战时所处的战场环境，看看地理、气象、电磁环境和作战目标是如何影响武器精确打击效能；四讲“说实践”，采用案例教学的方式，剖析精确制导武器是如何在实战较量与科研实践中提高性能和水平；五讲“登高望远”，初步介绍精确打击作战体系、精确制导技术专业知识体系、钱学森现代科学技术体系。

课程基本教材选用《导弹与制导》，辅助教材为《精确制导概览》和“精确制导技术应用丛书”。其中，《导弹与制导》为军队院校 MOOC 系列教材，目前已印刷 4 次、印数 12000 册，该教材特色鲜明、创新性强，着力贯彻新时代军事教育方针，坚持“面向战场、面向部队、面向未来”，服务三位一体新型军事人才培养，教材内容遵循教育教学规律，将“循序渐进 + 寓教于乐”的教学理念和 MOOC 教学手段有机融合，在实践应用及推广中得到广大军校学生和部队基层官兵的高度评价，并于 2021 年获评首届全国教材建设奖——全国优秀教材二等奖。

因此，本课程教学内容和资源建设有力地支撑了课程知识目标、能力目标的达成，对本科新生价值观的素质和专业学科框架知识的形成起到了良好的指导作用。

3）课程考核方式

对应“精确制导技术背后的学科奥秘窥探”这门新生研讨课的教学特色，课程考核时也采用线上线下混合的考核方式，采用多元化、过程化、以学生为中心的形成性考核方式。考核内容包括课程报告（40%）、线上学习（40%）和研讨交流（20%）三方面，考核成绩由传统的教师单一给定转变为由教师、学生和课程网络平台共同评判。

课程报告选用开放式的问题设置，主要考查学生对于课程内容的了解与理解，引发学生对未来大学学业的思考。

线上学习部分包括视频单元考核（20%）、讨论单元考核（5%）、作业单元考核（40%）和考试单元考核（35%），通过线上学习及线上考试完成，最终成绩由课程网络平台自动评价。

研讨交流分为两部分，一方面依据学生讨论参与度进行评定，占比 10%；另一方面本课程创新性地将 10% 的评判权交由学生个人，由每个学生根据自己的课堂表现等各方面对个人进行评价，形成以学生为主体的评判规则。

3. 教学方法及实施效果

作为军队的高等教育院校，国防科技大学结合本校人才培养需求，在新生研讨课的线上线下混合式课程教学中形成了独具特色的教学方法，并取得了良好的教学实施效果，提升了课程学习的广度和深度，

1）教学方法

❶ 问题导向学习。通过介绍精确制导技术的基本知识，引导学生了解电子科学与技术、信息与通信工程、控制科学与工程学科的相关知识，了解相关课程体系。在 MOOC 线上学习的基础上，以提问的方式引导学生将精确制导技术与各学科相关知识结合起来进行思考讨论。

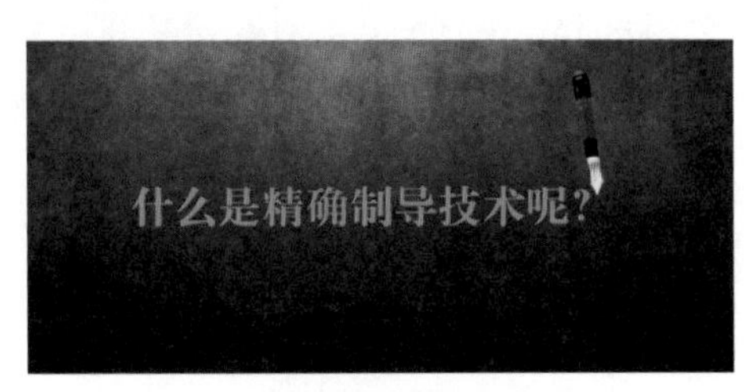

问题导向学习

❷ 自我学习与同伴互学相结合。利用 MOOC 方式结合课堂讲授，以适当的研讨培养学生认识问题和解决问题的能力，以案例分析等加强学生对问题的理解和应用。通过 MOOC 自学方式和课内小组讨论，锻炼学生自我学习与团队协作学习的能力，充分的交流可提升学习效果。

2）教学环境与方式

按照国防科技大学的教学计划，分别实施线上教学与课堂教学，还包括一些导弹实物、电路系统等试验演示。通过混合式教学手段使学生达到预期学习目标，具体包括 MOOC 教学与作业、课堂教学，互动研讨，答疑解惑等环节。可以概括为两种教学方式：一是 MOOC 教学，通过自主在线学习，掌握精确制导基本定义、基本知识，建立基本概念，并通过在线作业答题巩固掌握知识点，通过线上提问和讨论，加深对知识的理解和掌握。二是课堂教学，通过专题讲座和研讨，引导学生了解学科的基本内涵、地位作用，弄清本科各门课程 / 知识点之间的相互关系，激发学生对知识应用的探究和兴趣。

3）教学效果

混合式教学实现了课堂教学与在线教学的相互促进，有效提升了课堂教学质量，受到了国防科技大学新生的追捧和好评，2019—2021 年，本门课程每学期开始三个班次，共计 14 个教学班，每期选课人数爆满，并于 2020 年学院教学评价为优。

学生郭某的评价具有代表性，他表示：“在学习了这门课程之后，收获很大，了解到了我国国庆阅兵时展出的‘东风’‘长剑’‘海红旗’等一系列导弹，并对其中的一些有了初步的了解，拓展了视野。教员讲解让我对导弹、制导武器这个领域有了认识，让我更加贴近军事实践，还让我‘窥探’了这一高科技背后的一些学科奥秘，清楚日后的跨学科发展创新与方向，为大学本科学习增添了动力。”

学生曾某说：“通过教员的知识讲解，模型示范，视频教学，我感到学习是一件很有意义的事情。同时我也学会了去思考，学会去探索其中的奥秘。”

经过课程团队持续的课程建设与教学实施，特别强调的是，本课程已于 2021 年获评湖南省线上线下混合式一流本科课程。

4. 特色与创新

❶ 课程建设具有高起点、高水平的新工科特点，知识体系科学规范。课程建设充分利用军委装备发展部跨行业专业组的资源，以科研促进教学。课程

知识体系由精确制导武器系统、精确制导技术原理、复杂战场环境、实战与工程案例剖析、精确打击作战体系概览等构成，力求多学科思维融合、跨专业能力融合，充分体现了新工科课程特点。课程内容满足规范性、科学性、先进性、安全性、适当性等方面的要求，课程资源及教学环节配置丰富多样，深浅度合理，知识体系科学完整，适合混合式学习。课程负责人长期从事精确制导专业领域的科研教学工作，10余年来，获国家科技进步二等奖2项，军队级教学成果一等奖1项。

❷ 改革创新课程模式，并将思政内化于专业课程。以“精确制导器术道”MOOC为基础，实施混合式教学，创新课程设计模式，把握立德树人根本要求，提升教育教学理念，并将思政内化于专业课程。主要做法：一是遵循教育教学规律，按照循序渐进、寓教于乐的理念，设计了一种新的课程模式，并发表教学论文，将其概括为“精导模式”；二是教学内容方面，注重授业与传道结合，专业教学与立德树人并行。在讲授精确制导武器技术基本知识的同时，以强军事业为引领，宣传业内模范、弘扬正道，提炼“金句”、精心引导学生，总结提升为“器术道并重”教育教学理念。

❸ 以学生为中心，充分运用信息技术改进传统课堂教学。在课堂教学改革实践方面，课程团队教师基于“学堂在线”MOOC“精确制导器术道”，自2017年秋季学期以来，先后用于国防生任职培训、本科新生研讨课等教学班中。贯彻落实以学生为中心的理念，针对学生培养方案的不同教学要求，开展了混合式和翻转课堂教学改革实践，充分激发学生学习兴趣，增强学生的创新精神和实践能力，有效解决了课程内容多、课时少、教学层次参差、课堂效率不高等共性问题。

最后，本课程将随着精确制导武器和技术的快速发展，适时更新教学资源，不断完成课程的后续资源建设，包括课外讲座视频、科研案例分析、扩展文档资料、重难点视频解析、主观题库和测试题库的完善更新，尤其是实验资源的补充，将使线上平台资源更加完备丰富，学生学习更加得心应手。

（三）积极用好“梦课平台”，“精确打动”广大受众①

1. 引言

国防科技大学的“梦课学习平台”于2013年开始建立，运行三年来受到了

① 宋志勇、付强，写于2016年。

全军广大官兵的热烈追捧，已有 30 多万人在线注册学习。我们的“精确制导系列 MOOC”开设了 8 门课程，虽然不是早班车，但也取得了可观的成绩，两年时间已有 2 万多名官兵选课学习。

精确制导武器是现代战争的主战兵器，是舰船和飞机等多种作战平台的载荷。与此类似，“精确制导系列 MOOC”也可以说是“梦课学习平台”的部分载荷。如何用好“梦课平台”，向部队官兵提供精品课程，“精确打动”广大官兵，是 MOOC 课程教学团队需要认真思考和解决的问题。本部分重点介绍“精确制导系列 MOOC”课程的教学研究与实践工作。

2. 积极用好“梦课平台”

1）在线贴近“梦课平台”学习者

“梦课平台”的学习者是全军的广大官兵，这个群体和在校大学生有很大的不同。为他们开设受欢迎的课程，首先要了解他们的学习需求、学习环境等特性。正如精确制导武器要实现对目标的精确打击，就必须首先了解目标和环境的特性一样，MOOC 的设计和实施也是同样的道理。如果只做 MOOC 的跟风者，就不需要花费太多的精力去考虑这个问题，只要披上 MOOC 的外衣，稍加些点缀就可以赶潮流了。

目标特性的研究对于精确制导武器设计很重要。了解“梦课平台”学习者的特性，对于教学团队而言也是首要的任务。“梦课平台”为我们开了一个窗口，有助于我们在线贴近部队官兵。下面摘录几段“梦课平台”上的官兵感言：

“本领恐慌无时不像一把悬在头顶的剑，只有通过一次次的培训与学习，能力与素质才得以提高。虽然平时事务性事情非常多，但我一直没有忘记每天必须抽取时间来看看，学习几节，在本上记几笔，已成习惯。”

“在如今这个大数据时代，能够让我们这些基层官兵也像军校学员一样，接受军校的优质教育，是一件让人感到特别幸运和幸福的事情。”

“我从梦课学习中获益匪浅，开阔了视野，增长了学识，提高了自身综合能力素质水平，为胜任本职工作打下了坚实的基础。”

“一个不限时间、不限地点、不限对象，能把碎片化时间充分聚集起来的学习平台，改变了我对军队没学习时间、少机会提升的印象。”

正是通过在线贴近授课对象，了解学习者的需求和困惑，掌握基层部队工作训练节奏和时间分配特点，摒弃传统压制式和灌输式教学模式，让学习者没有约束、自由支配，在知识网络上自由地翱翔冲浪，在轻松愉快的学习中获得提升。

2）打造“梦之队”：教学团队建设

“梦课平台”为国防科技大学和其他军队院校的教师贴近部队、贴近实战，提升官兵军事职业素养、提高部队战斗力提供了教与学的新机遇和新舞台。武器是战争胜利的重要因素，但人的因素还是第一位，是具有决定性作用的。利用“梦课平台”打造“梦之队”，培育梦课教学优秀团队，更是完成官兵军事职业素养和战斗力提升这一重要使命所需要解决的首要问题。

10 多年来，我们的团队一直在精确制导领域开展教学科研工作，积累了丰富的成果，获得了多项国家科技进步奖和军队科技进步奖。2009 年，上级部门给我们布置了一项任务：为全军官兵编写一套精确制导应用丛书。在国内相关科研院所的大力合作下，经过 6 年的努力，我们顺利完成了这套丛书的编撰工作。精确制导应用丛书全套一共 7 本，分别是《精确制导武器技术应用向导》《防空反导导弹》《飞航导弹》《弹道导弹》《空空导弹》《水下制导武器》《智能化弹药》。根据 2014 年 5 月的数据，丛书公开发行量达到 17.7 万册，受到了部队首长和基层官兵的高度赞扬。此外，为了向全军部队官兵和地方高校大学生普及精确制导常识，增强国防意识和国防观念，我们于 2013 年开设了“精确制导新讲”视频公开课，2014 年在教育部“爱课程”网和“网易公开课”上线，2015 年被评为国家精品课程。

在长期的教学和科研实践中，我们形成了一支老中青结合的优秀团队。在丛书编撰和公开课建设过程中，我们积累了丰富而宝贵的经验，为人才培养和科学研究打下了良好的基础。在我们的教学团队中，研究生也是一支重要的力量。由于系列 MOOC 的选课人数很多，每天都有不少学习者提问，为了保证及时答疑，我们安排了研究生在线值班。我们要求课题组研究生先期学习，然后参与助教工作，这对于研究生培养也是一种新的实践体验。在线值班时，他们配合教师与广大官兵互动。一般性的问题可由他们进行答疑，特别的问题则由研究生报告团队教师负责回复。这两三年来，国内外 MOOC 大潮汹涌而至，国防科技大学也强势推出了“梦课学习平台”，为我们提供了难得的机遇。利用“梦课平台”，打造“梦之队”，可谓天时、地利、人和一应俱全。

3. “精确打动”广大受众

1）精确制导原理在“慕课”教学中的应用

精确制导武器是典型的信息化装备，而导弹是精确制导武器的最大家族。导弹武器的重要功能组成包括制导系统、战斗部和推进系统（发动机），是打得准、打得狠、打得远的保证。如果我们的“精确制导系列MOOC”课程不具有这些特点，那就不够专业了。

制导系统是导弹武器的核心部件，它是保证导弹准确打击目标的关键，而目标识别则是关键中的关键技术。前面已经谈了梦课平台学习者的一些特性，如何满足广大基层官兵强烈的学习愿望，开设出受欢迎的课程，如何直达官兵内心，在教学中准确有效地解决官兵的知识饥渴、本领诉求，是精确制导教学研究者不能忽视的问题。例如，有位“梦课平台”的学习者，以前是某防空部队的一名行政领导，后来调整为纯技术干部。在新岗位上，他深感信息化知识的匮乏、深感本领恐慌，迫切需要恶补各种科技知识。我们通过梦课学习平台，与他交朋友，有针对性地在线答疑，由浅入深地讲解知识点，使得他学起来不吃力，极大提升了自信心和学习积极性。他很感谢我们，说知识大有长进。在线上我们还发现有些学习者水平比较高，问题提得很好，使我们不得不查阅世界导弹大全和导弹百科辞典。有些学习者给我们提出了一些具体的意见和建议，使我们大大受益，确实是教学相长、相互学习、相互引导。制导的英文是Guidance，本义就是“引导和导向”。根据辐射源的位置不同，有主动制导、半主动制导，还有被动制导。当然复合制导效果更好。部队官兵的职业就是保家卫国，所学的知识要有利于提高战斗力，要学有所用，而不是像社会上的军事迷那样纯粹为了娱乐消遣。因此，我们根据部队的实际，多讲一些实用的精确制导武器知识，有利于他们在作训中用好精确制导武器，或者是有效对付敌方的精确打击。所讲的知识要浅显易懂，不仅要讲技术，更要注重技术与战术相结合。要更多地联系部队的装备、训练和作战进行交流。由此，教师的知识结构也得到了改进和完善。

制导武器的威力主要体现在战斗部或弹头上，有常规弹头、核弹头，还有特种弹头。武器系统战斗部要根据不同的作战需求和目的来设计。我们的课程设计要想获得好的教学效果，精确打动部队官兵，除了制导系统外，“战斗部”的设计也非常重要。我们推出系列课程共8门，其中普及类适合入门，寓教于乐，让初级学习者像打电子游戏一样通关晋级，让他们轻松地了解精确制导常识。而拓展类的课程则要专一些、深一些，分别介绍防空反导导弹、弹道导弹、飞航导弹、空空导弹、水下制导武器和智能化弹药等。这样既涵盖精确制导武器的主要弹种，又针对不同作战人员的学习目的和需求。精心构建的课程体系、图文精美的配套教材、精彩生动的视频讲授、友好及时的在线交流，是我们努力打动梦课学习者的“特种弹头”。

推进系统（发动机）是导弹的动力所在，是导弹飞得快、打得远的保证。我们给部队官兵上课，必须激发和保持他们的学习热情，这就要求我们的教学团队拥有持久而强大的动力。MOOC 的动力来自何处，作为军校教员来讲，一是中国军人强军兴国的责任和师者传道、授业、解惑的天职，二是现代教学平台带来的新机遇和教育教学理念更新引发的激情。当然，激励机制也很重要，上级部门要多给教师团队“加油”。

上面介绍的是导弹功能原理，要想实现高效率的精确制导，还要借助外部资源，如天上的卫星平台、预警机以及海上地上的情报系统支持，这就是所谓的信息支援系统。“精确制导技术应用丛书”就是借助了国内工业部门和科研院所的资源和力量，从而保证了丛书和系列 MOOC 的高水平和高质量。

2）离线交流：深入基层部队

借助“梦课平台”，我们可以在线互动，了解部队官兵的需求，服务部队官兵。但是，要把课程建设好，把教学工作做好，仅仅“在线”（online）是不够的，还必须“离线”（offline），真正地深入基层部队，实地了解官兵学习状况、学习困难、学习诉求，反馈到课程设计、课程建设和知识讲授上来，激发学习热情，提高教学效果。

近年来，我们花费了很大的精力深入基层部队，向部队官兵讲解精确制导常识，宣传 MOOC 教学“梦课平台”，还是有很多体会的。通过对军种和战区基层部队进行调研，深刻感受到部队官兵对于军事科技知识的渴求，特别是对于信息化装备知识的渴求。

在离线深入部队调研中，有的战士反映没有整段的学习时间，只有零散的时间进行课程学习和提问，而老师的答疑时间相对固定，希望自己提出的问题能够迅速得到回复。这样就像上课一样，能够及时得到反馈，以便强化学习效果。针对这个情况，我们采取了老师和研究生在线值班制，通过合理排班，增加了老师在线答疑的时间，确保学习者提出的问题能够得到及时有效的回复，从而有效提升了教学质量。还有的学习者反映，由于自身基础薄弱，课程学习难度大，弄不懂的时候想通过提问与老师面对面交流，但是又怕提的问题太简单，担心老师笑话自己。针对这种情况，我们一方面鼓励广大学习者要敢于提问、乐于提问；另一方面则要求老师在回答问题、在线交流的时候要注意保护学习者的积极性，对于简单的问题要耐心回答，多表扬、多鼓励，积极引导多提问，对于复杂的问题要注意透彻分析，开拓思路、举一反三，鼓励他们深入思考、深入探究。通过深入部队的离线交流，我们掌握了广大官兵对 MOOC 学习的第一手资料，对于改进我们的教学效果，提升教学质量，完善教学体系，起到了非常重要的作用。

二、精确制导技术专业思政

（一）导弹·钱学森·国防科技大学[①]

1. 钱学森自评中国导弹事业的开创

我 1955 年回到祖国后，就在党的领导下，开创我国火箭导弹和航天事业。回想当年，党中央、毛主席下决心搞“两弹”，那真是了不起的决策。那个时候，我们的工业基础十分薄弱，连汽车都没造出来，竟决定搞最尖端的技术——导弹和原子弹，没有无产阶级革命家的伟大胸怀和气魄，谁敢做这样的决策？

当时在党中央、毛主席的领导下，由周恩来总理和聂荣臻元帅具体组织实施。他们采取什么办法组织实施这项巨大的系统工程呢？就是民主集中制的办法。一是真正发扬民主，重大技术问题的决策，要听取各方面专家的意见。聂荣臻在国防部五院特别强调，凡科学技术问题，都由科学家定，其他人不得干预。周总理每次召开专委会议，先请出席的人充分发表意见，他在听取了各方面的意见以后，才根据大家的意见作出决策。甚至他已经决定的问题，若有人提出不同的意见，而且讲得有道理，他也会立即接受，并修改已作出的决定。二是高度集中，一旦中央定下的事，各部门都得执行，都得照办，有困难你去想办法克服，不能讲条件，不能各搞一套，互相扯皮，互相重复。

由于我们既讲民主，又讲集中，而且是真正的民主，高度的集中，所以把方方面面的积极性都调动起来了，把工人、农民、知识分子和解放军指战员的积极性都调动起来了。当时我们没有任何先进设备，火箭发动机的车间就设在一个工棚里。那些复杂精密的部件是靠金工师傅用手工一点一点加工出来的。

---

① 于起龙《钱学森与国防科技大学》，国防科技大学出版社，2010 年。

科技人员和专家都下到车间，和工人师傅一起解决设计加工中的问题。在试验基地搞发射试验，一干就是一个多月，夜里有时就在板凳上打个盹。组织指挥这样的大型试验，通信手段就靠有线通信，为了保证通信线路畅通无阻，把民兵都动员起来了，两个人看守一根电线杆，日夜值班。那真是千军万马，把全国人民都动员起来了，但组织调度又十分严密，层层负责，各司其职。就这样，我们的第一枚导弹在1960年就首次发射成功了，第一颗原子弹在1964年就炸响了，这样的速度是空前的。没有党的领导，没有全国人民的大力支持和广大科技人员的协同攻关，这样的事情谁能办到？所以我常常说，一切成就归于党，归于集体。这不是一句空话，而是我的切身感受。

2. 钱学森畅谈大学创新教育

原编者按：中国航天之父钱学森以98岁高龄去世后，他的最后一次系统谈话整理稿——谈科技创新人才的培养问题，一经披露就引起了人们的广泛关注。钱老对中国大学教育的忧虑和批评发人深省：我们的大学该怎么办？为何中国大学培养的人才创新力不足？大洋彼岸的加州理工学院，这所为我国培养了许多著名科学家的美国高校，又能为中国今后的办学提供什么样的启示？认真思考钱老为之忧虑的高校人才培养问题，并现实地求解，这或许是我们缅怀钱老的最佳方式。

今天找你们来，想和你们说说我近来思考的一个问题，即人才培养问题。我想说的不是一般人才的培养问题，而是科技创新人才的培养问题。我认为这是我们国家长远发展的一个大问题。

❶ 中国还没有一所大学能够按照培养科学技术发明创造人才的模式去办学。

今天，党和国家都很重视科技创新问题，投了不少钱搞什么“创新工程”“创新计划”等，这是必要的。但我觉得更重要的是要具有创新思想的人才。问题在于，中国还没有一所大学能够按照培养科学技术发明创造人才的模式去办学，都是些人云亦云、一般化的，没有自己独特的创新东西，受封建思想的影响，一直是这个样子。我看，这是中国当前的一个很大问题。

最近我读《参考消息》，看到上面讲美国加州理工学院的情况，使我想起我在美国加州理工学院所受的教育。

我是在20世纪30年代去美国的，开始在麻省理工学院学习。麻省理工学院在当时也算是鼎鼎大名了，但我觉得没什么，一年就把硕士学位拿下了，成绩还拔尖。其实这一年并没学到什么创新的东西，很一般化。后来我转到加州理工学院，一下子就感觉到它和麻省理工学院很不一样，创新的学风弥漫在整个校园，可以说，整个学校的一个精神就是创新。在这里，你必须想别人没有想到的东西，说别人没有说过的话。拔尖的人才很多，我得和他们竞赛，才能跑在前沿。这里的创新还不能是一般的，迈小步可不行，你很快就会被别人超过。你所想的、做的，要比别人高出一大截才行。那里的学术气氛非常浓厚，学术讨论会十分活跃，互相启发，互相促进。我们现在倒好，一些技术和学术讨论会还互相保密，互相封锁，这不是发展科学的学风。你真的有本事，就不怕别人赶上来。我记得在一次学术讨论会上，我的老师冯·卡门讲了一个非常好的学术思想，美国人叫“good idea”，这在科学工作中是很重要的。有没有创新，首先就取决于你有没有一个“good idea”。所以马上就有人说：“卡门教授，你把这么好的思想都讲出来了，就不怕别人超过你？”卡门说：“我不怕，等他赶上我这个想法，我又跑到前面老远去了。”所以我到加州理工学院，一下子脑子就开了窍，以前从来没想到的事，这里全讲到了，讲的内容都是科学发展最前沿的东西，让我大开眼界。

② 大家见面都是客客气气，学术讨论活跃不起来。这怎么能够培养创新人才？更不用说大师级人才了。

我本来是航空系的研究生，我的老师鼓励我学习各种有用的知识。我到物理系去听课，讲的是物理学的前沿，原子、原子核理论、核技术，连原子弹都提到了。生物系有摩根这个大权威，讲遗传学，我们中国的遗传学家谈家桢就是摩根的学生。化学系的课我也去听，化学系主任L. 鲍林讲结构化学，也是化学的前沿。他在结构化学上的工作还获得诺贝尔化学奖。以前我们科学院的院长卢嘉锡就在加州理工学院化学系进修过。L. 鲍林对于我这个航空系的研究生去听他的课、参加化学系的学术讨论会，一点也不排斥。他比我大十几岁，我们后来成为好朋友。他晚年主张服用大剂量维生素的思想遭到生物医学界的普遍反对，但他仍坚持自己的观点，甚至和整个医学界辩论不止。他自己就每天服用大剂量维生素，活到93岁。加州理工学院就有许多这样的大师、这样的怪人，决不随大流，敢于想别人不敢想的，做别人不敢做的。大家都说好的东西，在他看来很一般，没什么。没有这种精神，怎么会有创新！

加州理工学院给这些学者、教授们，也给年轻的学生、研究生们提供了充分的学术权力和民主氛围。不同的学派、不同的学术观点都可以充分发表。学生们也可以充分发表自己的不同学术见解，可以向权威们挑战。过去我曾讲过我在加州理工学院当研究生时和一些权威辩论的情况，其实这在加州理工学院是很平常的事。那时，我们这些搞应用力学的，就是用数学计算来解决工程上的复杂问题。所以人家又管我们叫应用数学家。可是数学系的那些搞纯粹数学的人偏偏瞧不起我们这些搞工程数学的。两个学派常常在一起辩论。有一次，数学系的权威在学校布告栏里贴出了一个海报，说他在什么时间什么地点讲理论数学，欢迎大家去听讲。我的老师冯·卡门一看，也马上贴出一个海报，说在同一时间他在什么地方讲工程数学，也欢迎大家去听。结果两个讲座都大受欢迎。这就是加州理工学院的学术风气，民主而又活跃。我们这些年轻人在这里学习真是大受教益，大开眼界。今天我们有哪一所大学能做到这样？大家见面都是客客气气，学术讨论活跃不起来。这怎么能够培养创新人才？更不用说大师级人才了。

③ 科学上的创新光靠严密的逻辑思维不行，创新的思想往往开始于形象思维。

有趣的是，加州理工学院还鼓励那些理工科学生提高艺术素养。我们火箭小组的头头马林纳就是一边研究火箭，一边学习绘画，他后来还成为西方一位抽象派画家。我的老师冯·卡门听说我懂得绘画、音乐、摄影这些方面的学问，还被美国艺术和科学学会吸收为会员，他很高兴，说你有这些才华很重要，这方面你比我强。因为他小时候没有我那样良好的条件。我父亲钱均夫很懂得现代教育，他一方面让我学理工，走技术强国的路；另一方面又送我去学音乐、绘画这些艺术课。我从小不仅对科学感兴趣，也对艺术有兴趣，读过许多艺术理论方面的书，像普列汉诺夫的《艺术论》，我在上海交通大学念书时就读过了。这些艺术上的修养不仅加深了我对艺术作品中那些诗情画意和人生哲理的深刻理解，也学会了艺术上大跨度的宏观形象思维。我认为，这些东西对启迪一个人在科学上的创新是很重要的。科学上的创新光靠严密的逻辑思维不行，创新的思想往往开始于形象思维，从大跨度的联想中得到启迪，然后再用严密的逻辑加以验证。

像加州理工学院这样的学校，光是为中国就培养出许多著名科学家。钱伟长、谈家桢、郭永怀等等，都是加州理工学院出来的。郭永怀是很了不起的，但他去世得早，很多人不了解他。在加州理工学院，他也是冯·卡门的学生，很优秀。我们在一个办公室工作，常常在一起讨论问题。我发现他聪明极了。你若跟他谈些一般性的问题，他不满意，总要追问一些深刻的概念。他毕业以后到康奈尔大学当教授。因为卡门的另一位高才生西尔斯在康奈尔大学组建航空研究院，他了解郭永怀，邀请他去那里工作。郭永怀回国后开始在力学所担任副所长，我们一起开创中国的力学事业。后来搞核武器的钱三强找我，说搞原子弹、氢弹需要一位搞力学的人参加，解决复杂的力学计算问题，开始他想请我去。我说现在中央已委托我搞导弹，事情很多，我没精力参加核武器的事了。但我可以推荐一个人，郭永怀。郭永怀后来担任九院副院长，专门负责爆炸力学等方面的计算问题。在我国原子弹、氢弹问题上他是立了大功的，可惜在一次出差中因飞机失事牺牲了。那个时候，就是这样一批有创新精神的人把中国的原子弹、氢弹、导弹、卫星搞起来的。

❹ 所谓优秀学生就是要有创新。没有创新，死记硬背，考试成绩再好也不是优秀学生。

今天我们办学，一定要有加州理工学院的那种科技创新精神，培养会动脑筋、具有非凡创造能力的人才。我回国这么多年，感到中国还没有一所这样的学校，都是些一般的，别人说过的才说，没说过的就不敢说，这样是培养不出顶尖帅才的。我们国家应该解决这个问题。你是不是真正的创新，就看是不是敢于研究别人没有研究过的科学前沿问题，而不是别人已经说过的东西我们知道，没有说过的东西，我们就不知道。所谓优秀学生就是要有创新。没有创新，死记硬背，考试成绩再好也不是优秀学生。

我在加州理工学院接受的就是这样的教育，这是我感受最深的。回国以后，我觉得国家对我很重视，但是社会主义建设需要更多的钱学森，国家才会有大的发展。

我说了这么多，就是想告诉大家，我们要向加州理工学院学习，学习它的科学创新精神。我们中国学生到加州理工学院学习的，回国以后都发挥了很好的作用。所有在那学习过的人都受它创新精神的熏陶，知道不创新不行。我们不能人云亦云，这不是科学精神，科学精神最重要的就是创新。我今年已 90 多岁了，想到中国长远发展的事情，忧虑的就是这一点。

3. 钱学森与国防科技大学的故事

钱学森曾 5 次到哈尔滨军事工程学院（以下简称哈军工）和国防科技大学，对学校的发展给予极其重要的指导和关爱。

❶ 参观“哈军工”提出中国同样能造火箭、导弹。

1955 年 11 月 25 日，刚刚归国不久的钱学森，便来到哈军工，陈赓院长清晨从北京乘专机赶来迎接。陈赓说：“我们军事工程学院打开大门来欢迎钱学森先生，对于钱先生来说我们没有什么密要保的。”陈赓一直陪同钱学森参观了空军工程系、海军工程系、炮兵工程系和陈列馆里在朝鲜战场上缴获来的美军轰炸机、坦克、带有电子管能够自动寻找目标的炮弹等。当看到一个非常简陋而又原始的固体燃料火箭试验装置时，陈赓大将问：“钱先生，您看我们能不能自己造出火箭、导弹来？”钱学森说：“有什么不能的，外国人能造出来的，我们中国同样能造得出来，难道中国人比外国人矮一截不成！”陈赓兴奋地握住钱学森的手说：“好，我就要你这句话。”钱学森后来才知道，陈赓当时是带着国防部长彭德怀的指示来专门请教他的。

当天晚上，陈赓院长宴请他时，钱学森说：“短短 3 年，就建成了这样一所恢弘而先进的大学，开设了如此众多的尖端专业，这在世界上也是一个奇迹。将来中国的军事科学专门人才，主要靠军事工程学院输送了。”这样一位创造过大成就、见过大世面的科学家的称赞，对于一个组建刚刚 3 年的大学来说，无疑是巨大的鼓舞。

1959 年 1 月 23 日，钱学森第二次访问哈军工，专门就导弹工程系成立后与国防部五院的合作问题交换意见，他还应邀以“火箭技术的发展”为题，给哈军工的领导和教员们作了一场学术报告。1959 年 2 月 15 日，中央军委批准哈军工正式成立导弹工程系。导弹工程系的成立，在中国国防科技发展历程中具有重大意义，它标志着中国正在迅速缩小与世界发达国家的差距，已经有能力培养国防高科技人才了。之后，钱学森一直关心导弹工程系的建设，1962 年 1 月 17 日专门写信，就该系几个专业教学计划问题与学院进行探讨，并鼓励大家“千万不能因遇到一些困难而退下去，要冲上去”。

❷ 为组建国防科技大学倾注心血。

20 世纪 60—70 年代，哈军工退出军队序列，主体南迁长沙，更名为长沙工学院。1977 年 7 月 23 日，刚刚复出的邓小平，在家中接见了长沙工学院临时党委负责人。他以政治家的远见卓识，提出在哈军工的基础上组建国防科技大学。为贯彻落实小平同志决策，时任国防科委副主任的钱学森思考着要把国防科技大学办成一所什么样的学校。

1977 年 10 月 6 日下午，钱学森在国防科委大楼接见长沙工学院各系的负责人，指出要很好领会邓小平同志的指示。他说，我们这个学校是国防科技大学，就是要为国防科学技术赶上并超过世界先进水平而服务，不是办一般的大学，也不是办与其他 28 所重点大学那样的大学。别人能办的事，我们就不要办了。国防科技大学要有自己特色，不能面面俱到，要有所为、有所不为。钱老专门谈了系统工程专业设置和人才培养问题。他说，技术总体很重要，是现代科学技术的特点，我们要搞国防尖端，可以从研究生培养开始。有一种论调认为系统工程的人才，学校不能乱培养，只能从实际工作中解决，这样说系统总体人才就没有办法培养了。在谈到材料工艺系要不要撤销的问题时说，材料工艺问题要有所区别，如果属国防尖端科技需要的材料，如复合材料，是尖端发展方向，全国其他大学又没有的专业，我们就办，当仁不让，拼老命也要干。1978 年 6 月 26 日至 7 月 5 日，钱学森与国防科委陈彬副主任来校，全面指导国防科技大学组建工作，历时 12 天。

6 月 26 日，在学校召开的大会上，钱学森作了重要讲话，对如何办好国防科技大学谈了许多战略性、前瞻性的思想。强调国防科技大学的任务，主要是为国防尖端培养高质量、高水平的研究、设计、生产、试验、使用的人才，同时担负战略武器试验、使用部队各级技术指挥干部的轮训。关于教学与研究领域问题，他提出，要用马克思列宁主义毛泽东思想指导一切工作，我们搞国防尖端科学技术，对自然辩证法更应该努一把力，不懂得辩证法是要吃亏的，我主张在座的都要研究自然辩证法，这是无止境的，我们掌握越好，我们的工作做得就越好。

在校期间，钱老多次与校领导、教师谈到如何办好国防科技大学的问题。他说，军事工程学院是毛主席批准创办的，周总理很关心，确确实实是重点的重点大学。今天回过来看，25 年来确实有很大的成绩，今后要办好，应该认真总结过去的经验，如果有什么教训，也应很好的汲取，这点很宝贵。另一方面，事情是变化发展的，我们现在要搞国防尖端技术，很光荣，也很艰巨，只局限于过去的经验是不行的，思想要解放一点，胆子要大一点。

③ 为学校确立学科专业设置原则。

钱老视学科专业为学校人才培养和科学研究的基础、建设发展的关键。1978 年 6 月，他利用来校宣布命令的时机，就学校教学与科研方向开展了广泛深入的调查研究，提出学校学科专业设置应该包括七方面：第一是应用力学及其在国防尖端技术装备方面的应用；第二是物理、核物理和技术物理；第三是自动控制方面，或者叫控制和各种制导技术、自动控制技术；第四是电子技术和电子技术在各方面的应用；第五是化学、推进剂、各种材料工艺，还有材料科学里面的尖端，就是分子设计；第六是计算机科学技术；第七是系统工程与数学。他还强调，这七方面不应单单是教学，还包括科学研究。发展尖端科学技术，首先是加强基础和专业基础，但不能丢掉“工”，因为搞工程技术是我们最后的目的。

根据钱老的意见，学校提出了“按学科设系，理工结合，加强基础，落实到工”的原则和具体方案，得到国防科委批准。为了从组织上保证基础与专业、教学与科研的紧密结合，系和专业均按“理工结合”“落实到工”的原则组建，共设立了应用力学系、应用物理系、自动控制系、电子技术系、材料燃料系、电子计算机系、系统工程与数学系、精密机械系等 8 个系 27 个专业。其中，系统工程专业是在国内率先设立的。多年来，学校一直按照钱老确定的原则，以重点学科建设带动理、工、军、管、文等学科整体发展，构建与军队信息化建设高度融合的学科体系，在最新一轮全国一级学科水平评估中，有 6 个学科进入前 5 名。

1979 年 7 月，钱老来校参加教学代表会议时说：在专业设置上强调理工结合，落实到工，是完全对的。把理工结合到一个系里去，这是国防科技大学的创造。

④ 指导学校调整五年发展规划。

1981 年 3 月 26 日至 4 月 14 日，钱老带领国防科委机关同志来校，指导调整 1981—1985 年学校发展规划。在学校 19 天期间，钱老一行紧张开展工作，与学校领导交换意见，听取有关业务部门汇报，参观实验室，召开教师、学术座谈会，广泛接触系、教研室领导和老教师，听取他们对教学和学校建设方面的意见，就调整学校五年规划提出了许多有益建议，对学校任务和方向、基本建设、实验室建设、科研工作、研究生培养和教育经费投入等方面，一一指出存在的问题和不足，明确调整的内容和要求。

4 月 12 日，钱老同时任学校训练部部长的陈启智进行了长谈。他指出，CIT（加州理工学院）是第一流大学，是第一次世界大战以后办起来的，当时大学生不多，八百多人，研究生也差不多这么多，地方还没有我们这样大，但他们培养出来的人是攻关的、突破的。Millikan（密立根）主持仅十来年时间就把 CIT 办得具有特色，敢于创新，这一点我印象很深。MIT（麻省理工学院）办得早，大约是 1860 年以后，开始是从中技转过来的，给学生以大学的工程训练，毕业出来以后确实能解决问题，以后又扩展到土木、机械、电机、生物等等，成了世界上第一流的大学。钱老强调，理工结合、培养两高人才，这是共同的规律。现在科学技术发展这样快，不加强数学就不能适应，但落实到工又是肯定的，不能片面理解。过去我在CIT和美国其他大学看到，学生要交两种实验报告，一个是设计实验报告，一个是实验结果和分析的报告，而且用印刷体写，要求很严。现在你们数学课那样讲需要大改革，讲得太细，时数可减少，省去时间让学生做些实验。

钱老专门就学校教学中存在的问题讲了几点意见：刚入校学生年龄比较小、动手能力差、有的人专搞纯理论，要对他们加以引导，培养务实精神；要开展高级科普讲座，开阔他们的眼界；要加强实验课，严格地要求，抓好点养成教育，实验报告、作业都要严肃认真，书写公正；要改革教学方法特别是课堂教学法，搞启发式的教学，把年轻学生在中学时的学习方法改变过过来，培养他们的自觉能力；基础课、专业基础课教学要运用电气化教学手段，通过演示可以得到直观的概念；要重视政治课教学，引导学生把政治课看成一门科学，掌握哲学的科学方法论，学会运用辩证法；学校的气氛要活跃一些，组织一些青年喜闻乐见的活动，教师之间要加强来往，加强团结；要加强相关专业之间的协作联合，一、二、三、四、八系都和自动测量有关，105、205教研室都搞爆炸，应当联合起来；要采取有效措施，切实减少教学业务带头人的行政事务工作。

1981年5月8日，国防科委召开党委常委会议，听取钱学森汇报国防科技大学的有关情况，原则同意他对学校建设发展的意见。

❺ 关注学校人才培养和科学研究。

钱学森始终关心国防科技大学的建设发展，鼓励和鞭策学校站在世界科技发展前沿开展人才培养和科学研究，学校很多科研项目和成果都得益于钱老的悉心指导。

1978年12月4日下午，钱老在办公室接见学校激光研究室高伯龙、黄云祥、史淑贞时，仔细听取了学校开展激光陀螺研究的情况汇报，就开展科学研究中的一些重大问题发表了意见。当得知高伯龙是清华物理系1951年的毕业生时说，你们的同学在国防系统是很多的。我们还是校友呢，我是考取清华留美公费出国的。指出激光陀螺是科学尖端，激光是很重要的科学领域，是一项很重要的技术革命，国防科技大学是有基础的。在钱老支持鼓励下，高伯龙带领团队30多年锲而不舍，使我国在这一领域的多项研究处于世界领先水平，高伯龙成为中国工程院院士。

20世纪八九十年代，钱老先后给学校原二系谭暑生教授通了30多封信，

3 次接见他，多次阅读他的研究论文、提出指导意见。1984 年 2 月 14 日，钱老在给学校赵伊君院士的信中表示："标准时空论成立。""这个观点是符合马克思主义哲学的，也是我们比外国人的高明之处。"并对谭教授"致力于理论工作表示敬意"，鼓励他"什么也不怕，胜利总要到来"！

1991 年 6 月 18 日，钱老在给时任国防科工委科技委主任朱光亚的一封信里，谈了对在国防科技大学试点培养科技帅才的想法。信中说：回顾一百多年来科技高等教育的历史，在上个世纪下半叶开始了正式工程师的教育体制，即培养有科学基础的工程师，大学四年头两年学数理化，后两年学工程技术，是典型的美国 MIT 的学制。国防科学技术大学在改革学制时有创新，现有教学体制比较先进。为了迎接 21 世纪社会主义中国建设的需要，有必要再创始一个高等教育的新时代，培养科学技术帅才的时代。不但理工要结合，还要理工加社会科学，可以先在国防科技大学进行博士生试点。

1997 年 4 月 6 日，钱老敏锐洞察世界科技发展趋势，在给时任国防科工委科技委秘书长王寿云一封信中指出，量子计算机可能是计算技术的新而最有力的苗头，我们要紧紧跟上。国防科技大学既有很强的计算机力量，又有原子物理、电子学、化学方面的基础，是可以研究开发量子计算机的。随后，学校成立了"量子通信与量子计算"研究中心，在国内率先开设了"量子通信和量子计算"课程，出版了国内该领域第一部学术著作《量子通信和量子计算》，李承祖教授遴选为国家"973"项目"量子通信与量子信息技术"专家组成员。

从哈军工到国防科学技术大学，学校始终与富国强军的历史进程紧密相连，始终奋战在国防和军队现代化建设的前沿，成为我军高素质新型军事人才培养、高级干部高科技培训和军事科技创新的重要基地。

（二）陈定昌：中国精确制导领域开拓者[①]

1. 现在可以说了

中国科学院院士陈定昌（1937—2020）是我国精确制导专业的主要奠基人和开拓者，是一位矢志报国的战略科学家。他是我国武器系统总体、防空反导及制导雷达技术专家，国家战略防御技术体系的倡导者、体系建设的引领者和三代防空装备的拓新者和实践者。他的名字很少为外界知晓，但他开拓的事业

① 中国航天科工二院 . 陈定昌院士：矢志报国、毕生追梦的战略科学家，2021—07—03。

却改变着世界格局。

2. 陈定昌院士的故事

❶ “长大一定要让国人不再受欺负”。

1937年1月，陈定昌出生在上海，当年11月，上海被日寇大举进攻全部沦陷，陈定昌全家逃难到江苏扬州。从少年时代起，遭受国破家亡之痛的陈定昌就立志报国，“决心长大了一定要投身国防，让中国人不再受欺负。”

1955年夏季，陈定昌即将完成高中学业。同学都在热烈讨论着毕业后的去向问题，谈论该报考什么样的大学。在选择专业这件事上，陈定昌的内心曾有过斗争。老师看到他的写作之长，建议他报考中文专业，将来可以从事写作，当作家、当记者……

可真到了眼前，陈定昌犹豫了。自己的祖国贫穷落后，百废待兴。他深爱的这片土地，曾经被外夷欺辱、掠夺。寒窗数年知回报，此刻，“科技强国”成为陈定昌的心愿和夙求，他毅然选择了理科。

1957年，陈定昌以优异的成绩被保送北京留苏预备部，随后，因中苏关系紧张，500余名学员直接进入国内大学，其中300余人进入清华大学，200余人进入北京大学。按照报考志愿，陈定昌进入清华大学无线电电子学系，开始了崭新的大学生活。

要想使中国富强起来，自立于世界民族之林，一定要以发达的科学技术为前提的道理，深深印在陈定昌的脑海里。陈定昌抱定“科技报国”思想，一心苦读，学得真本领，为建设强大的国家做出贡献的决心矢志不移。

在清华大学学习期间，他圆满完成了课题设计，并以5分的优秀成绩通过，由他撰写的有理论、有实践、推导准确、论证圆满、写了三大本的毕业论文，得到专家教授的一致好评，并且成为理论联系实际的典型、毕业论文的范本，供学生学习效仿。

通过做课题设计，陈定昌琢磨出一个道理：搞科学研究，来不得半点虚假，无捷径可走，用理论指导实践很重要；有时逆向思维能开阔思路，同时也是达到目标的捷径。

从清华大学无线电电子学系毕业后，陈定昌被分配至国防部五院二分院工作。从此陈定昌与航天结缘，开始了他逐梦航天的传奇导弹人生。

❷ 解决打U-2飞机干扰难题。

20世纪60年代，美制U-2高空侦察机多次深入大陆腹地，解放军决定采取措施给予痛击。

一天，刚刚参加工作不久的陈定昌正在车间忙碌，突然接到通知，组长黄培康找他有事，陈定昌急忙赶回组里。

一见面，黄培康就问他："中频电路你做过吗？"

陈定昌回答说："以前学过，但是没做过。"

黄培康进一步试探说："中频电路很难做，就是能够做出来，测试也很困难。"

黄培康之所以这样问，是因为打 U–2 飞机做实验，需要一台能够产生中频信号的信号发生器。黄培康想安排陈定昌试制这台仪器，但不知陈定昌能否胜任。

听完黄培康的话，陈定昌肯定地说："中频信号测试能解决，用真空毫伏表就可以。"

闻听此言，黄培康感到陈定昌在这方面确实具有一定把握，就向他正式下达了设计制造"中频信号模拟器"的任务。

陈定昌接受任务后，马上开展设计工作。当时没有任何这方面的资料，所幸有位与陈定昌一起在车间劳动锻炼的同志，从兄弟单位拿到一个简单的中频电路图，于是陈定昌就以这张图为基础，反复揣摩并加以改造，终于设计出合乎要求的图纸。

全部电路焊接装配完后，陈定昌开始进行全系统调试。后来这台设备在为打 U–2 飞机所进行的干扰和抗干扰模拟试验中，发挥了重要作用。

通过设计制作中频信号模拟器，陈定昌体会到："一件事情没做过没关系，但首先要敢干，同时在干中必须细心，复杂的工作往往会在不复杂的环节上出问题。"

后来 U–2 高空侦察机上安装了更加新型的电子干扰设备，致使我空军在对 U–2 飞机的作战中多次失利。为此，二分院二部成立抗干扰组，专门研究这个问题，陈定昌被吸收进来。当时抗干扰组工作状态的表述是"一场比智慧比速度的电子对抗战"。

针对与 U–2 飞机的斗争中总是处于被动局面，陈定昌提出要针对抗干扰开展系统研究，努力做到"先发制人"。这一想法得到了二分院领导的赞同。1965 年，"1213 地空导弹抗干扰规划"制定完成，规划中的二十多个抗干扰电路都成为我们国家抗干扰的典型电路。其中，陈定昌负责抗转播式干扰类，一年后任务完成了，命名为"41 号电路"。这个电路后来装备了我国多数防空导弹部队。

在国防科技工作者和导弹部队的共同努力下，1968 年起，U–2 高空侦察机进入大陆纵深活动被迫停止，这场蓝天上的较量以我方胜利告终。

③ 擅长搞战略的科学家。

所谓战略，是指对全局性、高层次的重大问题的筹划和指导。

陈定昌就是一个致力于前瞻性地策划、布局、引领方向的战略科学家。

熟悉陈定昌的人，对他的印象集中在三点：一是紧密跟踪国内外新知识、新技术发展，捕捉新信息速度之快，对趋势之敏感，令人敬服；二是擅长对信息进行真伪和优劣的鉴别，对事物判断准确，善于抓住重点；三是擅长超前思维，物理概念强，善于做顶层策划。这些特长在工作中被他发挥得淋漓尽致。

陈定昌有一句话震撼人心："二十年前走得不对，二十年后就没有结果。"这是何等的气魄，何等的襟怀，又是何等的胆识！

陈定昌的前瞻性思想是出了名的，了解他的人几乎异口同声地这样评价他。1984 年，陈定昌出任航天二院二部主任，他全面规划和未雨绸缪的意识更强了。在研制第二代防空导弹的同时，以陈定昌为代表的一些专家开始前瞻性地提出第三代防空导弹的设想。该设想得到了包括任新民、梁思礼、陈怀瑾等老总的大力支持，老总们还建议该型号要由二院来搞。这个决定成为航天二院历史上的一个重大的转折。第三代系统的研制成功使我国成为世界上继美国、俄罗斯后第三个具有自主研制同一水平能力的国家，标志着我国导弹研制、试验能力跨入了世界先进行列。

在第三代研制的同时，陈定昌又将眼光瞄向了第四代。对于他来说，小步慢跑是不够的，要大踏步地上台阶。他提出的空域和体系思想一直沿用至今。他经常与同事谈论航天器发展，当年他提出的发展规划设想，已被现实验证是富有先见之明的。

他和同事在航天器发展的讨论中"撞击"出了一个发展规划，其贡献对于航天事业发展，以至于对国防事业，其深远影响不言而喻。遥想当年，航天二院人还很感慨，多个支撑祖国空天防御事业发展的重点项目，都是那时规划出来的。

谈到陈定昌院士，中国科学院院士、运载火箭专家姜杰说，在他近旁始终能感觉到超越的能量，超越是他的化身，超越自我，赶超强敌。

对于超越来说，有一个"想"字，一个"敢"字和一个"能"字，这三个字集陈定昌于一身。国家重大专项任务上马之后，他作为方案的开创者，后来作为首席科学家，经过近 30 年的努力，直到梦想成真，让人真正体会到这次超越的价值和分量。

这是完全基于现有基础，完全自力更生，又完全超越现有能力达到世界最高水平的一次超越，令世界刮目相看！

陈定昌总是说，现在我们国家面临着由大向强的关键时刻，面临的威胁和军事斗争日益严峻，空天防御事业的发展形势紧迫。因此，要组织专门的力量来抓战略，战略是管 20 年、30 年的事情，不能只是顾着完成眼前的事情，要有前瞻性。

（三）精确制导课程思政设计案例[①]

1. 引言

在 2020 年 6 月 1 日教育部印发的《高等学校课程思政建设指导纲要》中，明确指出："深入贯彻落实习近平总书记关于教育的重要论述和全国教育大会精神，贯彻落实中共中央办公厅、国务院办公厅《关于深化新时代学校思想政治理论课改革创新的若干意见》，把思想政治教育贯穿人才培养体系，全面推进高校课程思政建设，发挥好每门课程的育人作用，提高高校人才培养质量。"

课程思政建设就是要寓价值观引导于知识传授和能力培养之中，帮助学生塑造正确的世界观、人生观、价值观，把"立德树人"作为教育的根本任务的一种综合教育理念。在工科的专业课程中，教师的日常教学方式和学生的惯性思维方式都极大地增加了课程思政的难度，如何找准工科专业课程中的思政教育切入点，将工科专业知识与思政元素进行有机融合，在有限的课程教学时间内达到"润物细无声"的思想政治教育目的，是现有多数工科专业课程授课教师需要深入思考的难题。

"精确制导系统原理"作为一门信息与通信工程专业研究生的学科专业选修课，因其技术性强、军事应用背景鲜明等特点，广受学生的喜爱。笔者以典型思政案例为例，详细梳理了该课程中思政建设的体系设计架构及具体实施方案，为工科专业课程的思政教学提供经验借鉴和有益参考。

2. 课程思政案例的体系设计

2017 年 7 月 19 日，习近平主席为学校授军旗致训词时指出："国防科

---

① 蒋彦雯、范红旗、何峻，写于 2021 年。

技大学是高素质新型军事人才培养和国防科技自主创新高地。要紧跟世界军事科技发展潮流，适应打赢信息化局部战争要求，抓好通用专业人才和联合作战保障人才培养，加强核心关键技术攻关，努力建设世界一流高等教育院校。”精确制导技术是现代信息化战争的共性核心技术，在武器装备中有着广泛应用，精确制导技术相关人才的培养对贯彻落实习近平主席训词有着重要意义。

“精确制导系统原理”是国防科技大学为信息与通信工程专业研究生开设的一门学科专业课程，主要面向信息与通信工程专业自动目标识别研究方向，同时也适用于本学科导航定位、电子信息获取与对抗方向以及电子科学与技术、导航制导与控制学科相关方向的研究生。该课程从数学模型出发系统讲授现代精确制导系统的基础概念、技术原理、系统设计与评估方法，为该方向研究生在精确制导自动目标识别与先进导引头设计等领域开展跨学科研究提供系统的专门知识与工具。课程学生受众面广，军事特色鲜明，授课过程中可巧妙地从家国情怀、民族自信、探索求真等方面将思政教育和专业教育融合起来。

根据课程重要知识点的分布，表列出了本课程在实际教学中系统积累的课程思政素材。

精确制导系统原理课程思政体系设计方案

课程章节	教学内容	思政要点	思政融入点
第一章　精确制导系统概述	精确制导系统基本概念、分类及其主要应用； 精确制导系统的典型技术框架和面临的主要技术挑战	国庆70周年阅兵中精确制导武器的风采	回顾国庆70周年阅兵中展示的部分精确制导武器，激发学生民族自豪感和对本课程的学习热情，达到“愿意学、要学好”，投入并献身导弹技术研究的效果
第二章　精确制导系统数学初步	精确制导系统导引律设计和量测描述中常用的数学工具和基本知识	精确制导相关数学理论发展中的名人轶事	介绍微分对策理论的创立人——伊萨克斯，讲解微分对策理论在导弹拦截中的适用性，提高学生正确认识问题、分析问题和解决问题的能力
第三章　现代导引律设计	各类现代导引律设计方法、原理、特点及其差异	古典导引律、最优导引、微分对策导引律等不同导引律在导弹中的具体应用	介绍导引律发展历程，分析不同任务导弹使用不同导引律的可能性，激发学生不畏艰难、勇于开拓创新的科研素养

续表

课程章节	教学内容	思政要点	思政融入点
第四章　寻的导引头技术原理	导引头功能和机构； 典型导引头工作原理	典型导弹装备的性能分析	介绍美国“海尔法”“幼畜”等导弹的部分系统参数，分析其制导性能，培养学生探索未知、追求真理、勇攀科学高峰的责任感和使命感
第五章　精确制导系统仿真与评估技术	导弹制导系统半实物仿真； 导引头测试规范	导引头外场动态挂飞测试试验分析	介绍导引头挂飞试验的典型单机航迹和双机航迹，坚持理论联系实际的原则，注重科学思维方法的训练和科技伦理的教育，培养学生精益求精的大国工匠精神

下面以课程精确制导系统概述、精确制导系统数学初步、现代导引律设计前三章中的典型案例设计为例，详细介绍“精确制导系统原理”课程思政的案例设计思路。

1）精确制导系统概述中的思政案例设计

精确制导系统概述是本课程的第一次课，首先是要为大家讲解什么是精确制导系统。在课程导入部分，首先例举一些与精确制导系统密切相关的名词，如图所示，导弹、导引头、鱼雷这类名词在新闻报道等节目或网页上出现的频率比较高，而导引律、最优导引、平行法等涉及精确制导相关理论技术的名词则在生活中相对接触的较少，通过这些大家可能熟悉的名词来引发学生的共鸣与思考，并激发学生进一步深入学习的兴趣。紧接着，将国庆 70 周年阅兵中展示的部分导弹方阵采用多媒体教学方式给学生在课堂上播放，包括著名的“东风”“红旗”“鹰击”“长剑”等系列导弹，覆盖弹道导弹、巡航导弹、地空导弹等多种类型，以丰富的课堂教学内容增强学生对本门课程的学习热情。

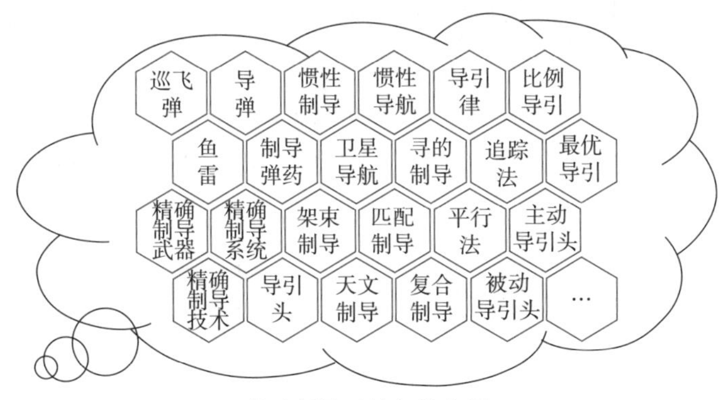

精确制导系统相关名词

“东风”系列导弹是高科技锻造的国之重器，“东风”系列各类射程应用尽有，全球覆盖无死角，接到“订单”可立刻部署、快速“投送”。外形科幻的 DF-17 是中近程精确打击的尖兵利器，本次阅兵为 DF-17 高超声速弹道导弹的首次公开亮相，这款新型武器具备全天候、无依托、强突防的特点，是投射范围达 1000km 的闪亮新星。DF-41 洲际战略弹道导弹可携带多枚分弹头，最大射程达上万千米，投射范围覆盖全球，是我国战略核力量的中流砥柱。这些类型导弹是我国现代化武器系统的重要组成，是经过一代又一代科技人员不懈探索和实践而来的，在授课过程中以故事化、问答式的互动方式强化学生的身份认同，激发学生的民族自豪感，培养学生的爱国情怀，达到“愿意学、要学好”，投入并献身导弹技术研究的效果。

（a）DF-17 高超声速弹道导弹

（b）DF-41 洲际弹道导弹

国庆 70 周年阅兵中的精确制导武器

2）精确制导系统数学初步中的思政案例设计

数学理论是工程技术研究的基础，熟练使用数学工具对工程问题进行建模、求解和分析是工科学生必备的基础技能。本课程在第二章“精确制导系统数学初步”中以由浅入深、由易到难、循序渐进的方式逐步介绍精确制导系统相关技术研究时需要用到的数学理论与工具。

以微分对策理论创立人——伊萨克斯（Isaacs）的事迹为例，美国兰德公司的伊萨克斯团队在 20 世纪 50 年代将现代控制理论的概念和原理引入对策 / 博弈论，并于 1965 年出版《微分对策》一书，标志微分对策理论的创立。随后，微分对策理论被广泛应用于制导拦截、电子战、火力配置等军事领域和商业竞争、招投标、环境污染与资源开发等经济、社会各领域。在制导拦截过程中，一方面导弹拦截飞机，另一方面飞机也同时在做逃逸机动，这是一个受到双方最优控制的动态过程，为典型的双边最优控制问题。同样的，针对火力配置问题而言，部署过程中需要同时考虑己方火力配置情况和敌方火力配置情况，对于招投标问题而言，己方投标时对方也在考虑以最优方式竞标，这些问题都属于双方对抗博弈的动态问题，适用于微分对策理论求解。通过对上述不同应用举例的深入剖析，引导学生追本溯源，层层分析深入发现问题的本质以及不同问题之间的关联，提高学生正确认识问题、分析问题和解决问题的能力。

3）现代导引律设计中的思政案例设计

"现代导引律设计"一章主要讲授现代导引律设计的发展历程，如图所示，从时间横轴和目标相对导弹机动能力纵轴来看，导引律的发展是随着目标机动能力的提升而不断发展的，其中古典导引律主要适用于拦截静止目标和非机动目标，而最优导引律是对应机动目标而发展起来的，到 20 世纪 90 年代海湾战争以后，机动弹头等高速大机动目标成为战场主力，微分对策导引律随之得到了较大发展。总体来说，导引律设计就是要寻找一条最优弹道，使得导弹和目标相遇，设计过程中需要同时考虑导弹自身、作战目标以及传感器数据平台等多方面因素，而在导引律的发展过程中，这些因素的变化就会催生导引律进一步的发展。

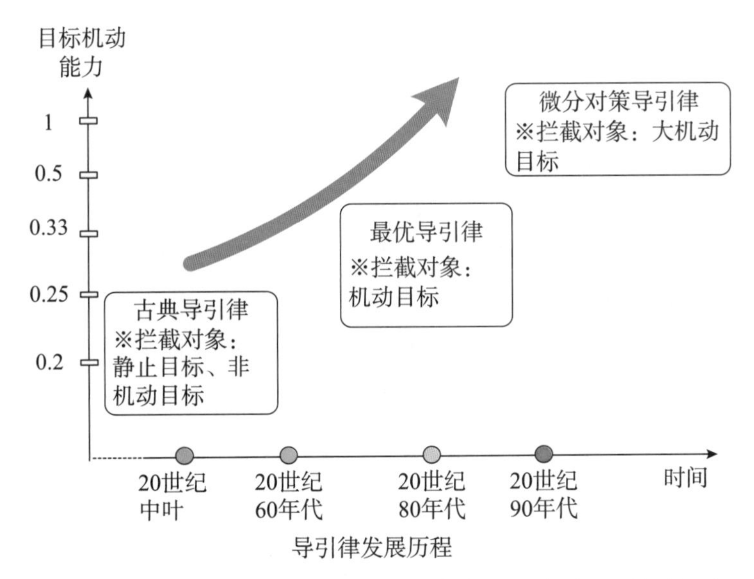

导引律发展历程

在授课讲解时，着重将导引律的设计与作战目标紧密地联系起来，作战目标机动能力的提升，催生出更新型更复杂的导引律，而不同任务导弹面临不同打击目标和不同的应用场景，采用何种导引律是导弹系统设计时需要考虑的关键问题。同时，要利用“精确制导系统数学初步”一章中所讲授的数学模型与方法，带领学生共同建立不同导引律的求解模型，推导计算导引律设计的最优解，从不同导引律的仿真结果中来对导引律的性能、适用目标和场景进行分析比对，进一步深入理解导引律的异同。导弹和目标之间的关系就是一种典型的矛和盾的关系，一方能力增强，另一方相应寻求更优解决方案。随着课程内容的发展，将教师讲述式逐步转化为启发引导式，在不断深入的互动探讨中，培养学生的自主学习能力、分析归纳能力和创新能力，提高学生不畏艰难、勇于开拓创新的科研素养。

3. 课程思政的教学实施

在课堂授课中，课程组预先就搜集准备了大量视频、图片等素材，以典型精确制导武器装备、现代战场实例等多元化的案例，激发学生的学习兴趣和爱国情怀，引导学生主动将课堂的理论知识与实际装备运用和战场需求联系起来，真正做到学以致用、用以促学、学用相长的有机统一。同时，精细挑选各种不同类型不同主题的专家讲座，如精确制导武器的智能化、分布式空战发展、精确制导武器面临的威胁、技术发展等，课程内容紧跟学科发展、专业发展的新热点、新趋势，不仅仅局限于课本、PPT 上的课程知识，而是延伸到精确制导系统应用发展的各个方面。通过交流互动，在不断的讨论探讨下，进一步拓宽加深学生对精确制导基本原理和技术应用的理解掌握，帮助学生建立起丰富全面系统性的知识体系，培养学生“不谋全局者，不能谋一域”的大局意识、全局观念。

在课后环节，一方面依托学堂在线、微信等多个交流平台，学生可随时提出问题，教师负责及时解答疑问，将知识的讲解答疑延伸到课后；另一方面课程组精心筛选精确制导系统相关技术最新发展的学术论文作为课程研讨的内容，督促学生查阅研读文献资料，并加以思考，形成自己的想法见解。在 2020 秋季学期，某学生在查阅资料时，就及时分享了 2020 年 11 月 26 日美国导弹防御局“标准”–32A 导弹成功拦截洲际弹道导弹的报道，报道中详细介绍了从天基红外系统探测导弹发射到作战任务信息传输，再到“标准”–32A 导弹的发射、跟踪靶弹并拦截靶弹的整个过程，引发大家对于其中制导原理、探测原理的热烈讨论。这是一个不断学习、创造和成长的过程，能够在专业课程学习中培养学生群体的学术志趣、诚信和伦理规范，从而做好为学和为人的有机统一。

三、理念与实践：器术道并重

健全军队院校教育、部队训练实践、军事职业教育“三位一体”人才培养体系是高素质、专业化新型军事人才培养的重大举措。党的十八届三中全会将其写入党中央决议，进一步为加强军事人才培养工作提供了战略指导和行动引领。

高等院校对精确制导专业领域的人才培养长期局限于研究生教学，开设的少数课程也由于专业性强而受众面小。随着我军精确制导武器快速发展，本领域的人才匮乏问题越来越突出，迫切需要拓宽人才培养渠道、改进人才培养模式、提高人才培养质量，满足精确制导武器研制、运用和保障对于跨学科、多层次人才的综合需求。

（一）创新教育教学理念与人才培养模式[①]

1. 教育教学问题与改革方案

1）教育教学问题

我们的教学团队坚持面向战场、面向部队、面向未来，依据我军精确制导武器相关人才培养需要，遵循“三位一体”新型军事人才培养要求，着力解决精确制导专业的院校高层次科技创新人才培养和部队急需人才岗位能力提升问题。具体而言，主要解决的教学问题：一是对本领域“三位一体”新型军事人才培养规律认识不清的问题；二是精确制导技术创新人才培养与精确制导武器装备脱节的问题；三是军队院校支撑精确打击新型作战力量人才培养能力滞后的问题。

2）教育教学改革方案简介

精确制导技术是各类精确制导武器的共性关键技术，涉及电子、信息、控制等众多学科专业，具有高精尖、跨学科、跨行业等特点。针对该专业领域高层次科技创新人才和新型作战力量人才培养需求以及面临的教学问题，我们制定“顶天 + 立地”的人才培养改革方案。该方案有两个重点：一是“顶天”——面向未来战争需要，改进高层次科技创新人才培养模式，在国防科技大学信息与通信工程（“双一流”建设学科）研究生培养方案的基础上，加强实践环节，

---

① 付强、傅瑞罡、朱永锋、宋志勇，写于 2021 年。

提高精确制导专业人才培养质量；二是“立地”——努力支撑部队作战训练的现实需求，探索实践“三位一体”人才培养的方法途径和教学规律，提高部队官兵对精确制导武器装备的理解、把握和运用能力。相关重要论文发表于《中国高等教育》等期刊。

2. 提出新理念——“器术道并重”的教学理念

不管是军队院校教育，还是部队训练实践和军事职业教育，战斗力的生成与发展都是检验教育成败的唯一标准。武器（器）是战斗力的物质基础，可作为“三位一体”人才培养的基点和抓手。技术（术）对于武器装备研制起着至关重要的作用，是高层次科技创新人才培养的核心和关键；技术影响战术，新型作战力量人才培养同样也不可忽视技术和武器装备原理。献身强军事业、把握教育规律（道），是人才培养的根本。在精确制导专业教学领域，我们提出“器术道并重”的教学理念：将“器”作为人才培养的教学基点，把“术”作为人才培养的核心内容，以“道”作为人才培养的根本要求，三者并重，培养高素质专业化新型军事人才。理论成果在《高等教育研究学报》发表，实践成效显著。

教学团队建设了多门以“精确制导”为主题的视频公开课、大规模开放在线课程（MOOC）等，将“器术道并重”的理念贯穿教学全过程，为院校学员和部队官兵讲授精确制导武器和技术知识，并大力宣传“中国导弹之父”钱学森、“两弹元勋”黄纬禄等大师的崇高品德和卓越贡献。大学视频公开课“精确制导新讲——武器·技术·正道”于2014年在“爱课程”上线，2015年被教育部评选为第七批国家级“精品视频公开课”。

“学堂在线”MOOC“精确制导器术道”，进一步通过MOOC教学方式向学员群体传授精确制导武器和技术知识，同时促进科技与人文的交流与融合。该MOOC于2020年获评首批国家级一流课程。

3. 创立新模式——精确制导教学和人才培养的“精导模式”

贴近部队、贴近实战、贴近未来，改革教学与人才培养模式，在信息与通信工程学科研究生培养方案的基础上，以装备研制的瓶颈问题为导向，形成“问题—模型—方法—实践”闭环的专业教学方式；以强军目标为引领，注重价值塑造和素质提升，形成“事业育人精心引导”的人才培养大闭环。由此创立了“专业教学精确制导＋事业育人精心引导”的人才培养“精导模式”。

精确制导武器的关键在于“精确”，我们在专业教学中也始终注重“精确”：一是提高学员发现问题的能力，准确理解精确制导武器在对抗条件下的目标探测识别瓶颈问题；二是指导学员把瓶颈问题提炼成弱小目标检测识别等科学问题，精确构建物理模型；三是要求学员有效运用随机有限集等先进理论方法制定解决方案；四是鼓励学员参与“东风”“红旗”“鹰击”“霹雳”等导弹武器装备型号研制，通过实弹打靶等“真刀真枪”的方式检验创新成果。不断修正、反复迭代，形成“问题—模型—方法—实践”的闭环，解决高层次创新人才培养与武器装备研发脱节的问题。

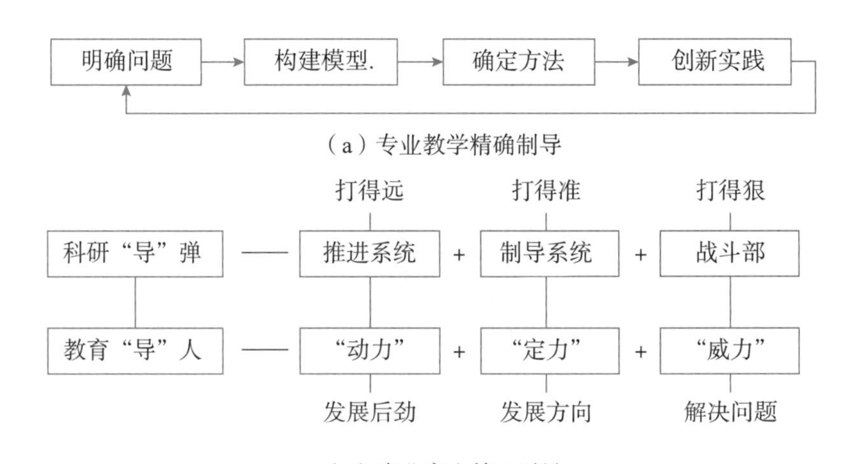

(b) 事业育人精心引导

教学与人才培养的“精导模式”

在专业教学“精确制导”的同时，我们还注重培养学员团队意识和创新精神，提出了事业育人“精心引导”的培养方式，即从科研“导”弹到教育“导”人。其思想内涵是，借鉴导弹的重要组成部分——制导系统（定力）、战斗部（威力）和推进系统（动力）三者的地位和作用，厘清了在人才培养中需要重点关注的“发展方向”“解决问题能力”“发展后劲”三方面的内在联系和着力点，将其贯穿整个教学过程。我们在创新人才培养实践中，以强军目标为引领，特别注重价值塑造和素质提升，形成“事业育人精心引导”的人才培养大闭环。

（二）创建精确制导系列教材与课程体系[①]

充分发挥国防科技大学的学科优势，有效利用军委装备发展部跨行业专业组国家资源、军内外开放在线教学平台，优化整合、集成创新，创建了精确制

① 付强、傅瑞罡、朱永锋、宋志勇，写于2021年。

导系列教材与精品课程体系。

1. 系列教材的内容与体例创新

针对军队院校学员和部队官兵的学习需求，联合精确制导武器研制单位专家，主编“精确制导技术应用丛书”，在装备研制部门、一线作战部队之间“铺路架桥”。系列教材内容兼具科学性、实用性和系统性，体例独具一格、特色鲜明。

精确制导系列教材

《导弹与制导》获评首届全国教材建设奖——全国优秀教材。本教材为军队院校 MOOC 配套教材，是军队院校学历教育教材，也是军事职业教育系列 MOOC 实际使用的教学用书。

教材编写将“循序渐进 + 寓教于乐”的教学理念和 MOOC 教学手段实现融合。MOOC 教材与在线开放课程设计为五讲，想让广大学习者像打电子游戏一样，一级一级地“通关”，一讲“看热闹”，二讲“看门道”；三讲“说矛盾”，四讲“说实践”；五讲“登高望远”。

教材特色和亮点：一是将课程“精华”以“彩页”展现，从而形成 MOOC 精彩导读；二是结合 MOOC 在线教学和纸质教材的各自优势，在书中设计知识点微课程、课堂讨论和课程测试等模块；三是提供 MOOC 课外荐文——“导弹·钱学森·国防科技大学”。这些设计使本教材风格独特，趣味性和新颖性得以极大提升，知识性和系统性能够更好展现。

本教材努力为军校学员、部队官兵传授精确制导武器和技术常识，旨在强化受众的军事科技素养，服务练兵备战打仗；教学全过程发扬中国教育重道的优良传统，坚持师者“传道、授业、解惑”的定位，主要介绍精确制导武器和技术常识，同时也弘扬正道，符合课程思政的导向；充分运用军内外 MOOC 教学平台和信息技术，开展军队院校教育、军事职业教育教材编写等教学工作，努力改革创新教学模式和教学方法，服务“三位一体”新型军事人才培养体系建设和人才强军战略。

2. 分层分类的矩阵式课程体系

在“器术道并重”理念引导下，根据广大院校学员、部队官兵的多样化需求，纵向分不同层次、横向按武器门类，设计了矩阵式的课程体系。结合国防科技大学人才培养的职能任务划分，按照院校学历教育、任职教育和军事职业教育的三个层次建设了多个门类的精品课程。

院校学历教育课程侧重原理讲授，拓展了武器应用知识。我们新开设了研究生专业课“精确制导系统原理”，加强研究生专业课程建设；在学历教育合训类课程“精确制导原理”的基础上，开设了中国大学精品视频公开课“精确制导新讲——武器 · 技术 · 正道”，面向我国大学生传授精确制导知识，MOOC“精确制导器术道”也在“学堂在线”开课。

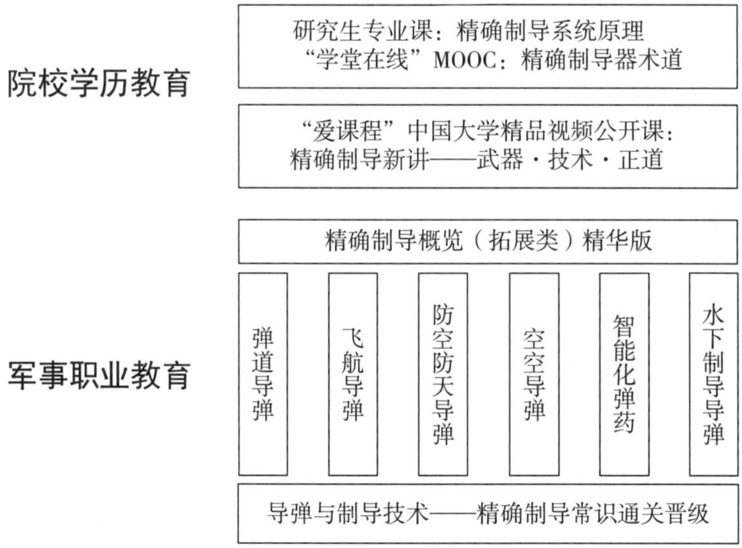

院校学历教育

研究生专业课：精确制导系统原理
“学堂在线”MOOC：精确制导器术道

“爱课程”中国大学精品视频公开课：
精确制导新讲——武器 · 技术 · 正道

军事职业教育

精确制导概览（拓展类）精华版

弹道导弹　飞航导弹　防空防天导弹　空空导弹　智能化弹药　水下制导导弹

导弹与制导技术——精确制导常识通关晋级

分层分类的矩阵式课程体系

3. 教育教学改革成效

❶ 催生了以系列教材与精品课程为特色的优质教学资源。编撰军队院校 MOOC 教材《导弹与制导》，于 2021 年获评首届全国教材建设奖——全国优秀教材。编著“精确制导技术应用丛书”（全套 7 本），涵盖了精确制导武器的

主要种类，公开发行量 17.7 万册，配发军队院校和作战部队上百个单位，提升了学员和官兵理解、运用精确制导武器的能力素养。在此基础上开设精确制导系列 MOOC 共 11 门，并孵化出 2 门国家级课程，其中 MOOC“精确制导器术道”学习人数超 10 万人。

❷ 丰富了精确制导与精确打击领域教学研究的理论方法。“器术道并重”的教学理念和人才培养的“精导模式”为本领域“三位一体”人才培养探索了一条新路子，在教育类核心期刊和会议发表论文 23 篇，其中发表在《中国高等教育》的“顶天 + 立地：培养高素质新型军事人才的探索与实践”全面总结了教学理念及实践成效。撰写《MOOC 教学方法与实践》等教学专著 3 部，丰富了本领域的教学理论成果。

❸ 提高了精确制导与精确打击领域的人才培养效益。团队培养研究生 100 多人，在读期间 4 人获得国家科技进步二等奖，5 人获军队科技进步一等奖；获评全国优秀博士论文 1 篇，军队 / 湖南省优秀博士论文 6 篇、硕士论文 9 篇。精确制导系列 MOOC 课程累计开课 60 余期，选课人数超过 15.5 万人。

❹助推了精确制导专业和教师队伍建设水平。教学团队成员中，2 人获全军育才银奖、1 人获“长江青年学者”、6 人入选军队高层次人才，获国家科技进步二等奖 2 项、国家技术发明二等奖 1 项、军队科技进步一等奖 3 项；形成了以精确制导自动目标识别国防科技重点实验室、教育部空间攻防信息处理技术创新团队为核心的高层次科研教学人才队伍。

（三）结束语

器不利，术难精；术不精，休言道；大道至简，大器晚成！

参考文献

[1] 唐朝京，刘培国，陈荦，等．军事信息技术基础 [M]．北京：科学出版社，2017.

[2] 于起龙．钱学森与国防科技大学 [M]．长沙：国防科技大学出版社，2010.

[3] 付强，何峻，自动目标识别评估方法及应用 [M]．北京：科学出版社，2013.

[4] 付强，何峻，范红旗，等．导弹与制导——精确制导常识通关晋级 [M]．长沙：国防科技大学出版社，2021.

[5] 付强，朱永锋，宋志勇，等．精确制导概览 [M]．长沙：国防科技大学出版社，2021.

[6] 付强，何峻，朱永锋，等. 精确制导武器技术应用向导 [M]. 北京：国防工业出版社，2014.

[7] 张忠阳，张维刚，薛乐，等. 防空反导导弹 [M]. 北京：国防工业出版社，2012.

[8] 袁健全，田锦昌，王清华，等. 飞航导弹 [M]. 北京：国防工业出版社，2013.

[9] 刘继忠，王晓东，高磊，等. 弹道导弹 [M]. 北京：国防工业出版社，2013.

[10] 白晓东，刘代军，张蓬蓬，等. 空空导弹 [M]. 北京：国防工业出版社，2014.

[11] 郝保安，孙起，杨云川，等. 水下制导武器 [M]. 北京：国防工业出版社，2014.

[12] 苗昊春，杨栓虎，袁军，等. 智能化弹药 [M]. 北京：国防工业出版社，2014.

[13] 付强，何峻，范红旗. 精确制导新讲——武器 · 技术 · 正道（中国大学视频公开课）[EB/OL]. http://www.icourses.cn/web/sword/portal/videoDetail?courseld=ff8080814a08b09e014a0e059faa01fd.

[14] 付强，何峻，范红旗，等. 精确制导器术道（学堂在线 MOOC）[EB/OL]. https://www.xuetangx.com/course/NUDT08201000083/10321366.

[15] 黎湘，付强，刘永祥. “顶天 + 立地”：培养高素质新型军事人才的探索与实践 [J]. 中国高等教育，2018(01): 39–40.

[16] 付强，何峻，谢华英. 新型作战力量人才培养研究与实践——以精确制导教学体系创建为例 [J]. 高等教育研究学报，2017,40(04): 20–24.